Giganten der Physik

Der Naturwissenschaftler Dipl.-Math. Klaus-Dieter Sedlacek, Jahrgang 1948, studierte in Stuttgart neben Mathematik und Informatik auch Physik. Nach fünfundzwanzig Jahren Berufspraxis in der eigenen Firma widmet er sich nun seinen privaten Forschungsvorhaben und veröffentlicht die Ergebnisse in allgemein verständlicher Form. Darüber hinaus ist er der Herausgeber mehrerer Buchreihen unter anderem der Reihen „Wissenschaftliche Bibliothek" und „Wissenschaft gemeinverständlich".

Klaus-Dieter Sedlacek (Hrsg.)

Giganten der Physik

Die Top10-Physiker der Menschheitsgeschichte

Abenteuer Naturwissenschaft Bd. 2

Bibliografische Information Der Deutschen Bibliothek:
Die Deutsche Bibliothek verzeichnet diese Publikation in der
Deutschen Nationalbibliografie; detaillierte
bibliografische Daten sind im Internet über
http://dnb.ddb.de
abrufbar.

Originalausgabe

Herstellung und Verlag:
BoD – Books on Demand, Norderstedt
ISBN 978-3-7431-3800-1

Inhaltsverzeichnis

I.   Archimedes 7

II.   Nikolaus Kopernikus 23

III.   Galileo Galilei 39

IV.   Johannes Kepler 59

V.   Christiaan Huygens 73

VI.   Isaac Newton 89

VII.   Michael Faraday 115

VIII.   Robert Mayer 133

IX.   Hermann von Helmholtz 153

X.   Albert Einstein 185

Archimedes, Domenico Fetti, 1620, Gemäldegalerie Alte Meister, Dresden

I. Archimedes

Der Forscher Archimedes kann schon im modernen Sinne Naturforscher genannt werden. In seinen Händen wurde die Mathematik zur mächtigen Waffe, mittelst welcher er die stereometrischen Verhältnisse der Körper, sowie einzelner mechanischer Probleme erforschte.

Archimedes wurde zu Syrakus auf Sizilien geboren um das Jahr 287 v. Chr. Er war ein Verwandter von Hiero II., dem Beherrscher von Syrakus. Leider ist es sehr wenig, was wir von dem Leben des außerordentlichen Mannes wissen. Einzelne Bemerkungen und Anekdoten, ferner die ausführlicheren Mitteilungen über ihn finden wir in der Beschreibung der Belagerung von Syrakus durch die Römer. Unsere Quellen über die Biografie des Archimedes sind bloß Plutarchos in der Biografie des Marcellus, Polybios in seiner Geschichte), Livius und Vitruvius in seinem Werke „Über die Baukunst" (*De architectura*). Des Archimedes eigene Werke hingegen bieten auch nicht den kleinsten Anhalt zu einer Biografie ihres Verfassers. Wenn nun die Schriftsteller des Altertums über die Lebensverhältnisse des Archimedes nichts zu berichten wissen, so erzählen sie doch in kurzen Bemerkungen und Geschichtchen so manches, was zur Charakterisierung unseres Gelehrten dient, wiewohl man es denselben Allen anmerkt, dass sie mit einer gewissen Geflissenheit ihren Helden als Ausbund der gelehrten Zerstreutheit und Unbeholfenheit darstellen. Es wird unter anderem von Archimedes erzählt, derselbe sei so zerstreut gewesen und habe sich derart in seine geometrischen Untersuchungen vertiefen können, dass man ihn an die Erfüllung der notwendigsten Lebensbedürfnisse erinnern musste.

Dem Archimedes wird die Erfindung des nach ihm benannten Flaschenzuges oder Polyspaetes zugeschrieben. Plutarch in der Biografie des Marcellus erzählt, dass der Erfinder in jugendlich überströmendem Gefühl seiner geistigen Kraft in den Ausruf ausgebrochen wäre: „Gebt mir einen festen Punkt und ich werde die Erde aus ihren Angeln heben." Hieron wollte sehen, wie man mit einer kleinen Kraft eine große Last bewältigen könne, wie dies Archimedes behauptete. Zu diesem Berufe wurde nun eine von des Königs großen Triremen mit Menschen und toter Last schwer beladen, worauf er dieselbe vermittelst seines Flaschenzuges mit leichter Mühe an das Ufer zog. Als hieraus der König die große Geschicklichkeit und Erfindungsgabe des Archimedes im Konstruieren von verschiedenen Mechanismen erkannte, betraute er denselben mit der Anfertigung verschiedener Kriegsmaschinen, besonders solcher, welche zur Verteidigung der Stadt im Falle einer Belagerung dienen möchten. Diese Vorrichtungen waren alle des Archimedes Erfindung oder beruhten zum Mindesten auf wesentlichen Verbesserungen schon vorhandener Maschinen. Hieron II. war ein kluger und umsichtiger Fürst, seine lange Regierung verfloss ohne irgendwie nennenswerte Kämpfe und so wurden die Maschinen des Archimedes während dieser Zeit nicht in Anspruch genommen. Trotzdem sollte der Verfertiger derselben noch in die Lage kommen, die letzten Jahre seines Lebens der Verteidigung seiner Vaterstadt zu widmen.

Archimedes galt im Altertum als einer der ingeniösesten Geometer. Ihm verdankt man die angenäherte Flächenberechnung der Kreisfläche und der Länge der Peripherie, ferner die Bestimmung des Volumenverhältnisses zwischen einer Kugel und dem dieselbe einschließenden Zylinder. Letztere Entdeckung schätzte er selbst so hoch, dass er seine Freunde und Verwandten bat, nichts auf sein Grab zu setzen, als den Zylinder, der die Kugel einschließt, und die Verhältnisangabe von dem Raumüberschuss des einschließenden Körpers zu dem eingeschlossenen.

Am verbreitetsten ist wohl jene Erzählung, welche angibt, wie Archimedes das hydrostatische Grundgesetz, das seinen Namen trägt, entdeckt haben soll, jenes. Gesetz, dem zufolge jeder in Flüssigkeit getauchte Körper von seinem Gewichte so viel verliert, als die von ihm verdrängte Flüssigkeit wiegt. Wir finden diese Erzählung in des Vitruviins Werk „'Über die Baukunst (De architectura lib. 9, Vorwort 9—12): „Als nämlich Hiero, nachdem er zu königlicher Macht erhoben worden, „für seine glücklichen Taten einen goldenen Kranz, den er gelobt hatte, „in irgendeinem Heiligtum weihen wollte, ließ er diesen gegen Arbeitslohn anfertigen und wog das dazu nötige Gold dem Unternehmer genau vor. Dieser überlieferte seiner Zeit das zur vollen Zufriedenheit „des· Königs gefertigte Werk, und auch das Gewicht des Kranzes schien „genau zu entsprechen. Als aber später Anzeige gemacht wurde, es sei 9 Unzen Gold unterschlagen und dafür bei der Herstellung des Kranzes ebenso viel Silber beigemischt worden, da beauftragte Hiero, aufgebracht darüber, hintergangen worden zu sein, ohne einen Weg finden zu können, jene Unterschlagung zu erweisen, den Archimedes, die Ausfindigmachung eines solchen Überführungsweges auf sich zu nehmen. Dieser, damit eifrig beschäftigt, kam nun zufällig in ein Bad, und als er dort in der Wanne hinabstieg, bemerkte er, dass das Wasser in gleichem Maße über die Wanne austrete, in welchem er seinen Körper mehr und mehr in dieselbe niederließ. Sobald er nun auf den Grund dieser Erscheinung gekommen war, verweilte er nicht länger, sondern sprang von Freude getrieben aus der Wanne, und nackend seinem Hause zulaufend, zeigte er mit lauter Stimme an, er habe gefunden, was er suche. Denn im Laufe rief derselbe auf Griechisch aus: Ich habe es gefunden!"

„Dann soll er, von jener Entdeckung ausgehend, zwei Klumpen von demselben Gewicht, wie sie der Kranz hatte, den einen von Gold, „den andern von Silber zusammengestellt haben. Nachdem er dies getan, füllte er ein weites Gefäß bis an den obersten Rand mit Wasser „und senkte dann den Silberklumpen hinein, worauf das Wasser in gleichem Maße herausfloss, als der Klumpen allmählich in das Gefäß gebaucht wurde. Nachdem dann der Klumpen wieder herausgenommen „war, füllte er das Wasser um so viel, als es weniger geworden war, „das neu Zugegebene mit einem Sextar (= Pfundhorn, Messbecher) messend, wieder auf, sodass es „in gleicher Weise, wie früher, mit dem Rande in gleiche Höhe kam. „So fand er daraus, welches Gewicht Silber einem bestimmten Volumen „Wasser entspräche. Nachdem er dies erforscht hatte, senkte er den „Goldklumpen in ähnlicher Weise in das volle Gefäß, und als er auch „diesen herausgenommen, fand er, nachdem er das fehlende Wasser auf „dieselbe Weise vermittelst eines Hohlmaßes nachgefüllt hatte, dass „nun von dem Wasser nicht so viel abgeflossen war, sondern um so viel „weniger, als ein Goldklumpen von gewissem Gewicht ein minder großes „Volumen hat, als ein Silberklumpen von demselben Gewicht. Nachdem er hierauf das Gefäß abermals gefüllt und den Kranz selbst „in das Wasser gesenkt hatte, fand er, dass mehr Wasser bei dem „Kranze, als bei dem gleich wiegenden Goldklumpen abfloss, und entzifferte „so aus dem, was mehr bei dem Kranze, als bei dem Klumpen abfloss, die Beimischung des Silbers zum Golde und machte die Unterschlagung „des Unternehmers offenbar".[1]

Wir bringen die ganze Stelle aus Vitruvius in der treuherzigen Erzählung des alten Römers, da sie sich auf die Entdeckung eines allgemeinen hydrostatischen Gesetzes bezieht. Das Gesetz selbst oder vielmehr Probleme, welche auf dieses Gesetz fuhren, sind in der Abhandlung des Autors: „Von schwimmenden Körpern" enthalten.

Zu den mechanischen Erfindungen des Archimedes werden die (Archimedische) Wasserschraube, der Flaschenzug sowie eine künstliche Vorrichtung gerechnet, welche die Bewegung der Himmelskörper veranschaulichte. Die Schrift, in welcher sich die Beschreibung dieses Apparates befand, ist leider spurlos verloren gegangen. Noch größere Bewunderung erregten jene Maschinen, mittelst welcher Archimedes seine

---

1 Des Vitruvius Zehn Bücher über die Architektur. Übersetzt von Dr. Franz Reber. Stuttgart 1865. — M. Vitruvius Pollio lebte zur Zeit des Jul. Cäsar und des Augustus. Er stammte aus Verona (?). Cäsar und Augustus verwendeten ihn als Ingenieur zur Konstruktion von Kriegsmaschinen, letzterer übertrug ihm die Leitung des Bauwesens. Später genoss er eine ausreichende Pension, so dass er alle Zeit der Abfassung seines Werkes widmen konnte. Aus Dankbarkeit dedizierte er sein Werk „Über Architektur" dem Kaiser selbst. Das Buch besteht aus 10 Abteilungen und handelt von Gebäuden, Wasserleitungen, Maschinen etc. — Die Meinung des Chr. F. L. Schultz, als sei das Werk des Vitruvius eine spätere Kompilation, entbehrt jeder Begründung.

Vaterstadt gegen die belagernden Römer lange Zeit zu schützen imstande war.

Archimedische Schraube

Da Archimedes in der Geschichte der Belagerung der Stadt eine so hervorragende Rolle spielt, indem er dieselbe durch die Anwendung seiner Verteidigungsmittel ungemein in die Länge zog, so scheint es angemessen, die Geschichte dieser Belagerung, welche unserem Gelehrten ebenfalls das Leben kostete, etwas ausführlicher zu erzählen. Wir folgen hierbei im Allgemeinen der Erzählung des Polybios und Plutarchos[2].

Es war zur Zeit des zweiten Punischen Krieges, Hannibal stand mit seinem Heere auf italischem Boden. Die Römer wählten den Marcellus zum zweiten Male zum Konsul, worauf dieser nach Sizilien ging, um zu verhüten, dass die Karthager auf dieser den Römern so wichtigen Insel den römischen Einfluss gänzlich untergrüben. Die wichtigste Stadt der ganzen Insel war Syrakus. Der jüngere Hiero, des Archimedes Freund und Anverwandter, der treue Bundesgenosse Borns, war nach 64-jähriger glücklicher Regierung gestorben. Da der Thronerbe Gelon schon vor seinem Vater gestorben war, folgte der Enkel des Fürsten: Hieronymus in der Regierung. Dieser trat offen zur Partei der Karthager über, seiner grausamen Regierung wegen wurde er jedoch schon nach 13-monatiger Herrschaftsdauer ermordet. Nach seinem Tode rissen anarchische Zustände ein, bis zur Ankunft des Marcellus. Diese Zustände wurden besonders von Hippokrates genährt, welcher trotz seiner syrakusischen Abstammung, da er in Karthago geboren, zu den Karthagern hielt. Hannibal hatte ihn als Gesandten zu Hieronymus geschickt, um diesen Fürsten den Römer n abtrünnig zu machen. Nach der Ermordung des Königs blieb Hippokrates in Syrakus und bemühte sich, die Herrschaft an sich zu reißen. Er ließ sich zum Befehlshaber der Syrakuser wählen, zog jedoch durch sein ungeschicktes, grausames Benehmen Marcellus als Feind vor die Mauern der Stadt, und zwar dadurch, dass er bei Leontini eine große Anzahl von Römern ermorden ließ. Marcellus nahm hierauf Leontini mit Sturm, ließ

---

2   Polybios Geschichte. Übersetzt von Haakh. Stuttgart 1868. 8. Buch, Cap. 5—9. — Plutarchos: Marcellus 14—19.

jedoch deren Einwohnern kein Leid widerfahren. Hippokrates eilte nun nach Syrakus und schüchterte durch seine lügenhafte Erzählung, dass Marcellus die ganze wehrfähige Bevölkerung des befreundeten Leontini über die Klinge habe springen lassen, die Syrakuser dermaßen ein, dass sie den Hippokrates baten, den Oberbefehl zu übernehmen und dieser somit die Stadt vollständig in seine Gewalt bekam. Nachdem es nun Marcellus ruhig nicht ansehen konnte, dass die mächtigste Stadt Siziliens in die Hände der Karthager gerate, zog er mit seinem Feldherrnkollegen Appius Claudius unter die Mauern der Stadt und begann die Belagerung zu Wasser und zu Lande.

Nachdem das römische Heer mit allem Belagerungsmaterial wohl versehen war, glaubte man die Belagerung in kurzer Zeit zu Ende fuhren zu können. Man hatte dabei jedoch nicht auf Archimedes gedacht, der nun mit der ganzen Wucht seines gewaltigen Geistes sich zur Verteidigung seiner Vaterstadt aufraffte und durch die mannigfaltigsten Mechanismen die Belagerer von den Mauern fernzuhalten verstand.

Appius zog mit 60 Fünfruderern gegen die unmittelbar in das Meer sich senkenden Mauern der „Achradina" genannten Vorstadt heran. Von diesen wurden aus acht Schiffen durch Verkettung je zweier vier sogenannte „Sambyken" (so genannt wegen ihrer Gestalt, die an ein „Sambyka" benanntes Musikinstrument erinnert) hergestellt. Diese Sambyken bestanden aus einer aufrichtbaren breiten Leiter, welche auf dem durch Verankerung zweier Schiffe gebildeten Doppelschiffe lag und plötzlich aufgerichtet den Soldaten das Besteigen der Stadtmauer ermöglichte. In ähnlicher Weise, mit den Belagerungswerkzeugen jener Zeit bewaffnet, näherte sich Marcellus der Stadt von der Landseite her.

„Im Besitz so beträchtlicher Streitkräfte zu Wasser und zu Land „hätten die Römer, wenn der alte Mann (Archimedes) in Syrakus nicht „gewesen wäre, bald der Stadt sich bemächtigen können; da nun aber „der eine auf dem Platz war, so getrauten sie sich nicht einmal, einen „Versuch auf die Stadt zu machen, wenigstens nicht auf einem Wege, „auf dem ihnen Archimedes entgegentreten konnte." Mit diesen Worten deutet Polybios (lib. VIII., 9, a) an, weshalb die Römer ihr Ziel nicht erreichen konnten.

Archimedes verteidigte die Mauern der Stadt vermittelst seiner Maschinen mit solcher Geschicklichkeit und Energie, dass die Römer nach jedem Sturm mit großen Verlusten abziehen mussten. Unsere Gewährsmänner Plutarch und Polybios finden kaum genug Worte, um alle die verschiedenen Maschinen anzuführen und zu rühmen, welche Archimedes ersann, um den Feind von den Mauern der Stadt fernzuhalten. Für jede Entfernung berechnete Wurfmaschinen und Schleuder (Katapulte, Ballisten und Skorpione) trieben die römischen Soldaten zurück. Die

Schiffe wurden durch vertikal wirkende Widderbalken in den Grund gebohrt oder durch „eiserne Hände" aus dem Wasser gehoben, im Kreis gedreht und an den Felsen der Achradina zerschellt. Nach der Behauptung des Plutarch hätte Archimedes mit seinen Maschinen Steinblöcke von 10 Talenten Gewicht (circa 12 Ztr.) auf große Entfernung fortgeschleudert.

Als schließlich die Römer nach einem versuchten nächtlichen Sturm ebenfalls blutig zurückgeschlagen worden, verbreitete sich eine derartige Panik im Heer der Belagerer, dass ein jedes Tauende, das irgendwo über die Mauer herabhing und jedes vorstehende Balkenstück die Flucht der Angreifenden veranlasst, da sie glaubten, Archimedes lasse eine seiner Höllenmaschinen spielen.

Marcellus nahm sein Missgeschick mit guter Miene hin, als er sagte, Archimedes habe die römischen Schiffe mit Meerwasser getränkt und die Sambyken geohrfeigt nach Hause geschickt. Seinen Ingenieuren gegenüber aber äußerte er sich: Wollen wir nicht aufhören, gegen diesen mathematischen Briareus Krieg zu führen? Der setzt sich nur ganz ruhig ans Meer und überragt die hundertarmigen Riesen der Sage weit, — so viele Schüsse tut er auf einmal gegen uns! Schließlich sah Marcellus ein, dass er sich der Stadt nur durch Aushungern bemächtigen werde können, er schnitt daher jede Zufuhr ab und zog — ein Beobachtungskorps zurücklassend — mit dem übrigen Teil des Heeres zur Niederwerfung des Widerstandes gegen die römische Macht in den andern Städten der Insel aus. So dauerte die Belagerung von Syrakus nach einigen Quellen 8 Monate, nach anderen sogar 3 Jahre. Endlich wurde die Stadt durch eine Kriegslist eingenommen. Als die Syrakuser nämlich ein drei Tage währendes Artemisfest feierten, vergaßen sie — übermäßigem Weingenuss sich hingebend — die Sorge um die genügende Bewachung der Mauern und so gelang es den Römern, denen der Zustand der Stadt verraten worden, die Mauern zu ersteigen und einen Teil von Syrakus (die Vorstädte Tyche und Neapolis) in ihre Hände zu bekommen. Das Gros des Heeres zog nun durch das prächtige Hexapylon (das sechsthörige) in die eroberten Stadtteile ein. Die Achradina, die eigentliche Stadt, fiel nach Livius erst viel später in die Hände der Römer. Marcellus hatte die Misshandlung und Tötung der Bewohner der Stadt seinem Heer streng verboten, jedoch die durch so viele Verluste und den hartnäckigen Widerstand erbitterte Soldateska war nicht zurückzuhalten und es folgte nun Gemetzel und Plünderung, bei welcher eine solche Menge von Wertgegenständen in die Hände der Soldaten fiel, welche nicht geringer gewesen sein soll, als später in Karthago. Bloß der königliche Schatz wurde für das römische Aerar gerettet. — Am tiefsten jedoch beklagte Marcellus die Ermordung des Archimedes. Wir finden bei Plutarch drei verschiedene Versionen über das gewaltsame Ende desselben. Nach der ersten hatte der Gelehrte von dem Lärm des Sturmes und der Überrumpelung der Stadt

12

nichts gehört und sann in der Stille seiner Behausung einem geometrischen Problem nach. Plötzlich stand ein römischer Krieger vor ihm, der ihn barsch aufforderte, ihm zum römischen Befehlshaber zu folgen. Archimedes bat den Soldaten, sich zu gedulden, bis er die Aufgabe gelöst habe, dieser geriet über die Weigerung des Gelehrten in Wut und stieß ihn nieder. — Nach der zweiten Version stand der Soldat schon mit dem Vorsatz zu töten vor dem Gelehrten, Archimedes bat ihn nur so lange seiner zu schonen, bis er die Aufgabe gelöst habe; allein der Soldat stieß ihn nieder. — Nach der dritten Version wollte Archimedes sich mit einem Kistchen, in dem einige seiner astronomischen Instrumente wie Sonnenuhren, Quadranten, Kugeln u. s. w. waren, eben zu dem römischen Befehlshaber verfügen, als ihm einige römische Krieger begegneten, die in dem Wahn, das Kistchen enthalte Goldgegenstände, ihn deshalb gleich niederstießen.

Alle diese Erzählungen der Ermordung des Archimedes sind als historische Anekdoten zu nehmen und tragen so wie die übrigen den Charakter des pikanten Schlusses an sich, der alle ähnlichen Erzählungen der alten Schriftsteller kennzeichnet, wodurch gewöhnlich die hervorragende Eigenschaft einer Person — in unserem Fall die Zerstreutheit und Exzentrizität — bis zur Übertreibung hervorgehoben wird. Tatsache ist bloß, dass Archimedes im Jahr 212 v. Chr. bei der Einnahme der Stadt Syrakus um das Leben kam.

Marcellus war tief betrübt über den Tod des Archimedes, er suchte die Verwandten desselben auf und überhäufte sie mit Gunstbezeugungen, auch errichtete er ihm ein Grabmal, das später Cicero, als Quästor von Sizilien, in vernachlässigtem Zustand, mit Unkraut bewachsen, auffand. Derselbe ließ das Grab wieder in guten Zustand setzen. — Es erübrigt hier noch einer sehr verbreiteten Sage Erwähnung zu tun, da diese den Namen unseres Gelehrten mit einer wichtigen optischen Erfindung in Zusammenhang bringt. Es wird nämlich erzählt, Archimedes habe die römischen Schiffe mit Brennspiegeln in Brand gesteckt. Diese Nachricht stammt schon aus dem Altertum. Lukianos in seinem „Hippias" und Galenos erzählen zuerst, dass Archimedes die römische Flotte in Brand gesteckt habe. Bei diesen Schriftstellern wird von Brennspiegeln noch keine Erwähnung getan, sondern es ist bloß von „pyria", d. h. Zündstoff die Rede, allerdings spricht Galenos hiervon in solcher Weise, dass man schwer an etwas anderes, als an Hohlspiegel denken kann. Die Belagerung von Syrakus wurde — wie wir weiter oben gesehen haben — von Polybios, Plutarch und Livius ziemlich ausführlich beschrieben. Der erste der drei Schriftsteller, Polybios, wurde einige Jahre nach dem Ereignis geboren, zu seiner Zeit konnten die Vorgänge, welche dasselbe begleiteten, noch in guter Erinnerung sein und doch erwähnt er mit keinem Worte etwas vom Anzünden der Schiffe,

Lukianos und Galenos dagegen lebten um vierhundert Jahre später und scheint schon deshalb ihre Erzählung etwas verdächtig.

Der Erste, der in bestimmter Weise von Hohlspiegeln spricht, ist Anthemios im 6. Jahrhundert unserer Zeitrechnung unter Kaiser Justinian I. In seiner Schrift: „Mechanische Paradoxien", welche als Fragment existiert, zieht er es in Zweifel, dass man auf Bogen Schussweite vermittelst eines Hohlspiegels zünden könne, damit er jedoch den Ruhm des Archimedes nicht verkürze, ist er geneigt zu glauben, dass dieser das behauptete Resultat durch Kombinierung mehrerer ebener Spiegel erzielt habe. Er beschreibt hierauf sehr ausführlich eine solche Spiegelvorrichtung und bestimmt sogar die Zahl der dazu notwendigen Spiegel. Noch aus viel späterer Zeit, aus dem 12. Jahrhundert, stammen die Nachrichten von Zonaras, Eustathios und Tzetzes. Zonaras beschreibt die Belagerung von Syrakus durch Marcellus und setzt hinzu, dass diese nicht so lange gedauert haben würde, wenn Archimedes die Stadt mit seinen Maschinen nicht verteidigt hätte. Die Letzteren schleuderten Felsblöcke auf die Schiffe, ja sie hoben sie sogar aus dem Wasser, um dieselben dann durchschüttelt wieder zurückfallen zu lassen. Schließlich habe Archimedes die Schiffe der Römer dadurch in Brand gesteckt, dass er „Spiegel gegen die Sonne hielt und mit diesen die Strahlen auffing, vermöge ihrer Dichtigkeit und ihrer Glätte entzündeten diese die Luft, wodurch eine große Hitze entstand, welche auf die Schiffe geworfen diese anzündete."

Derselbe Zonaras erzählt noch, dass Proklos Konstantinopel in ähnlicher Weise verteidigt haben soll, wie einst Archimedes Syrakus verteidigte. Nach dieser Erzählung hätte Proklos während der Regierung des Anastasios (491 —518 nach Chr.) die Flotte des Vitalianus, die Konstantinopel belagerte, mittelst Hohlspiegel verbrannt. Seiner Angabe zufolge habe er dem Beispiel des Archimedes folgend Brennspiegel angewendet, indem er diese an die Stadtmauern den Schiffen gegenüber aufgehängt habe. Als dann die Sonnenstrahlen auf den Spiegel fielen, da schoss gleich dem Blitz ein Lichtstrahl aus diesem hervor und verbrannte die feindlichen Schiffe.

In gleicher Weise schreibt Tzetzes und beruft sich auf mehrere andere Schriftsteller. Wenn wir jedoch alle diese Nachrichten miteinander vergleichen, so müssen wir zu dem Schluss kommen, dass Archimedes die Brennspiegel nicht gekannt, oder wenigstens dieselben bei der Belagerung von Syrakus nicht angewendet habe. Am beredtsten spricht hierfür das Schweigen der zeitgenössischen Geschichtsschreiber. Hierzu kommt jedoch noch die Unmöglichkeit, mittelst eines Hohlspiegels auf größere, einige Fuß überschreitende Entfernung zu zünden; ließ Archimedes hingegen die Schiffe bis unmittelbar an die Mauer kommen, dann war es wohl bequemer und wohl auch radikaler, Brände in dieselben zu werfen. Es ist nun wohl möglich mit einer Reihe von nebeneinandergestellten Spiegeln auf größere

Entfernung zu zünden, jedoch ist dies Verfahren unsicher und zeitraubend und schon aus diesem Grund höchst unglaubwürdig.

Es ist vielmehr sehr wahrscheinlich, dass die Bewunderung, welche das gesamte Altertum für den Archimedes, den größten Mechaniker des Altertums, hegte, seinen Ausdruck in der Erfindung und für glaubwürdig halten solcher komplizierter Prozeduren fand, vermittelst welcher derselbe seine Vaterstadt verteidigte. Wahr mag bloß sein, dass er vermittelst seiner Wurfmaschinen Brände in die herannahenden Schiffe warf und dadurch dieselben in Brand steckte, wodurch diese Übertreibung entstanden sein mochte.

Der einzige Kommentator des Archimedes im Altertum ist Eutokios von Askalon, der zur Zeit des Kaisers Justinian im 6. Jahrhundert unserer·Zeitrechnung lebte. Eutokios schrieb jedoch bloß zu den Schriften des Verfassers „Über das Gleichgewicht der Ebenen", „Über Kugel und Zylinder" und „Über die Ausmessung des Kreises" einen Kommentar.

Die auf uns gekommenen Schriften des Archimedes sind die folgenden:

1.	Vom Gleichgewicht der Ebenen oder von den Schwerpunkten derselben. I. Buch.

2.	Die Quadratur der Parabel.

3.	Vom Gleichgewicht der Ebenen. II. Buch.

4.	Von der Kugel und dem Zylinder.

5.	Kreismessung.

6.	Von den Schneckenlinien.

7.	Von den Konoiden und Sphäroiden.

8.	Sandkörnerzahl.

9.	Von schwimmenden Körpern. Buch I. u. II.

10.	Wahlsätze.

Alle diese Abhandlungen, mit Ausnahme der im griechischen Originaltext nicht mehr vorhandenen zwei Bücher „von den schwimmenden Körpern" sind in dorischem Dialekt geschrieben.

Außer diesen werden Archimedes noch die folgenden Abhandlungen zugeschrieben, welche jedoch sämtlich apokryph zu sein scheinen. Lemnata (Assumta), bloß in lateinischer Übersetzung vorhanden und zuletzt durch Borelli 1661 herausgegeben, ferner „Methode, um Gold und Silber in ihren Legierungen zu erkennen, „Über die Helix", „Über die Bewegung großer Schiffe", „Vom Trispast" u. s. f.

Die Werke des Archimedes in griechischer Sprache wurden bei der Einnahme von Konstantinopel aufgefunden, von wo sie nach Italien gelangten. Zuerst erschienen sie in der Baseler Ausgabe mit lateinischer Übersetzung, herausgegeben von Thomas Geschauff (Venatorius). Die Pariser Ausgabe von David Rivault (Rivaldus) aus dem Jahr 1615 enthält außer der Biografie des Archimedes noch Versuche zur Herstellung der verloren gegangenen Abhandlungen dieses Autors.

In deutscher Sprache erschienen die Werke des Archimedes unter dem folgenden Titel: Archimedes von Syrakus vorhandene Werke. Aus dem Griechischen übersetzt und mit erläuternden und kritischen Anmerkungen begleitet von Ernst Nizze. Stralsund 1824. 4°. Eine ältere deutsche Übersetzung ist die folgende: *Des unvergleichlichen Archimedes Kunstbücher, oder heutigen Tages befindliche Schriften aus dem Griechischen ins Hochdeutsche übersetzt und erläutert von Christoph Sturm.* Nürnberg 1670.

Was wir im Altertum an wissenschaftlicher Mechanik finden, das ist zum größten Teil in des Archimedes Werken enthalten. Allerdings ist diese Mechanik höchst primitiv und einseitig. Er kennt bloß die Statik und beweist alle seine Sätze auf streng statische Weise. Doch ist ein ungeheurer Unterschied zwischen seiner Art der Behandlung mechanischer Probleme und der des Aristoteles. Während dieser in seinen mechanischen Problemen oder auch anderswo in seinen Schriften, wo er sich mit mechanischen Fragen beschäftigt, die Lösung der Probleme gewöhnlich vermittelst ganz fremder, mit dem Gegenstand kaum in sehr lockerem Zusammenhang befindlichen Faktoren zu bewerkstelligen sucht, ist die Methode des Archimedes eine streng sachliche, welche ihre Behelfe stets aus einfachen, geometrischen Betrachtungen und aus einigen als Axiome aufgestellten mechanischen Sätzen nimmt. Dabei ist jedoch die heutige Methode der Statik unserem griechischen Gelehrten unbekannt. Derlei Sätze, wie der vom Kräfteparallelogramm oder aber das Prinzip der virtuellen Geschwindigkeiten, welche in ihrer weiteren Verfolgung zur Dynamik führen, sind ihm ganz unbekannt. Die antike Statik, wie wir sie bei Archimedes finden, besteht bloß aus zwei Theorien, der des Schwerpunktes, in welcher der Momentensatz enthalten ist und jener des Gleichgewichtes in einer Flüssigkeit schwimmender Körper. Von den übrigen mechanischen Kenntnissen des Archimedes, z. B. über das Gleichgewicht an den mechanischen Potenzen, wissen wir absolut nichts zu sagen, da unter seinen Abhandlungen sich über diesen Gegenstand nichts findet. Übrigens folgt daraus, dass Archimedes verschiedene Maschinen konstruierte, gar nicht, dass er auch deren Theorie gekannt habe.

Unter den Abhandlungen des Archimedes beschäftigen sich nur zwei mit mechanischen Problemen. Die erste ist die Abhandlung: „Vom

16

Gleichgewicht der Ebenen oder von den Schwerpunkten derselben." Diese geht von den als Axiom hingestellten Sätzen aus: „Gleichschwere Größen in gleichen Entfernungen wirkend sind im Gleichgewicht; gleichschwere Größen in ungleichen Entfernungen wirkend sind nicht im Gleichgewicht; sondern die an der längeren Entfernung wirkende sinkt."

„Wenn einer schweren Größe, die mit einer andern in gewissen „Entfernungen im Gleichgewichte ist, etwas zugefügt wird, so bleiben „sie nicht mehr im Gleichgewicht; sondern diejenige sinkt, der etwas „zugelegt worden."

„Gleicherweise, wenn von der einen dieser schweren Größen etwas weggenommen wird, so bleiben sie nicht mehr im Gleichgewicht, sondern diejenige sinkt, von welcher nichts weggenommen ist."

„Wenn gleiche und ähnliche Figuren aufeinander gepasst sind, „so treffen auch deren Schwerpunkte aufeinander.

„Die Schwerpunkte ungleicher, jedoch ähnlicher ebener Figuren „liegen ähnlich."

„Wenn Größen in gewissen Entfernungen im Gleichgewicht sind, „so sind ihnen gleiche in denselben Entfernungen auch im Gleichgewicht." „Der Schwerpunkt einer jeden Figur, deren Umfang nach einer „Gegend hohl ist, muss innerhalb der Figur liegen."

Der Verfasser setzt stillschweigend gleichartige Ebenen voraus, deren Gewicht ihrer Größe proportional ist.

Es folgen nun die zu beweisenden Sätze, die eine Kette von wohl-gefügten, ineinandergreifenden Wahrheiten bilden. Der sechste Satz des ersten Buches lautet, wie folgt: „Kommensurable Größen sind im Gleichgewicht, wenn sie ihren Entfernungen umgekehrt proportioniert sind", das ist nun nichts anders, als der bekannte Hebelsatz, das als Satz von den statischen Momenten bekannte archimedische Prinzip. Der folgende 7. Satz dehnt das Gesetz auf nicht kommensurable Größen aus. Die übrigen Sätze beschäftigen sich mit der Bestimmung der Schwerpunkte ebener Figuren. Im zweiten Buche über denselben Gegenstand haben die Untersuchungen einen rein mathematischen Charakter.

Die zweite mechanische Abhandlung des Archimedes, die über die schwimmenden oder vielmehr eingetauchten Körper, ist nur aus einer verderbten arabischen Übersetzung bekannt. Eine Übersetzung ist von Commandinus und führt den Titel: *Archimedis de iis, quae vehuntur in aqua, libri duo, a Federico Commandino Urbinate, in pristinum nitorem restituti, et Commentariis illustrati. Bononiae 1565, 4°.* Der Herausgeber klagt, dass die Übersetzung schlecht sei, auch habe der Übersetzer einen schlechten verderbten Codex gebraucht. Der Titel ist der historisch nachgewiesene[3]. Es leidet jedoch keinen Zweifel, dass die Originalabhandlung vollständiger war. Diese Abhandlung, welche ebenfalls aus zwei Büchern besteht, geht aus dem folgenden axiomartigen Satze aus: „Man setze als „wesentliche Eigenschaft einer Flüssigkeit voraus, dass bei gleichförmiger „und lückenloser Lage ihrer Teile der minder gedrückte durch den „mehr gedrückten in die Höhe getrieben werde. Jeder Teil derselben „aber wird von der nach senkrechter Richtung über ihm befindlichen „Flüssigkeit gedrückt, wenn diese im Sinken begriffen ist, oder doch von „einer andern gedrückt wird."

Der fünfte Satz des ersten Buches sagt aus, dass jeder feste Körper, welcher leichter als die Flüssigkeit ist, in welche er eingetaucht wird, so tief sinkt, dass die Masse der Flüssigkeit, welche so groß ist als der eingesunkene Teil, ebenso viel wiegt, wie der ganze Körper. Dem siebenten Satze zufolge sinken solche feste Körper, welche schwerer sind als die Flüssigkeit, in dieser unter und verlieren hierbei so viel von ihrem Gewichte, als das Gewicht der von dem Körper verdrängten Flüssigkeitsmasse beträgt. Die gesamten anderen Teile der Abhandlung beziehen sich auf schwimmende Körper, welche die Gestalt eines Kugelabschnittes oder eines paraboloidischen Konoides haben.

Zur Zeit des Archimedes überragten die mathematischen Kenntnisse um ein Beträchtliches die mechanische Vorstellungsfähigkeit, hieraus erklärt sich der streng mathematische Charakter auch der mechanischen Abhandlungen unseres Gelehrten, sodass der mechanische Teil der Aufgabe als Nebensache und als Hauptsache die geometrische Lösung betrachtet wird. Unsere Zeit ist längst in das entgegengesetzte Extrem verfallen. Die Mechanik hat die einfachsten Bewegungserscheinungen der mathematischen Behandlung zugänglich gemacht und dadurch eine erschöpfende Darstellung derselben erzielt; bei nur einigermaßen komplizierten Aufgaben jedoch versagt bald das mathematische Rüstzeug, da unsere Mechanik, wenigstens was die Aufgaben betrifft, welche sie zu stellen (nicht gleichzeitig zu lösen) imstande ist, den Zustand der Mathematik um Bedeutendes überflügelt. Die heutige Mathematik kann in keiner Weise Schritt halten mit der Entwicklung der Mechanik und der theoretischen Physik, wodurch sie in deren Wachstumsprozess hemmend eingreift.

Wenn wir abschließend die Verdienste des Archimedes um die mechanische Wissenschaft würdigen, so können wir dieses kurz in Folgendem darlegen. Archimedes, so gut wie Aristoteles hat sich mit mechanischen Fragen beschäftigt, beide haben, wenn man den Maßstab ihres Zeitalters anlegt, tiefe Einsicht in das Wesen der mechanischen

---

3 Von Strabo, Pappos und Vitruvius unter diesem Titel angegeben.

Grundprinzipien an den Tag gelegt. Nun kann es allerdings keinem Zweifel unterliegen, dass die Arbeiten des Archimedes, des großen griechischen Geometers, an Bedeutung die einschlägigen Arbeiten des Stagiriten weit überragen, jedoch so viel ist ebenfalls gewiss, dass beide Forscher des Altertums sich mit mechanischen Problemen nicht der Natur der Sache wegen beschäftigten, sondern dass beide in erster Linie einen fremden Zweck hiermit verbanden. Während Aristoteles „Aporien", d. i. Schwierigkeiten, lösen wollte und in den mechanischen Fragen prächtige Aufgaben für die dialektischen Haarspaltereien fand, behandelt Archimedes hundert Jahre später seine mechanischen Arbeiten streng mathematisch und man sieht auf den ersten Blick, dass auch er in denselben nicht das mechanische Interesse sucht, sondern lediglich das mathematische; ihm bieten jene mechanischen Fragen gewisse „mathematische Aporien", mit deren Lösung sich der Mathematiker von Syrakus mit besonderer Leidenschaft zu beschäftigen schien. Für die Auffassung des Altertums und gewiss auch zum Teil des Archimedes ist eine Stelle aus des Plutarchos oft zitiertem „Marcellus" charakteristisch: „Das „Meiste" — was nämlich des Archimedes Maschinerien betrifft — „war „bei ihm nur entstanden als Nebenbeschäftigung einer spielenden Mathematik, wobei zuerst der König Hiero selbst einen gewissen Ehrgeiz befriedigte, indem er dem Archimedes zuredete, doch einen Teil seiner Wissenschaft aus der bloßen Welt des Geistes in die materielle Welt zu übertragen und seine Theorien irgendwie durch eine enge Verbindung „mit praktischen Bedürfnissen zur sinnlichen Anschauung zu bringen. Eudoxos und Archytas waren die Ersten gewesen, welche diese ebenso beliebt als berühmt gewordene Mechanik aufbrachten, indem sie dadurch ihrer abstrakten Mathematik eine niedliche Ornamentierung gaben. Problemen, bei denen sich nicht leicht eine Nachweisung durch Wissenschaft oder Zeichnung geben ließ, wurde von ihnen durch mechanische Versinnlichung nachgeholfen. Aber Platon eiferte nun mit großem Unwillen gegen sie, weil sie den Vorzug der Mathematik vernichteten und verderbten, sofern diese jetzt aus „dem Gebiet des Unkörperlichen, Geistigen in das der Sinne weit entlaufe und sich leider aufs Neue mit Körpern abgeben müsse, die an sich schon so viele lästige Handwerksarbeit erforderten. So fiel denn „die Mechanik aufs Entschiedenste wieder von der Mathematik aus[4].

Die Werke des Archimedes sind in höchst defektem Zustand auf uns gekommen. Abhandlung für Abhandlung bildet bloß eine Reihe von Sätzen, eröffnet von einer kurzen Einleitung: „Archimedes grüßt den Dositheus," an den er nun, nach dem Tode seines Freundes, des Mathematikers Konon, seine geometrischen Entdeckungen sendet; mit einigen dürftigen Worten werden menschliche Verhältnisse berührt, um dann im nächsten Augenblick

---

4   Plutarch. In Marcello 14.

in medias res in die Behauptung und den Beweis der behaupteten Sätze einzugehen. Vergebens suchen wir jene Stellen in seinen Werken, welche uns den geringsten Einblick in das Wesen des Autors gestatten und uns denselben menschlich näher bringen würden. Die einzige Abhandlung, die wenigstens zum Teil eine Ausnahme bildet, ist der „Psammites", die Sandkornrechnung, in welcher er berechnet, dass, wenn die Entfernung der Fixsternsphäre (nach seiner Berechnung) 10^8 Erddurchmesser und der Erddurchmesser 1 Million Stadien beträgt, die Anzahl der Sandkörner, welche diesen Raum ausfüllt, kleiner ist als 100 mit einem Gefolge von 61 Nullen. Archimedes war übrigens ein Anhänger der geozentrischen Weltanschauung.

Von den Maschinen des Archimedes war schon oben die Rede; den Berichten der alten Schriftsteller zufolge, hätte er über vierzig neue Mechanismen und hydraulische Vorrichtungen erfunden und ausgeführt. Hier sind zu erwähnen: der Flaschenzug (und zwar der Potenzialflaschenzug), die endlose Schraube und die (archimedische) Wasserschraube. Es ist sehr wahrscheinlich, dass er auch das erste Aräometer konstruiert habe, eine Erfindung, welche von anderen auch der Philosophin von Alexandria, Hypatia zugeeignet wird.

Archimedes wurde vom gesamten Altertum als das bedeutendste mathematische Genie seiner Zeit betrachtet und ist es jedenfalls von Interesse, die Stimme eines Schriftstellers aus dem Altertum über ihn zu hören. Plutarch schreibt von ihm das Folgende: „Übrigens besaß Archimedes ein solches Genie, eine solche Tiefe der Seele, „einen solchen Reichtum von theoretischer Wissenschaft, dass er über alles, was ihm doch Namen und Ehre eines nicht bloß menschlichen, sondern übermenschlichen Verständnisses eingetragen hatte, keine schriftstellerische Arbeit hinterlassen wollte, sondern jeden mechanischen Geschäftsbetrieb, überhaupt jede Kunst, die sich mit dem Bedürfnisse berührte, nur für eine niedrige Handwerkssache an sah". Jedenfalls können wir behaupten, dass Archimedes einer der genialsten Denker des Altertums gewesen sei.

Nikolaus Kopernikus

II. Nikolaus Kopernikus

Wer philosophieren will, muss freien Geistes sein.

Frühzeitig musste der gestirnte Himmel die Aufmerksamkeit des aufrecht auf die Erde gestellten Menschen fesseln. Die Licht und Wärme spendende Sonne, der mild glänzende Mond mit seinen wechselnden Gestalten, das Heer der unzähligen funkelnden Sterne verknüpfte er durch Mythe und Dichtung mit seinem Hoffen und Wünschen, mit seinem Bangen und Fürchten, mit seinem Sehnen und Lieben. Hinaus über das Endliche in das Unendliche fühlte er sich gehoben und entrückt durch das dort Geschaute. Frei konnte hier die Fantasie in nie gehemmtem Fluge ihre Schwingen entfalten. Frei, nicht zügellos! Als das Aufmerken begann, sich in ein Beobachten zu wandeln, offenbarte sich eine wunderbare Ordnung nach Maß und Zahl. Die musikalische Harmonie, dieses Zusammenschmelzen einer Menge einzelner Töne zum Einklang, zu einem einheitlichen Gesamteindruck, fand dort ein erhabenes Ebenbild, vielleicht ihr Urbild! Die von der Einbildungskraft befruchtete wissenschaftliche Betrachtung bemühte sich, in Wesen und Sinn dieser himmlischen Harmonie einzudringen; als eine seltsame Mischung zunächst von fantastischen Spekulationen und nüchterner, geduldiger und ausdauernder Verfolgung und Messung der Bewegungen am Firmament entstand die Astronomie. Aus ihrem Ursprung wird ohne Weiteres verständlich, dass in den ältesten Zeiten ihre Vertreter gleichzeitig die Priester des Volkes waren. Diese Personalunion blieb auch noch im Mittelalter vielfach bestehen; die Berechnung des Festkalenders, der sogenannte Computus, namentlich die Bestimmung des Ostertermins, gehörte zu den Obliegenheiten des Klerus, in den seiner Heranbildung dienenden Klosterschulen wurde daher die Astronomie in eingehender Weise betrieben.

Die für die Ordnung priesterlicher Verrichtungen wie für die Regelung des gesamten bürgerlichen Geschäfts- und Verkehrslebens gleichwichtige Aufgabe genauer Zeitbestimmungen und der Herstellung von Kalendern nötigte die Astronomen zu gewissen Vorausberechnungen, z. B. des Eintretens bestimmter Stellungen der Sonne unter den Fixsternen oder des Neumondes und Vollmondes. Hier ergab sich nun aber eine große Schwierigkeit. Gerade der Lauf jener beiden für uns hervorragend wichtigen Gestirne lässt den immer gleichförmigen Gang der, die Grundlage aller Zeitmessung bildenden, Drehung des Fixsternhimmels vermissen, und als noch viel regelloser stellt sich auf den ersten Anblick die Bewegung der Planeten dar. Da aber doch auch in diesem scheinbar unregelmäßigen Verhalten eine periodische Wiederkehr der Erscheinungen durch die Beobachtungen mit Sicherheit festzustellen war, hatte die Entdeckung einer festen Regel und damit die Möglichkeit der Voraussage aller Vorgänge von vornherein die Wahrscheinlichkeit für sich.

Unter den hierauf gerichteten Versuchen des Altertums ist das Weltsystem des Claudius Ptolemäus (150 n. Ehr.), das im ganzen Mittelalter herrschend blieb, zu besonderer Berühmtheit gelangt. Er dachte sich, wie die Mehrzahl seiner Vorgänger, die Erde im Mittelpunkt des Weltalls. Aus der geringeren oder größeren Umlaufszeit von Sonne und Mond und der damals bekannten fünf Planeten wurde auf ihren kleineren oder größeren Abstand von der Erde geschlossen; demgemäß stellte sich Ptolemäus innerhalb einer Sphäre des Fixsternhimmels sieben Sphären vor, auf denen sich, von der Erde nach außen hin gerechnet, Mond, Merkur, Venus, Sonne, Mars, Jupiter, Saturn bewegen sollten, und zwar so, dass jeder Planet einerseits an der allgemeinen täglichen Bewegung des ganzen Himmels von Ost nach West teilnehme, zugleich aber noch einer besonderen eigenen Bewegung in entgegengesetzter Richtung von West nach Ost unterworfen sei. Die auf dieser Grundlage fußenden Vorausberechnungen wichen aber oft ganz erheblich von den Ergebnissen der wirklichen Beobachtungen ab. Man gibt eine wissenschaftliche Hypothese nicht sofort auf, weil sich einzelne Erscheinungen ihr nicht fügen; man sucht vielmehr durch Abändern und Ergänzen die zugrunde liegende Annahme in Übereinstimmung mit der Erfahrung zu bringen. Erst wenn die fortschreitende Vermehrung und Verfeinerung der Beobachtungsergebnisse zu immer neuen Hilfshypothesen zwingt, lässt sich die zumeist konservativ gesinnte Wissenschaft zur Aufgabe des alten Baues und zur Aufführung eines neuen geneigt finden. Auch das ptolemäische System musste sich zahlreiche An- und Einbauten gefallen lassen, ehe man die Notwendigkeit begriff, es zu verlassen. Eine nach unserer heutigen Einsicht vorgefasste Meinung, die aber in jener Zeit als unerschütterliche Grundwahrheit, als Axiom galt, beherrschte alle diese Konstruktionen. Die eine Hälfte dieser Ansicht haben wir in unserem Trägheitsgesetze festgehalten, dass nämlich jeder Körper im Zustande gleichförmiger Bewegung beharre, wenn er nicht durch äußere Ursachen gezwungen wird, diesen Zustand aufzugeben, die andere haben wir in eben diesem Gesetz durch den Zusatz beseitigt, dass eine solche Bewegung stets geradlinig erfolge. Dem Altertum erschien unter Führung des Aristoteles als die eigentlich natürliche, einem Körper von selbst zukommende und gleichzeitig vollkommenste Bewegung die Kreisbewegung mit gleichförmiger Geschwindigkeit, und das Bestreben der Wissenschaft richtete sich dementsprechend damals darauf, die beobachteten Abweichungen des Planetenlaufs auf dieses Bewegungsideal zurückzuführen. Um die Ungleichförmigkeiten in der Bewegung z. B. der Sonne von solchem Standpunkt aus zu erklären, nahmen die Nachfolger des Ptolemäus eine exzentrische Stellung der Erde in der Kreisbahn der Sonne

24

an. Gleiche von der Sonne zurückgelegte Bogen müssten dann von der Erde aus bei Sonnennähe (Perigäum) unter größerem Gesichtswinkel erscheinen als bei Sonnenferne (Apogäum). Die verwickelten Bahnen und Geschwindigkeiten der Planeten ließen sich in Kreisbewegungen mit gleichförmiger Geschwindigkeit zerlegen, indem man voraussetzte, dass der Planet eine Kreisbahn (den Epizykel) zurücklege, deren Mittelpunkt auf einem zweiten Kreise fortschreite. Die Ergebnisse der immer mehr vervollkommneten Beobachtungsmethoden zwangen indessen zu einer weitergehenden Zerlegung der dem Auge sich darbietenden Bewegungen, immer größer wurde die Anzahl der Krücken, mit denen sich diese Epizyklentheorie mühsam auf den Beinen erhielt. Sie zog nur noch Kraft aus dem ihr zugrunde liegenden Prinzip, aus der immerhin noch großen Ungenauigkeit der Beobachtungsergebnisse und nicht zum wenigsten aus der von den Griechen überkommenen mangelhaften begrifflichen Durcharbeitung der Erfahrung. Es waren wohl, um mit Kants Kritik der reinen Vernunft zu reden, Anschauungen da, aber ohne Begriffe und daher blind, es fehlte auch nicht an Begriffen, aber sie waren ohne Anschauung und daher leer. Die Griechen und ihre nächsten Nachfolger begnügten sich, ohne sich darüber Rechenschaft abzulegen, mit dem, was uns, als bewusste Forderung für die Darstellung der Mechanik in der zweiten Hälfte des vorigen Jahrhunderts von dem großen Physiker Kirchhoff ausgesprochen, fast wie ein atavistischer Rückschlag erscheint, — mit der bloßen Beschreibung der Wirklichkeit; dem Warum schenkten sie keine oder nur eine ganz oberflächliche Aufmerksamkeit. Ihr reicher Besitz an fein durchdachten Begriffen entstammte fast ausschließlich ihrem eigenen regen Innenleben und erwies sich infolgedessen als unzureichend zur Erfassung der Außenwelt. Erst der Anbruch der Neuzeit brachte mit der Herausbildung der Erfahrungsbegriffe, zunächst namentlich des Kraftbegriffes, in dieser Beziehung einen gründlichen Umschwung hervor.

Dass die Vertreter der Epizyklenlehre, wenigstens gegen Ausgang des Mittelalters, nicht daran dachten, für ihre Hypothese irgendwelche reale Existenz in Anspruch zu nehmen, geht recht deutlich aus der von Osiander dem Hauptwerk des Kopernikus auf eigene Faust beigegebenen und durchaus nicht im Sinne von Kopernikus gehaltenen Vorrede hervor. Dort heißt es: „Genugsam bekannt ist ja, dass die Astronomie die Ursache der anscheinend ungleichmäßigen Bewegungen nicht kennt. Wenn die Wissenschaft aber dergleichen hypothetisch ersinnt — und sie hat solche Hypothesen wirklich in großer Zahl ersonnen —, so ersinnt sie dieselben keineswegs mit dem Ansprüche, irgendjemand zu überreden, dass die Sache sich wirklich so verhalte; es soll eben nur eine richtige Grundlage für die Rechnung aufgestellt werden." Und noch einmal am Schluss: „Übrigens möge niemand in betreff der Hypothesen Gewissheit von der Astronomie erwarten. Sie vermag diese nicht zu geben. Wer das, was zu einem anderen Zweck ersonnen ist, für Wahrheit nimmt, dürfte wohl unwissender von dieser Wissenschaft fortgehen, als er zu ihr gekommen ist."

Aber wenn auch der mathematische Verstand allenfalls bereit war, sich weiter mit den exzentrischen Kreisen und Epizykeln abzufinden, und zu behelfen, so sträubte sich das gesunde Gefühl für Einfachheit und Schönheit immer mehr, auf diesem Weg weiter zu schreiten. Unwillkürlich drängen sich beim Blick auf die Herkulesarbeit der scharfsinnigen Rechner Goethes Verse auf die Lippen: „Weh! weh! Du hast sie zerstört die schöne Welt, mit mächtiger Faust; sie stürzt, sie zerfällt! Ein Halbgott hat sie zerschlagen! Wir tragen die Trümmer in Nichts hinüber, und klagen über die verlorene Schöne. Mächtiger der Erdensöhne, prächtiger baue sie wieder auf!"

Nikolaus Kopernikus (geb. zu Thorn 1473, gestorben zu Frauenburg 1543) wurde der Baumeister eines neuen Kosmos. Zu hervorragender Begabung, die nimmer rastendem Fleiß die schönsten Früchte schenkte, gesellte sich für Kopernikus eine seltene Gunst der äußeren Lebensverhältnisse, der zeitlichen und örtlichen Beziehungen, in die ihn das Schicksal hineingestellt hatte. Er war der Sohn einer wohlhabenden Familie; sein Onkel Lucas von Watzelrode, der mit großer Treue für den früh des Vaters beraubten Knaben sorgte, herrschte als Bischof fast wie ein souveräner Fürst in Ermland, die nächsten Verwandten gehörten zu den regierenden Geschlechtern in den reichen Weichselstädten. Der Kampf mit der Not des Lebens blieb ihm durchaus erspart; eine vorübergehende Geldverlegenheit auf der Universität Bologna wird genau dieselben Ursachen gehabt haben wie ähnliche Zustände bei Musensöhnen unserer Tage, denen ein guter Wechsel nicht fehlt. Durch die einflussreiche Verwendung des Onkels Bischof erhielt Kopernikus bereits 1497 ein erledigtes ermländisches Kanonikat, dessen Besitz ihn aller Zukunftssorgen enthob, ihm nur geringe amtliche Pflichten auferlegte, dabei aber doch einen nahen Verkehr mit den geistig regen Mitgliedern des ermländischen Hochstiftes und einen tiefen Einblick wie persönliches Eingreifen in die sozialen und staatlichen Verhältnisse Ermlands, ja selbst in die umfassende Politik der größeren Nachbarstaaten vermittelte.

Gerade das engere Heimatland des Kopernikus zeigte bei seinen Lebzeiten eine bunte Musterkarte der verschiedenartigsten Lebensströmungen und Interessen. Der gegen die eingesessene Bevölkerung herrisch sich abschließende deutsche Ritterorden, der eigentlich nur noch als anständige Unterkunft der unversorgten Söhne deutscher Adelsgeschlechter eine zweifelhafte Existenzberechtigung hatte und schon in Abhängigkeit vom Königreich Polen geraten war, die über ihre Rechte eifersüchtig wachenden, kraftvoll aufblühenden Städte mit ihren weit und frei blickenden Kaufherren, die welt- und lebensklugen Stiftsherren, die doch nur an der Zwietracht ihrer Gegner und deren Inanspruchnahme durch mächtigere Feinde einen kurzfristigen Halt für ihre Unabhängigkeit zu finden vermochten — alle diese verschiedenen Elemente kämpften auf ermländischem Grund und Boden um Dasein und Geltung. Der junge Kanonikus fand hier reiche Gelegenheit, zu einer großzügigen Beurteilung menschlichen Treibens und Strebens zu gelangen; die Verengerung des Sinns im engen Kreise lag hier weit ab.

Auch der ganze Bildungsgang des Kopernikus war der Befreiung des Geistes von Vorurteil und Autoritätsglauben höchst günstig. Wohlstand der Seinigen ermöglichte ihm nicht nur den Erwerb eines sehr umfassenden und tiefgründigen Wissens — er studierte Mathematik und Astronomie, Philosophie, kanonisches Recht und Medizin, er beherrschte die lateinische Sprache musterhaft und gehörte zu den wenigen Gelehrten seiner Zeit, denen das Griechische nicht fremd blieb —, er vermittelte ihm auch die Bekanntschaft mit fremden Ländern und deren Zuständen. Die Studien- und Wanderjahre führten Kopernikus weit hinaus über die nachbarliche Universität Krakau nach Nürnberg, das seit dem Wirken Regiomontans in seinen Mauern der Mittelpunkt der mathematischen Studien in Deutschland geworden war und zugleich als eine Heimstätte der Präzisionsmechanik galt, und über die Alpen hinweg nach der weltberühmten Hochschule Bolognas, nach Padua, Ferrara und Rom.

Und welche Fülle befruchtender Ideen, welch ungeahnte Erweiterung des Horizonts der Menschheit, welch herrliche Erzeugnisse künstlerischen Schaffens brachte die Zeit hervor, in der Kopernikus das Glück zu leben hatte. Mit flammendem, wahrhaft apostolischem Eifer breiteten die Humanisten vor der aufhorchenden Jugend ihre Schätze aus, die Briefe der Dunkelmänner (epistolae obscurum virorum 1515—1517) trafen die Scholastik wie mit einem Peitschenhieb; Savonarolas Ruhm stand im Zenit, als Kopernikus Italiens Boden betrat, Luther war nur zehn Jahre jünger als er und überlebte ihn nicht mehr als drei Jahre; die ungeheure Aufregung der Geister durch die Reformation fiel ganz in die Lebenszeit des Kopernikus hinein. Den Einundzwanzigjährigen erreichte die Kunde von der ersten großen Fahrt des Columbus nach dem Westen, und in der reifen Höhe seines Lebens folgten sich die großen geografischen Entdeckungen Schlag auf Schlag. In Rom, wo Kopernikus das Jubeljahr 1500 verbrachte, schuf Michelangelo unsterbliche Werke, ein Bramante, ein Raffael lebten um dieselbe Zeit.

Als ein würdiges Mitglied gesellt sich Kopernikus selbst dieser Gemeinde erlesener Geister. Der leitende Gedanke seiner Reformation der Astronomie ist heutzutage jedem Knaben geläufig; „die beobachteten Bewegungen nicht in den Gegenständen des Himmels, sondern in ihrem Zuschauer zu suchen", erscheint kaum noch irgendjemandem als „widersinnische" (Kant) Art der

Betrachtung. Aber einst war sie ein Wagnis. Eine mehr als tausendjährige Überlieferung, die Autorität der Bibel und der Sinnenschein sprachen gleichermaßen dagegen. Luther hielt die neue Lehre für eine Ausgeburt prahlerischer Neuerungssucht und sagte von Kopernikus: „Der Narr will die ganze Kunst Astronomiä umkehren!", und der hochgelehrte Melanchthon bezeichnete die Lehre des sarmatischen Astronomen, der die Erde bewegt und die Sonne festheftet, als ein absurdes Ding, und fügte den Wunsch hinzu, weise Staatenlenker sollten solche Ausschweifung der Geister im Zaum halten. Kaspar Peucer, Melanchthons Schwiegersohn, meinte verhältnismäßig milde: Man fühlt sich durch die von der Wahrheit weit abliegende Verkehrtheit der kopernikanischen Hypothesen vor den Kopf gestoßen. Eine derbe Fastnachtsposse des Magisters Gnapheus in Elbing gab die Ideen des Kopernikus dem spöttischen Gelächter der Masse preis.

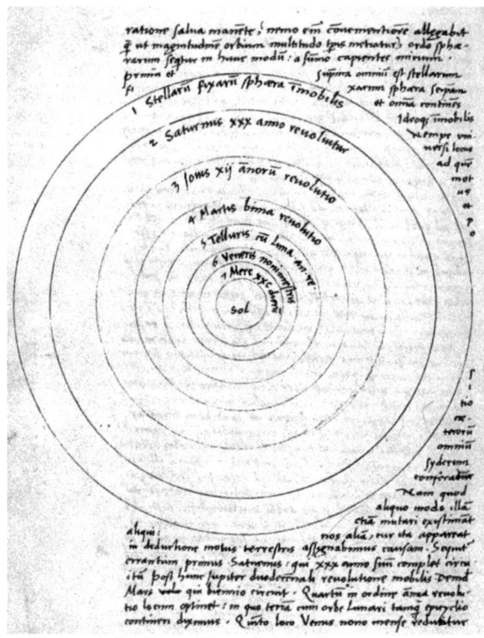

De revolutionibus - Manuskriptseite

Solche Ausfälle erfolgten, als das kopernikanische Weltsystem nur erst durch mündliche Verbreitung bekannt geworden war; sein Urheber mochte den Ausbruch eines Gewittersturmes voraussehen, wenn eine Veröffentlichung durch Druck die Aufregung und den Streit über das Für und Wider in die weitesten Kreise trug. Kopernikus war keine Kampfnatur wie Luther, auch hielt er den großen Haufen nicht für das geeignete Forum zur Entscheidung tiefgreifender wissenschaftlicher Fragen und erwog lange, „ob es nicht vielmehr besser sei, dem Beispiel der Pythagoräer und einiger

28

anderer zu folgen, welche, wie der Brief des Lysis an Hipparch bezeugt, nicht schriftlich, sondern mündlich, und lediglich ihren Angehörigen und Freunden, die Mysterien der Philosophie zu überliefern pflegten" (aus der Widmung des Werkes *de revolutionibus* an Papst Paul III). Es bedurfte lang fortgesetzten energischen Zuredens, namentlich seines Freundes Tiedemann Giese, Bischofs von Kulm, und seines Schülers und begeisterten Verehrers Joachim Rheticus, um ihm die Erlaubnis zur Drucklegung des großen Werkes „Über die Umwälzungen der Weltkörper" (*De revolutionibus orbium caelestium* – über die Kreisbewegungen der Himmelsbahnen in Osianders Fassung) abzugewinnen, nachdem er es 36 Jahre zurückgehalten hatte. Bekanntlich wurde dem Verfasser das erste vollständige Exemplar des Buches erst an seinem Todestag überbracht, in besonderem Sinne wurde für ihn „das Ende des Lebens der Anfang der Unsterblichkeit". Eine von Kopernikus in den dreißiger Jahren des 15-ten Jahrhunderts niedergeschriebene Abhandlung, der wohl von fremder Hand der Titel *Nicolai Copernici de hypothesibus motuum coelestium a se constitutis commentriaolus* vorgesetzt wurde, war jedenfalls nur zur Verbreitung im gelehrten Freundeskreis bestimmt.

Bei der Darlegung seiner kosmischen Ideen wies er übrigens stets mit Entschiedenheit auf seine Abhängigkeit von seinen großen Vorgängern, den babylonischen, griechischen, arabischen und spanischen Astronomen hin, deren Beobachtungen er gründlich kannte und mit bewundernswertem Geschick zu verwerten verstand. In der bereits erwähnten Widmung erzählt er, dass er durch einen Bericht des Cicero über die Behauptung des Nicetas (richtig: Hicetas) von der Erdbewegung und eine Stelle im Plutarch, die ähnliche Ansichten einiger Pythagoreer mitteilt, zur Aufstellung seines Systems den Anstoß erhalten habe. Der in sozialer und politischer Tätigkeit geschulte Mann erkannte wohl deutlich, wie wichtig für die Einführung und dauernde Festlegung einer Neuerung ihre historische Verknüpfung mit dem Überlieferten ist.

Vom rein formalen mathematischen Standpunkte aus erscheint nun in der Tat die Grundansicht des Kopernikus gar nicht so umwälzend, wie sie weiterhin wirkte. Er hat nach der Sprache der analytischen Geometrie, bei der Beschreibung der Bewegungen am Himmel den Übergang von einem in und mit der Erde festgelegten Koordinatensystem zu einem mit der Erde bewegten bzw. in der Sonne festliegenden Koordinatensystem vollzogen. So wird die Sache auch in der untergeschobenen Vorrede Osianders und sogar von Kopernikus selbst in einem Satze der „Widmung" dargestellt, wo er sagt: „Obschon diese Annahme (von der Erdbewegung) widersinnig schien, so glaubte ich doch, weil ich wusste, dass andern vor mir diese Freiheit zugestanden war, beliebige Kreise anzunehmen, um die Erscheinungen am Himmel zu erklären — es werde auch mir gestattet werden, zu versuchen, ob nicht durch die Annahme einer Bewegung der Erde genügendere Erklärungen als die bisherigen für die Umwälzung der Himmelskörper aufgefunden werden können." Aber Kopernikus erkannte sehr wohl, dass dieser Koordinatenumformung neben der formalen eine sehr reale Bedeutung innewohne. — Die eigene Beobachtung, die sonst den Naturforscher vorwärtstreibt und oft fast gegen seinen Willen auf neue Pfade drängt, spielte bei Kopernikus eine verhältnismäßig untergeordnete Rolle. Obwohl er in der Lage war, sich feinere Messapparate zu beschaffen, begnügte er sich mit selbst verfertigten, roh aus Fichtenholz gearbeiteten, ganz einfachen Instrumenten, deren Teilstriche mit Tinte gezogen waren. Er erklärte sich für hocherfreut, wenn es ihm gelänge, seine Ermittlungen bis auf zehn Minuten der Wahrheit nahe zu führen, und blieb sich der Unzulänglichkeit seiner Beobachtungsergebnisse klar bewusst. Nur 27 eigene Beobachtungen hat er seinem Hauptwerke einverleibt, sie hatten für ihn wesentlich den Zweck, durch Vergleichung mit den älteren Angaben, die inzwischen am Himmel erfolgten Veränderungen zu erkennen. Trotzdem war er ein durchaus induktiv verfahrender Naturforscher. Das bis in seine äußersten Konsequenzen entwickelte ptolemäische System überschaute er vollkommen; er erkannte, dass die zur Erklärung der Ungleichheiten in den Planetenbahnen ersonnenen Epizykel den ungleichförmigen Lauf der Sonne auf das Deutlichste widerspiegelten, ein innerer Zusammenhang also höchst wahrscheinlich vorhanden war, und musterhaft verstand er, die überlieferten Beobachtungen zu deuten, und auf ihnen seinen Neubau fest zu begründen. In erster Linie aber war es ein ästhetischer Gesichtspunkt und eine philosophische Überzeugung, die ihn zur Preisgabe des ptolemäischen Systems führte. Fest hielt er an dem lediglich auf Vernunftgründe gestützten Axiom, dass jede Bewegung am Himmel eine gleichförmige Kreisbewegung sein oder aus solchen Bewegungen sich zusammensetzen lassen müsse. „Der Kreis kann allein das Vergangene zurückführen", es ist „unwürdig", „Unbeständigkeit in der Natur des Bewegenden" oder eine „Ungleichheit des bewegten Körpers" „bei demjenigen anzunehmen, welches nach der besten Ordnung eingerichtet ist" (De rev. I 4). Dieses Axiom, von dem das ptolemäische System beherrscht wurde, war von seinen Nachfolgern unter dem Druck der Notwendigkeit, die Rechnung in bessere Übereinstimmung mit der Wirklichkeit zu bringen, in Bezug auf das Festhalten an der Gleichförmigkeit der Bewegungen durchbrochen worden; es fehlte daher dem zur Zeit des Kopernikus herrschenden astronomischen System ein einheitlicher, mit aller Strenge durchgeführter Grundgedanke. Eine weitere Folge davon war nach des Kopernikus eigenen Worten, dass die Vertreter des geozentrischen Systems „die Hauptsache, die Gestalt des Weltalls und eine bestimmte Symmetrie seiner Teile, nicht zu finden oder aus jenen Kreisen herzuleiten vermochten." Erst dieser Gesichtspunkt, die feste Zuversicht, dass das vom allerbesten und aller vollkommensten

Baumeister für uns in schönster Ordnung aufgestellte und durch göttliche Weisheit geleitete Weltall in seiner einfachen erhabenen Schönheit dem Menschen auch begreiflich sein, dass der Mensch den Schöpfergedanken nachzudenken befähigt sein müsse, erhebt die kopernikanische Reform der Astronomie zu ihrer welt- und wissenschaftsgeschichtlichen Bedeutung. Als Hypothese entstanden, und als solche zunächst hingestellt und geprüft, verwandelte sich die Lehre von der Erdbewegung ihm aufgrund der Ergebnisse langjähriger, sorgfältiger Untersuchungen in eine Wirklichkeit, in eine harmonische Ordnung der Reihenfolge und Größe der Gestirne, all ihrer Bahnen und des Himmels selbst, der zufolge „in keinem Teil ohne Verwirrung der übrigen Teile und des ganzen Universums irgendetwas umgestellt werden könne" (Widmung). Das formale Bedürfnis einfacher Beschreibung und sicherer Vorausberechnung der Erscheinungen tritt vor dem Streben, die Gedanken der Wirklichkeit anzupassen, in den Hintergrund. Kopernikus machte aus einem geistreichen Einfall der Pythagoräer und anderer Denker des Altertums durch gründliche Prüfung aller aus ihm fließenden Folgerungen und den Nachweis von deren Übereinstimmung mit den bekannten Erfahrungstatsachen ein System, das in seiner Einfachheit, Folgerichtigkeit, Natürlichkeit schließlich jedermann als eine zutreffende Darstellung der Natur selbst erscheinen musste. Nicht der hat ein verbrieftes Eigentumsrecht an einem gescheiten Gedanken, der ihn zuerst gelegentlich hinwirft, sondern wer ihn gründlich durchdenkt, in alle seine Verzweigungen verfolgt und das Ergebnis in einer Form darstellt, die eine Nachprüfung möglich macht.

Erst aus der Anerkennung des kopernikanischen Weltsystems als eines die Wirklichkeit richtig wiedergebenden Aufbaus erwuchs der weiterschreitenden Wissenschaft die Aufgabe, über den Nachweis des Tatsachenbestandes fortzuschreiten zum Versuch der Begründung seiner Notwendigkeit.

Das durch Menzzers Übersetzung bequem zugänglich gemachte Hauptwerk des Kopernikus zerfällt in 6 Bücher. Im ersten Buche werden die neuen Ansichten zunächst nur als überhaupt möglich und zulässig auseinandergesetzt, und ihre Vorzüge vor der herrschenden Meinung durch logische und ästhetische Überlegungen dargetan. Wiederholt macht Kopernikus geltend, es liege doch näher anzunehmen, dass der kleine Teil der Welt, die Erde, sich in 24 Stunden im Raum bewege als das ganze unermessliche All. Viele der hier ins Feld geführten Gründe muten uns freilich noch recht aristotelisch-scholastisch an, so z. B., dass die geradlinige Bewegung nur eintrete, „wenn die Dinge sich nicht richtig verhalten und nicht vollkommen ihrer Natur gemäß sind"; „die kreisförmige Bewegung verläuft immer gleichmäßig, weil sie eine nicht nachlassende Ursache hat" (Kap. 8), während anderseits eine vorahnende Vorwegnahme viel späterer Erkenntnisse, das Vorhandensein der Schwere auch auf Sonne, Mond und Planeten nicht in Abrede stellen möchte, die Schwere genommen „als ein von der göttlichen Vorsehung des Weltenmeisters den Teilen eingepflanztes, natürliches Streben, vermöge dessen sie dadurch, dass sie sich zur Form einer Kugel zusammenschließen, ihre Einheit und Ganzheit bilden" (Kap. 9). Dem 10. Kapitel ist die Figur beigegeben, die das Schema des neuen Weltsystems enthält. 9 konzentrische Kreise, am äußersten steht *I. Stellarum fixarum sphaera immobilis (die unbewegliche Sphäre der Fixsterne) II. Saturnus annos XXX revolvitur (Saturn vollendet seinen Umlauf in 30 Jahren). III. Jovis XII annorum revolutio IV. Martis bima revolutio. V. Telluris com orbe Lunari annua revoltur (hier sind zu dem Kreise für die Bewegung des Erdmittelpunktes noch die beiden Kreise hinzugezeichnet, innerhalb deren der Umlauf des Mondes erfolgt). VI. Venus noni mestris. VII. Mercurii LXXX dierum.* „In der Mitte aber von allem steht die Sonne. Denn wer möchte in diesem schönsten Tempel diese Leuchte an einen anderen oder besseren Ort setzen, als von wo aus sie das Ganze zugleich erleuchten kann?" „So lenkt in der Tat die Sonne, auf dem königlichen Throne sitzend, die sie umkreisende Familie der Gestirne. Wir finden also in dieser Anordnung eine bewunderungswürdige Harmonie der Welt und einen zuverlässigen, harmonischen Zusammenhang der Bewegung und Größe der Bahnen, wie er anderweitig nicht gefunden werden kann." Im 11. Kapitel erläutert Kopernikus die dreifache Bewegung der Erde. Zu der täglichen Drehung der Erde um ihre Achse von West nach Ost und der jährlichen rechtläufigen Bewegung ihres Mittelpunktes von West nach Ost im Tierkreis meint er nämlich noch die von ihm sogenannte Bewegung der Deklination, ebenfalls im jährlichen Kreislauf, aber rückläufig hinzunehmen zu müssen. Man kann sich die zugrunde liegende Anschauung, wenn man einmal von der täglichen Drehung der Erde absieht, am besten an der Bewegung der Pferde eines Karussells klar machen. Vom unbewegten Mittelpunkte aus betrachtet drehen sich die Pferde nicht um ihre senkrechte Achse, während sie für einen Beobachter draußen im Raum bei jedem Umlauf eine ganze derartige Drehung, turnerisch gesprochen „eine volle Wendung" ausführen. Soll umgekehrt ein Karussellpferd während eines Umlaufs die Nase immer nach derselben Himmelsrichtung, z. B. Norden, behalten, also für einen Beobachter draußen im Raum keine Drehung um seine Achse ausführen, so muss es sich für einen im Mittelpunkt des Karussells stehenden Zuschauer bei einem Umlauf gerade einmal um seine Achse drehen, und zwar im Sinne der Uhrzeigerbewegung, wenn das Karussell sich gegen den Sinn des Uhrzeigers bewegt. Die „Bewegung der Deklination" beschreibt also die Erscheinung, die wir heutzutage als Unveränderlichkeit der Richtung der Erdachse im Raum aufzufassen und als solche aus allgemeinen mechanischen Gesetzen zu erklären gewöhnt sind.

Diese dem Kopernikus ganz eigentümliche Idee führt uns nach einem Vortrag des bekannten Berliner Astronomen W. Förster recht eigentlich in das Quellgebiet des kopernikanischen Gedankenkreises, und wir treten hier gleichzeitig an eine Lehre heran, die für die Annahme des neuen Systems durch die Anhänger an den Mechanismus des ptolemäischen Systems — ein solcher blieb im Wesentlichen ja auch Kopernikus selbst — von entscheidender Bedeutung war. Die alten Astronomen stellten sich zwischen Zentralgestirn und dem es umkreisenden Himmelskörper eine Art starrer Verbindung vor; eine etwaige Bewegung der Erde um die Sonne vermochten sie sich mechanisch begreiflich zunächst nur unter der Voraussetzung zu machen, dass die Erdachse der Verbindungslinie der Pole der Ekliptik dauernd parallel blieb, also der Himmelspol einen Parallelkreis zur Ekliptik beschrieb. Der Lauf des Mondes um die Erde, bei dem er dieser immer dasselbe „Gesicht" zukehrt, schien die Richtigkeit dieser Auffassung deutlich zu bestätigen. Das Nichtvorhandensein jenes zu fordernden Parallelismus mag ein Hauptgrund dafür gewesen sein, dass die Lehre des Aristarch von Samos (um 264 v. Chr.) von der doppelten Bewegung der Erde, der täglichen und der jährlichen, keine ernstliche Beachtung zu gewinnen vermochte. Die einzige Möglichkeit, demgegenüber dem heliozentrischen Standpunkt Geltung zu verschaffen, lag in dem Nachweise, dass triftige Gründe für die Annahme einer Beweglichkeit der Erdachse, oder, was dasselbe sagt, des Äquators sprechen. Es ist höchst merkwürdig, wie hier eine Vermischung von Wahrheit und Irrtum zu einem wertvollen Ergebnis geführt hat. Bekanntlich schneidet der zum Himmelsäquator erweiterte Erdgleicher (=Äquator der Erde) die scheinbare jährliche Sonnenbahn, die Ekliptik, in 2 Punkten, die als die Äquinoktialpunkte, die Nachtgleiche-Punkte, bezeichnet werden, weil Tag und Nacht gleich lang sind, wenn die Sonne, am Frühlings- oder Herbstanfang in einem dieser Punkte stehend, bei der täglichen scheinbaren Drehung des Himmelsgewölbes den Himmelsäquator durchmisst. Nun hatte schon Hipparch um 150 v. Chr. bemerkt, dass die Nachtgleichen in längeren Zeiträumen ein wenig der Drehung des Fixsternhimmels vorausgehen. Da sie als unbedingt feste Punkte auf der Ekliptik betrachtet wurden, konnte dieses Vorausgehen nur durch eine entgegengesetzte Bewegung des Fixsternhimmels herbeigeführt sein. Hipparch spricht deshalb auch von einem Zurückbleiben der Nachtgleichen, während wir von einem Vorrücken (Präzession) reden. Zur Erklärung ließ man im ptolemäischen System um die 8. Sphäre des Fixsternhimmels sich noch eine mit ihr verbundene 9., deren Rotationsachse auf der Ekliptik senkrecht stehen sollte, entgegengesetzt der täglichen Drehung mit einer Geschwindigkeit drehen, vermöge deren in 100 Jahren 1° zurückgelegt wurde. Bis hierher scheint alles in bester Ordnung. Nun kommt aber der Treppenwitz, der auch in der Geschichte der Wissenschaften nicht fehlt. Zur Zeit des Kopernikus lag ein über 1700 Jahre sich erstreckendes Beobachtungs-Material zu der besprochenen Erscheinung vor, das als im Wesentlichen zuverlässig galt; aus ihm ergab sich unwidersprechlich eine Unregelmäßigkeit der Präzession, mithin auch eine Ungleichheit des bürgerlichen tropischen Jahres, d. h. des Zeitraums zwischen zwei aufeinanderfolgenden Durchgängen der Sonne durch dieselbe Nachtgleiche, z. B. des Frühlings. Das aber war für die, von der Kirche wegen des Ansatzes ihrer Feste und besonders wegen der Berechnung des Osterfestes längst als dringlich erkannte, Kalenderverbesserung ein sehr übler Umstand, wusste man doch durchaus nicht, welche der festgestellten verschiedenen Jahreslängen man dabei zugrunde legen sollte. Hier ergab sich eine Aufgabe des Schweißes der Edlen wert, und es ist wohl glaubhaft, dass auch Kopernikus frühzeitig den Entschluss fasste, seine Kraft an ihrer Lösung zu versuchen.

Zur Zeit des Kopernikus suchte man jener Unregelmäßigkeit durch die sogenannte Trepidationslehre Herr zu werden: An die „neunte Sphäre schloss sich eine zehnte hohle Kugelfläche an, welche die vorige bei ihrer Drehung begleitete. Zwei diametral sich entgegenstehende Punkte der Ekliptik aber waren nun die Mittelpunkte für zwei der zehnten Sphäre angehörige kleine Kugelkreise, auf denen sich die beiden Äquinoktialpunkte mit gleichförmiger Geschwindigkeit bewegten" (S. Günther nach Prowe). Dieses Gewirr war dem frühzeitig auf das Erfassen der einfachen Erhabenheit des Weltbaus gerichteten Geiste eines Kopernikus zu arg. Er zerriss das verschlungene Gewebe, indem er die Äquinoktialpunkte von der Ekliptik loslöste; in der Tat ergab sich sofort die Unveränderlichkeit des Jahres, wenn der Lauf der Sonne nicht auf jene Punkte, sondern auf bestimmte Fixsterne bezogen wurde. Durch die entschlossene Anerkennung der Beweglichkeit der Äquinoktialpunkte wurde die ganze Trepidationslehre über den Haufen geworfen und zunächst die Bewegung der Fixsterne auf der neunten Sphäre als bloßer Schein hingestellt, dessen wahre Ursache in einer säkularen Schwankung, einer „Libration" des Äquators, also der Erdachse, zu suchen sei. Die innere Unnatur und trotz aller Bemühungen doch nicht zu beseitigende Unzulänglichkeit der bisherigen Präzessionstheorie zur Erklärung der beobachteten Erscheinungen zwang zur Preisgabe der Unbeweglichkeit der Erdachse. Damit aber war sogleich der weitere Schritt nahegelegt, nicht nur die säkulare, sondern auch die tägliche Drehung des Fixsternhimmels als eine scheinbare zu erfassen und zu begründen; wenn die Libration der Erdachse eine notwendige Annahme war, konnten keine ernstlichen Einwände gegen ihre Begabung mit einer umfassenderen Bewegung, von der jene dann gewissermaßen nur einen Ausläufer bildete, erhoben werden. Die „Bewegung der Deklination" hatte eine Grundlage erhalten, durch die sie nicht nur Kopernikus selbst, sondern auch seinen Fachgenossen wohl annehmbar werden musste, und damit war nun eben zugleich eine befriedigende Erklärung für den befremdlichen Umstand gefunden, dass die Erdachse trotz der Drehung der Erde um die Sonne eine im wesentlichen unveränderte Richtung im Raum behielt. — Aber diese ganze Kette von wohlgefügten Schlussfolgerungen, an der zunächst die Lehre von der Erdbewegung hängt, ist aus falschen Voraussetzungen geschmiedet! Die Beobachtungen, aus denen Kopernikus, seine Vorgänger und Zeitgenossen die Unregelmäßigkeiten der Präzision und des tropischen Jahres ablasen, sind unrichtig; sie beruhen, wie Tycho de Brahe nach der Tat des Kopernikus nachgewiesen hat, auf für ihre Zeit unvermeidlichen Beobachtungsfehlern! Der eigentliche Witz liegt nun nicht so sehr darin, dass hier aus falschen Prämissen eine Wahrheit hervorgegangen ist, — denn das heliozentrische System stützt sich doch wesentlich noch auf andere Überlegungen —, sondern dass das alte System selbst eine unrichtige Gedankenfolge geliefert hat, dass diese vom Gegner als richtig betrachtet und zu erfolgreichem Angriff benutzt wurde, und dass einer der Anhänger des Ptolemäus, Tycho de Brahe, jene Unrichtigkeit nachwies, als der Sieg der neuen Lehre bereits als entschieden gelten konnte. — Die Untersuchungen des Kopernikus über das Vorrücken der Nachtgleichen und die Jahreslänge sind im 3. Buche de revolutionibus enthalten; bezeichnend für die Wichtigkeit, die man gerade ihnen damals beimaß, ist der Umstand, dass Joachim Rheticus in seiner narratio prima, dem 1540 an Schoner in Nürnberg gerichteten, aber für die größere Öffentlichkeit bestimmten, ersten Bericht über das neue Weltsystem, vorzugsweise über sie genauere Mitteilungen macht. Die Ergebnisse sind später neben den auf ihnen beruhenden Prutenischen Tafeln Reinholds der gregorianischen Kalenderreform zugrunde gelegt worden.

Die nach unserer heutigen Auffassung besonders lebhaft zugunsten des heliozentrischen Systems sprechende Vereinfachung der Erklärung der verwickelten Planetenbahnen, des Wechsels zwischen Rechtläufigkeit, Stillstand und Rückläufigkeit bei Veränderlichkeit der Breite, d. h. des Abstandes der Wandelsterne von der Ekliptik, kommt in den beiden letzten Büchern des Hauptwerkes zur Besprechung. Ohne Epizykeln und exzentrische Kreise kommt allerdings Kopernikus hierbei ebenso wenig wie bei der Beschreibung der scheinbaren Sonnenbewegung und der Mondbewegung zustande. Wenn er aber an den Nachweis im 15. Kapitel des 3. Buches, dass der Epizykel auf dem Hauptkreis und ein dem Hauptkreis gleicher exzentrischer Kreis, dessen Mittelpunktsabstand von jenem gleich dem Radius des Epizykels ist, mathematisch gleich geeignet zur Erklärung der scheinbaren Ungleichheiten sind, die Bemerkung knüpft: „Welches von beiden am Himmel vorgehe," ist nicht leicht zu entscheiden, „außer wenn eine fortwährende Übereinstimmung der Resultate mit den

Erscheinungen zwingt" eins anzunehmen (ebenda und im 20. Kap.), so gewinnt man hieraus nicht den Eindruck, als ob Kopernikus seinen Beschreibungen der Bewegungen von Mond und Planeten einen gleichen Wirklichkeitsgrad beigemessen habe, wie seiner Behauptung von der täglichen und jährlichen Erdbewegung. Er konnte hier nur die größere Eleganz seiner Herleitungen rühmen. Seine Freude an der erreichten Einfachheit kommt am Schluss des erwähnten *Commentariolus*, der die neue Lehre in Kürze ohne mathematische Begründung darstellt, zu lebhaftem Ausdruck: „Demnach bedarf die Merkurbahn einer Kombination von 7 Kreisen. Venus braucht deren 5, die Erde 3 und der sie umkreisende Mond 4, Mars, Jupiter und Saturn endlich je 5. Also genügen überhaupt 34 Kreise, um den ganzen Bau der Welt, den ganzen Reigentanz der Gestirne zu erklären."

Im Gegensatz zu der ablehnenden Haltung der Reformatoren Luther und Melanchthon wurde der Leistung von Kopernikus in den Kreisen der römischen Hierarchie beim ersten Bekanntwerden wohlwollende Beachtung geschenkt. Seine nächsten Vorgesetzten, die Bischöfe von Ermland, legten ihm keine Hindernisse in den Weg, der Kardinal Nicolaus Schonberg bat ihn unter den ehrendsten Versicherungen in einem Briefe vom 1. November 1536 aus Rom um Abschriften seiner „Nachtarbeiten über den Bau der Welt", Papst Clemens VII. ließ sich 1533 im Beisein von zwei Kardinälen und anderen Männern seiner Umgebung in den vatikanischen Gärten von Widmannstad einen eingehenden Vortrag aufgrund des Commentariolus über das neue Weltsystem halten, und das Hauptwerk durfte vom Verfasser Papst Paul III. zugeeignet werden. Die Erklärung dafür ist wohl ebenso sehr in der freien weltmännischen Bildung der damaligen kirchlichen Würdenträger wie in dem Bedürfnis der Kalenderreform zu suchen, um derentwillen man jedem Fortschritt der Astronomie wohlwollende Aufmerksamkeit schenkte, wie denn auch Kopernikus bereits 1514 zur Abgabe eines diesbezüglichen Gutachtens für das Lateranische Konzil unter Leo X. aufgefordert worden war. 1616 freilich suspendierte ein Dekret der Index-Kongregation das Buch, bis es verbessert worden sei; erst 1757 wurden die Bücher, die die kopernikanische Theorie lehrten, freigegeben, Galileis Dialog über die Weltsysteme sogar erst 1822, doch ohne dass eine Aufhebung oder Einschränkung der Bullen erfolgte, die verbieten, an die Bewegung der Erde zu glauben (nach Chamberlain). Selbst in die Kreise der Fachgelehrten vermochte sich die neue Lehre nur sehr allmählich Eingang zu verschaffen, woran freilich auch die Schwierigkeit des Studiums des kopernikanischen Hauptwerkes Schuld trug; bezeichnet doch selbst ein Galilei das neue System als schwer verständlich, wenn auch einfach in der Anwendung. Für die praktischen Berechnungen der Astronomen verdrängten allerdings die auf des Kopernikus Arbeiten fußenden prutenischen Tafeln bald die alphonsinischen Tafeln des ptolemäischen Systems, aber das Bedürfnis, den Gedanken nachzugehen, aus denen jene Tabellen hervorgegangen waren, regte sich nur in den überragenden Geistern. Selbst ein Baco von Berulam noch nannte den Kopernikus einen verwegenen Mann, „welcher sich nicht scheute, alte begründete Anschauungen zu stürzen, wenn nur seine Rechnungen gut stimmten." Gemeingut der Gebildeten dürfte das heliozentrische System kaum vor Beginn des Jahrhunderts 17 geworden sein. Wer die Vertreibung des Menschen aus dem Mittelpunkt der Welt, damit zugleich die Aufgabe des anthropozentrischen Standpunktes in der Wissenschaft, die Kritik des Sinnenscheins, die Ersetzung fantastischer Spekulationen durch nüchterne Verstandesarbeit, die Kopernikus zu unsterblichen Leistungen geführt hatten, ließen sich nicht wieder aus dem Gedächtnis der Menschen tilgen, sie wirkten weiter und halfen ein neues Zeitalter naturwissenschaftlichen Denkens und naturforschenden Arbeitens heraufführen.

Galileo Galilei

III. Galileo Galilei

„Über einen sehr alten Gegenstand
bringen wir eine ganz neue Wissenschaft."

Mit diesen stolzen selbstbewussten Worten beginnt Galilei einen Abschnitt seines Hauptwerkes: „Untersuchungen und mathematische Demonstrationen über zwei neue Wissenszweige, die Mechanik und die Fallgesetze betreffend."

Es ist keine Überheblichkeit, die sich in diesen Worten ausspricht. In der Tat ist dieses Werk Galileis die Grundlage der modernen Mechanik geworden. Die Gesetze des freien Falles und des Wurfes werden noch heute mit geringen Änderungen in den modernen Lehrbüchern der Physik und im Unterricht meist in der von Galilei angegebenen Form behandelt. Galilei ist der Vater der modernen Mechanik. Und doch — so groß die Verdienste Galileis um die Aufstellung der Bewegungsgesetze sind, seine Bedeutung reicht viel weiter. Nicht nur eine „neue Wissenschaft" hat er gelehrt, wir müssen in ihm den Begründer der modernen Naturwissenschaften verehren. Er hat der Naturforschung die Wege gezeigt und geöffnet, auf denen sie wandeln muss, wenn sie mit Erfolg vorwärtsschreiten will.

Die Naturforschung vor Galilei war in einen kläglichen Tiefstand geraten, ja fast in eine vollkommene Stagnation; sie war erstickt von dem im ganzen Mittelalter herrschenden Autoritätsglauben, der jeden Fortschritt unmöglich machte. Als Naturwissenschaft wurden im Wesentlichen das Studium und die Auslegung der von naturwissenschaftlichen Dingen handelnden Schriften der Alten bezeichnet, namentlich der zusammenfassenden Werke des Aristoteles. Das dort Niedergelegte zu kommentieren, zu lehren, möglichst voll-ständig im Unterricht an die nachfolgenden Generationen weiterzugeben, darin erblickte man die Aufgaben der Naturforscher. Was Aristoteles lehrte, wurde als feststehende Wahrheit hingenommen, an der zu zweifeln niemand dachte. Man trieb, um es etwas krass auszudrücken, Aristotelesforschung, nicht Naturforschung. Wollte man sich über die Gesetze des freien Falles orientieren, so dachte man nicht daran, die Natur selbst zu befragen, ein Fallexperiment zu machen, sondern man sah nach, was Aristoteles darüber lehrte und gab sich damit zufrieden. Dass auf diese Weise kein Fortschritt möglich war, ist uns heutzutage selbstverständlich.

Das Verfahren des Mittelalters war ganz gewiss nicht im Sinne von Aristoteles. Die Griechen haben in ihrer Forschungsweise der modernen Naturwissenschaft viel näher gestanden als dem Mittelalter. Eine derartige Fessel, wie sie sich die Scholastik selbst auferlegte, indem sie die Autorität eines Einzigen über alles stellte, hätten sie als unerträglich nach kurzer Zeit gesprengt und sich freie Bahn zur Weiterforschung geschaffen. Die Leistungen der Griechen gerade auf dem Gebiete der Physik, man denke nur an den Meister Archimedes, sprechen eine beredte Sprache.

Ja, im Mittelalter ging man so weit, dass man selbst offenkundige Irrtümer in den Schriften des Aristoteles nur widerstrebend und ungern anerkannte oder gar noch mit allen möglichen Spitzfindigkeiten und dialektischen Kunststücken zu verteidigen suchte.

Das Verdienst Galileis liegt darin, dass er mit kühnem Mut und Selbstvertrauen diesen jeder freien Regung hinderlichen starren Autoritätsglauben, in dessen Bann die Naturwissenschaft erstarrt war, über den Haufen warf, das Experiment und die eigene Urteilskraft wieder in ihre Rechte einsetzte und so die Bahn für gedeihliche Weiterforschung wieder freimachte.

Am 18. Februar 1564, dem Todestag Michel Angelos, wurde Galileo Galilei in Pisa als ältestes Kind des florentinischen Adligen Vincenzo Galilei geboren, der sich durch ein Werk über Musikgeschichte verdienstlich gemacht hat. Leider fehlten dem Vater die Mittel, seinem Sohn, dessen Begabung bald erkannt wurde, ein freies Studium zu ermöglichen. Auf Anordnung des Vaters bezog der junge Galileo, der sich gegen das ihm zunächst zugedachte Geschick, Tuchhändler zu werden, energisch sträubte, 1581 die Universität Pisa, um Medizin zu studieren. Er wandte jedoch bald dieser Wissenschaft, die der Vater als Brotstudium für ihn erwählt hatte, den Rücken, um sich ganz der Mathematik zu widmen, die ihn leidenschaftlich begeisterte.

Es gelang schließlich, wenn auch erst nach einigen Kämpfen, von dem Vater die Zustimmung dazu zu erlangen, dass sein Sohn sich definitiv dem Studium der Mathematik zuwendete.

In jene Pisaner Studienzeit, in das Jahr 1583, wird die bekannte Erzählung versetzt, dass der junge Galileo während des Gottesdienstes an einer im Dom zu Pisa aufgehängten Ampel durch Vergleichung mit der Anzahl seiner Pulsschläge den Isochronismus der Pendelschwingungen gefunden haben soll, d. h. die Tatsache, dass die Schwingungsdauer eines Pendels nahezu unabhängig von der Schwingungsweite ist. Die ganze Erzählung ist wahrscheinlich frei erfunden; Galilei erwähnt selber nirgends etwas davon. Der Kuriosität wegen sei übrigens noch mitgeteilt, dass die Ampel, die noch heute als jenes bedeutungsvolle Instrument im Dom zu Pisa gezeigt wird, nach den Domrechnungen erst 4 Jahre später angefertigt wurde.

Der junge Galilei muss überall einen großen Eindruck hervorgerufen haben. Im Jahr 1589 erhielt er, 25-jährig, die mathematische Professur in Pisa. Das Gehalt war allerdings äußerst gering — es betrug etwa 1/2 Mark

40

pro Tag — aber es war doch eine Stelle nach seinem Wunsche. Er konnte sich nun ganz seiner geliebten Wissenschaft widmen. Auch versöhnte die Erreichung dieses Zieles seinen Vater mit dem Studienwechsel des Sohnes.

In Pisa herrschte damals vollständig die aristotelische Schule. Es konnte nicht ausbleiben, dass der junge feurige Gelehrte, der seinem Denken keine Schranken setzen wollte und konnte, bald in allerlei Konflikte geriet. Besonderen Anstoß erregte er bei den Vertretern der alten Schule dadurch, dass er öffentlich durch Fallversuche von dem schiefen Turm zu Pisa zeigte, dass im Gegensatz zur Behauptung des Aristoteles, leichte Körper fielen langsamer als schwere, alle Körper, schwere wie leichte, die gleiche Fallgeschwindigkeit besitzen.

Erregte er schon hierdurch bei seinen Kollegen großes Ärgernis, so machte er seine Stellung in Pisa ganz unmöglich dadurch, dass er als Sachverständiger über eine Baggermaschine, die ein Mitglied der großherzoglichen Familie für den Hafen von Livorno erfunden hatte, der leicht versandete, freimütig sein Urteil dahin abgab, dass die Maschine gänzlich unbrauchbar sei. Unterdes starb, um das Unglück vollzumachen, sein Vater, sodass Galilei nun auch noch die Pflicht zu erfüllen hatte, für seine Angehörigen zu sorgen. In dieser Not Kat ein alter Freund der Familie, Marchese del Monte, für Galilei ein, und bewirkte, dass ihm die Republik Venedig die Professur der Mathematik in Padua übertrug. 18 Jahre hatte Galilei diese Stellung inne. Es sind nach seiner eigenen Aussage die glücklichsten Jahre seines Lebens gewesen. Sie sind auch wissenschaftlich die ergiebigsten; es waren ja die Jahre der Vollkraft seines Lebens.

Seine Lehrtätigkeit fand ungeheuren Anklang. Von allen Gegenden strömte ihm die wissbegierige Jugend zu. Schon seine Antrittsvorlesung soll einen großen Eindruck gemacht haben. Wenn wir richtig unterrichtet sind, musste er seine Vorlesungen in einem etwa. 1000 Personen fassenden Saal halten. Stand doch dem jungen Gelehrten, wie wir aus allen seinen Schriften ersehen, neben den umfassenden wissenschaftlichen Kenntnissen eine feine anmutige Dialektik zu Gebote. Ein besonderer Anziehungspunkt war der Freimut, mit dem Galilei die neuen zum großen Teil ja von ihm selbst gemachten Entdeckungen vortrug, die teils gegen die Lehre des Aristoteles, teils gegen die von der Kirche als unantastbar aufgestellten Sätze sprachen, namentlich das kopernikanisch-heliozentrische Weltsystem, zu dem sich Galilei immer eifriger bekannte.

Hierzu kam noch der stets wachsende Ruhm, der Galilei durch seine astronomischen Entdeckungen zuteilwurde. Im Jahr 1604 hatte der Middelburger Optiker Johann Lippershey das holländische Fernrohr erfunden. Auf die Kunde hiervon gelang es Galilei nach einigem Probieren, ein solches zusammenzustellen, und er benutzte es sofort zur Untersuchung der Gestirne, wobei er in kurzer Zeit die bedeutsamsten Entdeckungen machte, deren fast jede gegen die aristotelische und die kirchliche Lehre von der Unbeweglichkeit und Zentralstellung der Erde, dagegen durchaus für die von Galilei schon längere Zeit auch öffentlich in Vorträgen vertretene kopernikanischen Weltanschauung sprach, wonach die Sonne als Zentrum der Welt anzusehen sei, während sich die Erde in doppelter Bewegung befinde, in Rotation um ihre eigene Achse und einer Jahresbewegung um die Sonne. Die ptolemäische Anschauung, nach welcher die Erde unbeweglich im Mittelpunkt des Weltalls steht, kommt ja allerdings dem gemeinen alltäglichen Eindruck durchaus entgegen; und es ist nicht zu verwundern, dass diese Ansicht nur sehr langsam unter ständigen Zweifeln, ja unter erbitterten Kämpfen der kopernikanischen Lehre von der Bewegung der Erde um die Sonne wich. Was scheint dem gemeinen Menschenverstand natürlicher, als die Annahme absoluten Stillstandes der Erde 1 Man sieht ja, dass Sonne und Sterne sich um die Erde bewegen. Der Rechnung nach müsste die Geschwindigkeit der Erdbewegung eine ganz ungeheure sein. Trotzdem ist von einer solchen Bewegung nicht das Geringste zu spüren.

Außerdem stand diese Ansicht im direkten Gegensatz zu der Lehre des Aristoteles, an der nicht gerüttelt werden durfte. Schließlich, und das war der schwerwiegendste Punkt, die kopernikanische Ansicht widersprach den Lehren der Kirche. Damit war überhaupt jede Erörterung abgeschnitten. Wer anders lehrte, machte sich der Ketzerei gegen göttliche Offenbarung schuldig.

Es war auch nicht zu leugnen, dass alle Bewegungserscheinungen der Gestirne nach der ptolemäischen Anschauung erklärbar waren. Aber wie kompliziert waren die Hilfsmittel, mit denen dies gelang!

Die Erklärung der einfachen Bewegung der Fixsterne machte allerdings keine Schwierigkeit. Wer schon, um die Bewegung der Sonne verständlich zu machen, musste man nach Hipparch eine besondere Annahme machen, dass nämlich die Erde nicht im Mittelpunkt der Sonnenkreisbahn, sondern exzentrisch steht. Nur so war die scheinbar ungleiche Geschwindigkeit der Sonne zu verschiedenen Jahreszeiten erklärlich. Noch größere Schwierigkeiten boten jedoch die Erklärung der Bewegung des Mondes und besonders diejenige der Planeten. Neben der Erscheinung der unregelmäßigen Geschwindigkeit, die wieder durch Annahme einer exzentrischen Kreis-bahn gelöst wurde, war hier noch die merkwürdige Tatsache zu erklären, dass der Mond auf kurzen Strecken seiner Bahn bald langsamer, bald schneller wunderte, die Planeten sogar ihre von Ost nach West gerichtete Bahngeschwindigkeit allmählich verringern, schließlich stillstehen und dann mit wachsender Geschwindigkeit eine rückläufige von West nach Ost gerichtete Bahn Anschlägen, was sich dann periodisch wiederholt. Die Vereinbarung dieser komplizierten Bewegung mit der Lehre, dass die Erde stillsteht und die Gestirne nur Kreisbahnen von konstanter Geschwindigkeit beschreiben, gelang Ptolemäus durch Einführung der Epizykellehre. Danach sollte der Mond und die Planeten nicht auf einer einfachen Kreisbahn um die Erde sich bewegen, sondern sie bewegen sich ursprünglich auf einem anderen kleinen Kreise, dem Epizykel, dessen Mittelpunkt nun erst den großen exzentrischen Kreis um die feststehende Erde beschreibt.

Mithilfe dieser Epizykeltheorie gelang es schließlich, alle Bewegungserscheinungen der Gestirne vollständig zu erklären und mit der Annahme in Einklang zu bringen, dass die Erde eine im Weltraum absolut feststehende Kugel sei, um die herum die Gestirne ihre Kreis- bez. ihre Epizykelbewegungen mit jeweils konstanter Geschwindigkeit ausführten. Dies war die ptolemäische bis auf Kopernikus im ganzen Mittelalter herrschende, durch Aristoteles bekräftigte, von der Kirche geheiligte Lehre des ptolemäischen Weltsystems.

Man muss durchaus zugeben, dass eine gewaltige Kraft des Geistes dazugehört, sich von dieser allgemeinen Lehre freizumachen, die Erde entgegen der direkten Anschauung in Bewegung um die Sonne anzunehmen und sie somit in eine Reihe mit den übrigen Planeten zu stellen. Umso mehr muss man die Kühnheit derjenigen griechischen Denker wie Philolaos und Aristarch von Samos bewundern, die es wagten und für diskutabel erklärten, die heliozentrische Hypothese aufzustellen.

Das ganze Mittelalter hindurch herrschte die ptolemäische Lehre, bis schließlich Nikolaus Kopernikus (1473—1543) den großen Schritt tat, mit ihr zu brechen und das heliozentrische Weltsystem aufzustellen. Wir wissen, dass Galilei schon in jungen Jahren durchaus der kopernikanischen Lehre zuneigte.

Im Jahr 1597 schreibt Galilei an Kepler: „Ich werde Ihr Werk mit umso größerem Interesse lesen, als ich seit einer Reihe von Jahren die kopernikanische Lehre angenommen, und ich habe aus ihr die Ursachen einer ganzen Reihe von natürlichen Wirkungen gezogen, die nach der gewöhnlichen Hypothese ganz unerklärlich waren. Ich habe eine große Anzahl von Beweisen und Beweisführungen aufgestellt, die ich noch nicht zu veröffentlichen wage. Ich fürchte das Schicksal des Kopernikus. Wenn er bei einigen wenigen sich unsterblichen Ruhm erworben, so ist er doch für eine Anzahl von Leuten, so groß ist die Menge der Dummköpfe, doch nur ein Gegenstand der Verachtung und des Spottes."

Es gelang Kepler leider nicht, Galilei zur Veröffentlichung seiner Beweise zu bewegen.

Die Entdeckungen, die Galilei nach Erfindung des Fernrohres Schlag auf Schlag am Sternhimmel machte, waren nun aber für ihn und jeden Einsichtigen ebenso viele neue schlagende Beweise für die kopernikanische Lehre. In betreff der Einzelheiten sei auf die Zusammenstellung der wissenschaftlichen Verdienste im folgenden Abschnitt verwiesen. Hervorgehoben sei nur als ganz besonders von Galilei für die neue Lehre benutztes Beweismittel die Entdeckung der 4 Jupitermonde. Konnte doch das Jupitersystem als kleines Sonnensystem angesehen werden.

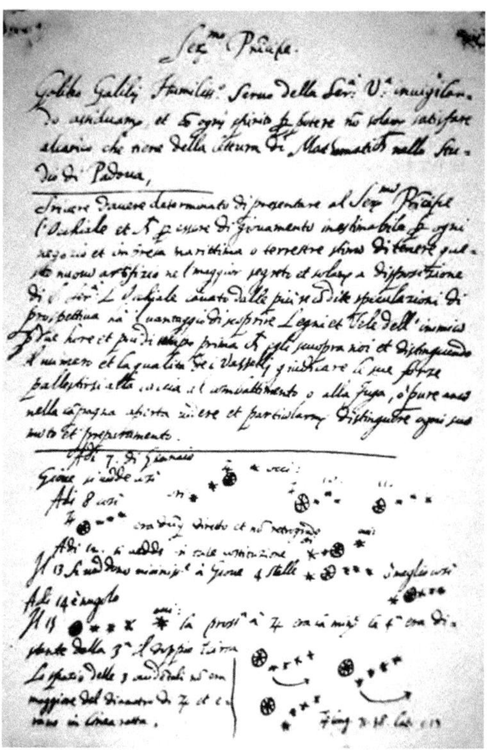

Galileils Aufzeichnungen zur Entdeckung der 4 Jupitermonde

Die Fülle der Entdeckungen am Himmel mehrte unaufhörlich Galileis Ruhm. Es fand sich schließlich kein Hörsaal in Padua, der die Fülle der Lernbegierigen fassen konnte. Trotzdem sehnte sich Galilei nach einer anderen Stellung, die mit weniger Lehrtätigkeit verknüpft war und ihm eine noch freiere Ausnützung seiner Zeit zu wissenschaftlicher Arbeit bot. Eine solche Stelle wurde ihm in ehrenvollster Weise von seinem engeren Vaterlande angeboten. Man trug ihm die Stelle als erster Mathematiker der Universität Pisa an, mit einer Bezahlung von 1000 Scudi und dem Titel

44

„Erster Philosoph des Großherzogs". Galilei trat diese Stelle am 12. Juli 1610 an; 18 Jahre hatte er seine Dienste der Universität Padua gewidmet, die wohl wusste, was sie an ihm verlor, und den Verlust des großen Gelehrten schwer empfand.

Die neue Stellung Galileis war in jeder Beziehung eine Ehrenstellung. Er brauchte nicht einmal seinen Wohnsitz in Pisa zu nehmen. Vorlesungen zu halten war er „berechtigt", nicht „verpflichtet". Und doch waren seine Freunde besorgt um sein weiteres Schicksal. Schon lange hatte die Inquisition mit wachsender Sorge und mit Unbehagen die Entdeckungen Galileis verfolgt, die mit den Lehren der Arche absolut unvereinbar waren. Sie erblickte in ihm einen gefährlichen Gegner. Solange er sich jedoch in Padua auf dem Boden der freien Republik Venedig befand, die die Jesuiten vertrieben hatte und die freie Forschung tatkräftig schützen konnte, brauchte er die Kirche nicht zu fürchten. Diese Freiheit konnte ihm der Florentiner Hof nicht gewährleisten, der selbst in hohem Grade von der Kirche abhängig war. Trotzdem Kat Galilei guten Mutes die neue ehrenvolle Stellung in Pisa an. Alles schien sich aufs Beste anzulassen. Der Großherzog Cosimo II. war selbst aufs Eifrigste für ihn besorgt; er gestattete ihm, den Herbst und Winter auf einem seiner Schlösser zuzubringen. Das Teleskop führte ihn in dieser Zeit zu zwei neuen überaus wichtigen Erweckungen, der Sichelgestalt der Venus und den Sonnenflecken, deren weitere Betrachtung ihn zur Auffindung der Rotation der Sonne um ihre Achse leitete. Nach der Sitte seiner Zeit veröffentlichte er diese Funde in Form von Anagrammen, um sich die Priorität zu sichern und doch zunächst die Entdeckungen in Ruhe für sich weiter verfolgen zu können.

So stand Galilei auf der Höhe seines Ruhmes. Großes hatte er erreicht, überall wurde er verehrt und bewundert. Mächtig hatten seine Entdeckungen eingegriffen in die Vorstellungen vom Universum. Aber schon regten sich die Feinde, die er eben hierdurch sich im Stillen geschaffen hatte. Das Inquisitionstribunal, jene Vereinigung, deren Ziel es war, jede Abweichung von den Lehren der Kirche aufzuspüren, zu verfolgen und zu unterdrücken, hatte schon geraume Zeit ihr Augenmerk auf Galilei gerichtet, wenn dieser sich auch noch nirgends direkt gegen die ptolemäische Lehre ausgesprochen hatte, sondern seine Entdeckungen für sich selber reden ließ.

Trotzdem musste es Galilei als unerträglichen Zwang empfinden, seine Ansicht nicht ganz ungehindert aussprechen zu dürfen. So wagte er denn jetzt, im Vertrauen auf seine geachtete Stellung und auf die mächtige Unterstützung durch seinen fürstlichen Gönner einen großen Schritt, indem er selbst nach Rom ging, in der Zuversicht, dass es ihm gelingen würde, die kirchliche Oberbehörde seinen Entdeckungen und seinen wissenschaftlichen

Bestrebungen günstig zu stimmen. Er hegte wohl auch die stolze Hoffnung, dadurch nicht nur für sich, sondern für die ganze astronomische Wissenschaft, ja für die ganze Kultur freie Bahn zu ungehinderter, durch keine Autorität gehemmter Forschung zu schaffen. Ein glänzender Empfang wurde ihm in Rom zuteil. Eine Sanktion der kopernikanischen Lehre seitens der obersten Kirchenbehörde, die ihm wohl vorgeschwebt hatte, erlangte er aber nicht. Nach seiner Rückkehr fragte er direkt bei dem Kardinal Conti an, welches denn nun das bestimmte Urteil der Kirche über die ptolemäische und die kopernikanische Lehre sei. Die Antwort fiel derart gewunden und unbestimmt aus, dass aus ihr alles herausgelesen werden konnte, ließ aber doch durchblicken, dass für die Kirche die wörtliche Auslegung der Schrift maßgebend sein müsse. Galilei hatte also durch seinen Besuch in Rom nichts gewonnen. Durch eigene Unvorsichtigkeit und Hitzigkeit zog er sich vielmehr die heftige Gegnerschaft der Jesuiten zu, indem er mit dem Jesuitenpater Christoph Scheiner in betreff der Entdeckung der Sonnenflecken sich in einen, wie es scheint, von seiner Seite nicht immer ganz einwandfrei geführten Streit einließ, was ihm natürlich die überaus gefährliche Feindschaft des ganzen Jesuitenkollegiums eintrug.

Immer zahlreicher wurden nun die teils lauten, teils geheimen Angriffe gegen Galilei wegen Verletzung der Heiligen Schrift. Als er erfuhr, dass selbst am toskanischen Hof die Intrigen gegen ihn anfingen, präzisierte er in einem an einen Freund gerichteten, in Wahrheit für die Öffentlichkeit bestimmten, sehr vorsichtig abgefassten Brief seine Ansicht. Der wichtigste Satz dieses Briefes lautet: „Da die Bibel, wiewohl vom Heiligen Geiste eingegeben, aus den angeführten Gründen an vielen Stellen Auslegungen, die sich vom Wortlaut entfernen, zulässt, und da wir nicht mit Sicherheit behaupten können, dass alle Ausleger von Gott inspiriert seien, so glaube ich, man würde klug handeln, wenn man niemand gestattete, Bibelstellen dazu zu verwenden und gewissermaßen zu nötigen, die Wahrheit irgendwelcher naturwissenschaftlichen Konklusionen zu stützen, von denen später die Beobachtung und zwingende Gründe uns das Gegenteil lehren könnten. Und wer wird dem menschlichen Geist Schranken ziehen wollen?“ Dieser Brief hatte jedoch keineswegs die gewünschte Wirkung. Im Gefühl der Überlegenheit reizte Galilei seine Gegner durch spöttische Nichtachtung, was ihm schwer schaden sollte. Einer derselben, Nicolo Lotten, reichte 1614 beim Inquisitionsgerichtshof eine förmliche Denunziation gegen ihn ein, die allerdings ergebnislos verlief. Die Inquisition war nun aber unermüdlich geschäftig und ging energisch gegen die kopernikanische Lehre vor. Im Jahr 1616 legte sie den Sachverständigen folgende zwei Thesen zur Begutachtung vor:

1.   Die Sonne ist der Mittelpunkt der Welt und darum unbeweglich.

2. Die Erde ist nicht der Mittelpunkt der Welt und nicht unbeweglich, sondern sie bewegt sich täglich um sich selbst.

Der Entscheid der Kommission war:

„Behaupten, die Sonne stehe unbeweglich im Zentrum der Welt, ist absurd, philosophisch falsch und förmlich ketzerisch, weil ausdrücklich der Heiligen Schrift zuwider; behaupten, die Erde stehe nicht im Zentrum der Welt, sei nicht unbeweglich, sondern habe sogar eine tägliche Rotationsbewegung, ist absurd, philosophisch falsch und zum Mindesten ein irriger Glaube."

Daraufhin erging ein Dekret des Indexausschusses, wonach die Schriften des Kopernikus zu suspendieren seien, bis sie verbessert wären und ferner alle Bücher, die dieselbe Lehre vortrügen, zu verbieten seien.

Galileis Schriften waren zwar nicht ausdrücklich genannt; man begnügte sich damit, ihm die zulässigen Grenzen deutlich gezeigt zu haben. Man wählte dazu die Form, dass der Kardinal Bellarmin ihm, nachdem er sich auf Befehl des Großherzogs wieder nach Florenz zurückbegeben hatte, darüber ein Schriftstück zusandte, in welchem er bestätigte, dass Galilei von der Erklärung der Kongregation des Index Kenntnis genommen habe.

Danach wäre also eine offizielle Verwarnung überhaupt unterblieben. Damit ist nicht im Einklang, dass in dem verhängnisvollen später im Jahr 1632 gegen Galilei angestrengten Inquisitions-Prozess ein Dokument aus dem Jahr 1616 folgenden Inhaltes eine ganz wesentliche Rolle spielt:

„In der gewöhnlichen Residenz des Herrn Kardinals Bellarmin hat der Kardinal, nachdem genannter Galilei vorgeladen und vor Se. Eminenz erschienen war, vorgenannten Galilei ermahnt wegen Irrtums oben genannter Meinung, und dass er sie aufgeben möge."

Über die Echtheit des Dokuments, das 1632 so wichtig geworden ist, hat sich ein langer Streit entspannen. Eine sichere Entscheidung ist nicht möglich gewesen.

Zunächst war nun für Galilei eine Zeit verhältnismäßiger Ruhe; er setzte seine Studien und Forschungen ziemlich in der bisherigen Weise fort und baute die kopernikanische Lehre unangefochten aus; ja, das Geschick schien ihm sogar besonders günstig gesinnt zu sein. Im Jahr 1623 wurde der ihm von früher her sehr gewogene Kardinal Maffeo Barberini, der ihn sogar in einem Gedicht besungen hatte, zum Papst erwählt. Bei einer kurz darauf in Rom stattfindenden Begegnung der beiden Männer in Rom versicherte ihn der Träger der Tiara, Urban VII, ausdrücklich seines Wohlwollens.

Galilei schlug nun auch daraufhin, man muss wohl sagen, zum Mindesten unvorsichtigerweise, die Verwarnung von 1616 völlig in den Wind, trotzdem er diese damals ohne Widerspruch hingenommen und sich damit stillschweigend zur Beachtung der Beschlüsse der Indexkongregation unterworfen hatte. Handelte er schon damit, dass er fortfuhr, die kopernikanische Weltanschauung Wetter zu lehren, gegen sein gegebenes Versprechen, so verleitete ihn teils sein Gefühl der Sicherheit, teils wohl seine Kampfnatur, zu einem sehr gefährlichen Schritt, der denn auch sein Unglück besiegelte. Er führte nämlich seinen schon lange gehegten Plan aus, ein seine gesamten kosmischen Studien zusammenfassendes Werk zu schreiben, in dem vornehmlich auch seine Ansichten über die beiden Weltsysteme auseinandergesetzt werden sollten. Natürlich musste er dabei in erster Linie darauf bedacht sein, der Schrift eine Form zu geben, die für seine Gegner keinen Angriffspunkt und keine Handhabe zu einem Einschreiten der Kirche gegen ihn bieten konnte. Als solche wählte er die Dialogform. Der Titel der Schrift, die ungeheures Aufsehen machte, war: „Dialog über die beiden hervorragenden Weltsysteme." Er lässt dann zwei Vertreter der kopernikanischen Lehre, Salviati und Sagredo, die Namen zweier seiner Freunde und einen Vertreter des ptolemäischen Weltsystems, Simplicio, über die beiden Systeme disputieren. Es verficht sich, dass Simplicio stets von den beiden anderen in die Enge getrieben und mit seiner Ansicht ad absurdum geführt wird. Das ganze Werk ist mit der feinsten Ironie geschrieben und eine scharfe Satire gegen die Aristoteker. Galilei war sich der Gefährlichkeit seiner Schrift wohl bewusst und wandte alle Vorsichtsmaßregeln an, um sich zuerst die Druckerlaubnis sowohl von der kirchlichen wie den weltlichen Behörden zu verschaffen, was ihm auch gelang. Dennoch hätte er sich sagen müssen, dass er mit der Veröffentlichung dieser Schrift alle Brücken hinter sich verbrannt hatte. Die schrecklichen Folgen blieben denn auch nicht aus. Der Papst, der sich in der Person des Simplicio verhöhnt glaubte, ordnete sofort eine Untersuchung der Schrift an. Allerdings ist es nicht wahrscheinlich, dass Galilei wirklich mit Simplicio einen einfältigen Menschen bezeichnen wollte. Naheliegender ist es wohl, anzunehmen, dass er dabei an den Aristoteleskommentator Simplicio gedacht hat. Auch kann man nicht sagen, dass sich jener Simplicio in der Schrift wirklich einfältig benimmt; er vertritt eben die Lehren der Aristoteliker. Wie dem auch sei, der Papst fühlte sich entweder selbst beleidigt, oder er folgte den Eingebungen der auf Galilei ja seit jener Affäre mit Scheiner erzürnten Jesuiten. Genug, die von Urban eingesetzte Kommission verbot die Schüft, und Galilei wurde durch den Inquisitor von Florenz nach Rom vorgeladen, trotz lebhaften Protestes seitens des Großherzogs von Toskana. Der 69-jährige Greis musste mitten im Winter die beschwerliche Reise nach Rom antreten. Nach mehrmaligen Verhören wurde ihm am 22. Juni 1633 im Hauptsaal des Predigerklosters Santa Maria sopra Minerva in der Plenarsitzung des Heiligen Offiziums das Urteil verlesen, das er stehend anhören musste. Seine Schrift wurde verboten, er selbst verurteilt zu „förmlichem Kerker bei diesem Heiligen Offizium für eine nach unserem Ermessen zu bestimmende Zeitdauer … uns vorbehaltend, die genannten Strafen und Bußen zu ermäßigen, umzuändern, ganz oder teilweise aufzuheben.“

Kniend musste dann Galilei die Abschwörungsformel verlesen.

Die Legende legt ihm hiernach noch die stolzen Worte in den Mund: „Eppur si muove" („Und sie bewegt sich doch"). Galilei hat sie nachweislich nicht gesprochen. Überhaupt zeigte er sich im Verlauf des ganzen Prozesses als kampfesmüde, nach Ruhe und Frieden sich sehnend, und in tiefer Demut bereit, alles zu tun, was man von ihm forderte. Er bekenne sich keineswegs zu dem kopernikanischen Weltsystem; ja er erbot sich sogar, seiner Schrift noch zwei Dialoge beizufügen, in dem er alle für dieses sprechenden Gründe eingehend zu widerlegen versprach. Wer möchte dem gebrechlichen Greis dieses Verhalten verdenken! Das Schicksal Giordano Brunos stand ihm als furchtbare Mahnung vor Augen!

Ob Galilei im Verlauf des Prozesses die Folter hat erdulden müssen, ist bisher unentschieden. Wahrscheinlich ist sie ihm nur angedroht worden. Der Kerker ist ihm allerdings erspart worden. Nach Beendigung des Prozesses wurde ihm erlaubt, seinen Aufenthalt in seiner Villa in Arcetri bei Florenz zu nehmen, wo er in gelassener Ruhe seine letzten Lebensjahre zubrachte.

Aber noch war das Maß seiner Leiden nicht voll. Seine Tochter Virginia, die zärtlich an ihm hing und ihn in den schweren Monaten seines Prozesses liebevoll mit Trost und heiterem Zuspruch gestützt hatte, starb kurze Zeit nach dem Wiedersehen. Damit war seine Lebensfreude dahin. Er klammerte sich nun an seine geliebte Wissenschaft. In diesen letzten Jahren seines Lebens beschenkte er die Welt mit seinem schönsten reifsten und bedeutungsvollsten Werk, den eingangs genannten „Untersuchungen ...“

Das grausame Schicksal wollte nicht, dass er dieses Werk noch mit eigenen Augen sehen sollte. Als die ersten Druckbogen kamen, war er an beiden Augen erblindet. Nicht ohne tiefe Erschütterung kann man den Brief (vom 2. Februar 1638) lesen, in dem er dieses Unglück seinem Freunde Diodati mitteilt: „In Beantwortung Eures mir sehr angenehmen Schreibens vom 20. November teile ich Euch bezüglich Eurer Nachfrage um meine Gesundheit mit, dass zwar mein Körper einen etwas besseren Kräftezustand, als in der letzten Zeit wiedererlangt hat, aber ach! verehrter Herr, Galilei, Euer ergebener Freund und Diener, ist seit einem Monat völlig und unheilbar blind; so zwar, dass dieser Himmel, diese Erde, dieses Weltall, welche ich mit meinen merkwürdigen Beobachtungen und klaren Darlegungen hundert- ja tausendfach über die von den Gelehrten aller früheren Jahrhunderte allgemein angenommenen Grenzen erweitert habe, nun für mich auf einen so engen Raum zusammengeschrumpft sind, dass derselbe nicht über jenen hinausreicht, den mein Körper einnimmt."

Sein Geist blieb bis an das Ende klar und regsam, so jammervoll der Leib verfiel. Seine treuen Schüler Viviani und Torricelli umgaben ihn in den letzten Monaten beständig. In ihrem Beisein verschied der große Mann, dessen Geist die ganze Welt umspannte, am 8. Januar 1642 im 78. Jahr seines Lebens.

Noch dem Toten zeigte die Kirche ihren Hass. Sie verbot, ihm ein Grabmal zu setzen sowie ihm eine Leichenrede zu halten.

Später hat der florentinische Staat in würdevoller Weise das Gedächtnis seines großen Sohnes geehrt. Die sterblichen Überreste Galileis wurden in dem prächtigen Mausoleum der Kirche „Zum Heiligen Kreuz" feierlich bestattet. Im Museum der Physik und Naturgeschichte, welches seine Originalinstrumente unter Glas enthält, wurde sein Standbild aufgestellt.

Es ist eine Ironie des Schicksals, dass aus der ungeheuren von Galilei in seinem langen arbeits- und erfolgreichen Leben in summa geschaffenen und uns hinterlassenen Geistesarbeit derjenige Teil, um dessentwillen er so viel leiden musste, von uns heute gar nicht mehr als seine Hauptleistung betrachtet wird, so hoch man natürlich auch seine Leistungen auf astronomischem Gebiet schätzen muss.

Der Gipfel seines Schaffens, das Wertvollste seiner ganzen Tätigkeit sehen wir heute darin, dass Galilei die theoretische Physik in ihrer heutigen Gestalt geschaffen hat durch seine noch heute vorbildliche Untersuchung des freien Falls und des Wurfes. Dabei ist es, wie schon hervorgehoben, vor allem die von ihm hierbei befolgte Methode der Forschung, die er in bewusstem Gegensatz zu der in seiner Zeit herrschenden bereits charakteristischen Art, Naturforschung an Hand und am Gängelband der Aristotelischen Weck zu treiben, sich selbst ausbildete und sie gleich zu einer solchen Vollendung erhob, dass diese Untersuchungen bis auf unsere Zeit als Musterwerke theoretisch-physikalischer Forschung dastehen. Um dieser Schriften willen wäre er niemals in so schweren Konflikt mit der Inquisition geraten. Bei diesen Untersuchungen hatte er allerdings die heftige Gegnerschaft der orthodoxen Aristotelesschule, mit deren Arbeitsmethode er sich in Widerspruch setzte.

Die Ansichten der Aristoteliker über den freien Fall waren etwa folgende: W wird zunächst ein Unterschied zwischen schweren und leichten Körpern gemacht. Jeder Körper sucht seinen ihm zukommenden Ort. Die schweren unten, die leichten oben; die schweren Körper sind demnach der Erdschwere unterworfen, die leichten nicht. Es wird gelehrt, dass schwere Körper schneller fallen, als leichtere. „Das Schwere und Erdige bewegt sich

50

abwärts, das Feuer, das Luftige aufwärts, jedes eben nach dem Platz, den ihm die Vorsehung, die Weltordnung zugewiesen hat. Die Luft ist das treibende Prinzip bei der Bewegung. Im luftleeren Raum ist die Bewegung unmöglich, da der geschleuderte Körper, wenn das Fortstoßende aufhört, denselben zu berühren, entweder durch Gegendruck, wie einige sagen, bewegt wird, oder deswegen, weil die fortgestoßene Luft wieder in einer Bewegung fortstößt, welche schneller ist als die Raumbewegung des fortgestoßenen Körpers, in welcher er an seinen ihm „häuslichen" Ort hinbewegt wird." Man sieht, es werden aufgrund einiger ganz weniger alltäglicher Erfahrungen sofort Spekulationen angestellt über das „Warum" und die letzten Ursachen. Direkt unrichtige Sätze, wie die verschiedene Fallgeschwindigkeit verschieden schwerer Körper, werden ohne Prüfung benutzt. Physik und Metaphysik gehen durcheinander, ihre Grenzen sind völlig verwischt.

Mit dieser Art der Naturforschung hat Galilei vollständig gebrochen. Er zeigt, wie viel fruchtbarer es ist, nicht gleich nach den letzten Ursachen zu fragen, nicht nach dem „Warum" der Erscheinungen zu fragen, sondern nach dem „Wie". Die Gesetze der Naturvorgänge sind zunächst zu erforschen, die Art ihres Ablaufes, das ist die erste und vornehmste Aufgabe der Naturwissenschaft. Darin liegen auch ihre Grenzen, über die sie nicht hinausgehen darf, wenn sie nicht den Boden verlieren will.

Die sorgfältige Scheidung von Physik und Metaphysik, das ist das große Verdienst Galileis.

Die Gesetze der Einzelerscheinungen und ihre Beziehungen zueinander zu erforschen, ist die Aufgabe der Naturforschung, nicht aber die Aufsuchung ihrer metaphysischen Ursachen.

Mit diesem Forschungsprinzip tritt er an die Untersuchung der Bewegungsgesetze heran, und es liefert ihm sofort die großartigsten Erfolge. Er untersucht durch Experiment vom Turm zu Pisa die Fallgeschwindigkeit verschieden schwerer Körper. Zum Erstaunen der alten Schule weist er nach, dass alle Körper gleich schnell fallen, dass alle gleichzeitig von der Turmspitze fallenden Körper auch gleichzeitig unten ankommen. Dass die Geschwindigkeit beim freien Fall stets wächst, war natürlich schon allgemein vor Galilei bekannt. Galilei bleibt nun aber nicht bei dieser qualitativen Erkenntnis, die den Aristotelikern genügte, stehen, sondern er suchte nun durch das Experiment das Gesetz, die mathematisch hier herrschende Beziehung zu ergründen. Dazu geht er in der heute für solche Untersuchungen vorbildlichen Weise vor, dass er sich zunächst fragt, wie die Beziehung wohl sein könnte, dann aus den verschiedenen möglichen Annahmen die Konsequenzen zieht, und nun durch den Versuch ermittelt, welche dieser Konsequenzen mit der Erfahrung übereinstimmt, welche seiner Annahmen also die richtige war. Lange hat er sich bemüht, bis er schließlich das wahre Gesetz fand. So prüfte er zunächst, ob vielleicht die Geschwindigkeit proportional dem durchlaufenen Wege sei, was ja durchaus möglich wäre. Er fand schließlich, dass diese Annahme zu Widersprüchen mit der Erfahrung führt. Darauf geht er zu einer anderen möglichen Annahme über, dass nämlich die Geschwindigkeit proportional der Zeit ist, oder anders ausgedrückt, dass in gleichen Zeiten die Geschwindigkeit immer gleiche Zuwächse erfährt. Aus dieser Annahme folgt eine bestimmte Buchung zwischen Fallzeit und Fallweg, dass sich nämlich die Fallwege verhalten wie die Quadrate der Faltzeiten. Diese Beziehung prüft nun Galilei experimentell. Zu diesem Zweck verändert er sich die Bewegung des freien Falles dadurch, dass er an ihrer Stelle den viel langsameren und darum besser beobachtbaren Fall über die schiefe Ebene untersucht, indem er die Bemerkung macht, dass die Endgeschwindigkeit nach Durchlaufen derselben Falltiefe, d. h. der Länge des Lotes vom Anfangspunkt des Falles nach der durch den Endpunkt gehenden Horizontalebene, dieselbe ist, unabhängig von der Neigung der schiefen Ebene. Die Art, wie Galilei diesen Satz plausibel macht, ist so charakteristisch, dass sie hier wiedergegeben werden möge. Er geht aus von der Erfahrung, dass ein Pendel ebenso hoch steigt, wie es gefallen ist. Der hierbei von dem Pendel beschriebenen Kreisbogen lässt sich auffassen als eine große Reihe aufeinanderfolgender schiefer Ebenen von wechselnder Neigung. Nun zeigt Galilei, dass das Pendel zu derselben Höhe steigt, von der es losgelassen ist, auch wenn man es zwingt, seine Bahn zu verändern. Man bewirkt dies in einfachster Weste, indem man in dem Moment, in dem das Pendel durch die Gleichgewichtslage schwingt, durch einen Pflock die Bewegung des Fadens an einer bestimmten Stelle hemmt, dass nun nur das unterhalb dieses Pflockes befindliche Fadenstück weiter schwingen kann, und nun natürlich das Pendel auf einem ganz anderen Kreisbogen, wie zuerst, weiter schwingt. Der Versuch ergibt, dass das Pendel stets wieder bis zu derselben Höhe (Horizontalebene) ansteigt, ganz unabhängig davon, an welcher Stelle der Pflock eingesteckt war (wenn nur die schwingende Fadenlänge mindestens gleich der halben Falltiefe gewählt wird).

Aus diesem frappierenden Versuch schließt er die Richtigkeit seiner Behauptung. Denn die Neigung der verschiedenen hierbei sukzessive durchlaufenen Ebenen ist ja hier bei jedem Versuch eine andere. Da die erreichte Höhe stets dieselbe ist, schließt er, dass die Fallgeschwindigkeit in derselben Höhe unabhängig von der Neigung der Ebene ist.

Auf diese Weise rechtfertigt er also die Benutzung der schiefen Ebene. Danach schreitet er nun zur Prüfung der aus seiner Annahme, dass die Geschwindigkeit der Fallzeit proportional ist, folgenden Konsequenz, dass die Fallräume sich verhalten wie die Quadrate der Fallzeiten. Sinnreich ist nun hier wieder die Art der Zeitmessung; Uhren gab es ja damals noch nicht. Er benutzt nämlich als Zeitmaß die aus der engen Öffnung eines Gefäßes ausfließende Wassermenge. Die genannte Beziehung zwischen Fallräumen und Fallzeiten findet sich dabei vollkommen bestätigt.

So sind nun die Grundgesetze des freien Falles aufgefunden; aus ihnen folgen dann, wie Galilei zeigt, eine große Zahl von anderen interessanten Eigenschaften des freien Falles, die heute noch zum Mindesten als Übungsaufgaben einen großen Wert haben. Galilei hat also nachgewiesen, dass das Charakteristische der Fallbewegung die konstante zeitliche Zunahme der Geschwindigkeit ist. Damit ist unendlich mehr geleistet, als wenn er über die Ursache des Fallens im Allgemeinen spekuliert hätte. Etwas Derartiges hat er auch ganz vermieden. Die Zunahme der Geschwindigkeit in der Zeiteinheit heißt nach Galilei Beschleunigung. Das Charakteristische der Fallbewegung ist also eine konstante Beschleunigung. Man nennt daher mit Recht diese wichtige Konstante, die Beschleunigung eines frei fallenden Körpers pro Zeit Eins die Galileische Konstante. Galilei fand nun ferner, dass die Größe dieser Beschleunigung umso kleiner ist, je mehr sich die Neigung der schiefen Ebene der Horizontalen nähert. Im Grenzfall, bei ganz horizontaler Ebene wird die Beschleunigung null, die Geschwindigkeit erhält keine Zuwächse, d. h., sie bleibt unverändert. Auf horizontaler Bahn behält also ein Körper eine ihm einmal erteilte Geschwindigkeit in alle Ewigkeit bei. Galilei hat so den Satz bewiesen, den man später als Gesetz der Trägheit bezeichnet hat. Einen besonderen Wert hat Galilei nicht darauf gelegt, er hat ihn kaum vor anderen minder wichtigen Konsequenzen hervorgehoben. Stillschweigend benutzt er aber den Satz häufig, sodass man Galilei wohl mit Recht als Entdecker dieses Fundamentalsatzes bezeichnen kann, wenn er ihn auch sozusagen nur nebenbei aufstellt und erst andere nach ihm ihn als besonderes Prinzip aufstellen, namentlich erst Newton seine volle Bedeutung für die ganze Mechanik hervorgehoben hat.

Sofern man nun von dem Gedanken ausgeht, dass der freie Fall dadurch hervorgebracht ist, dass die Erde ständig die Körper ihrem Mittelpunkt zu nähern sucht, als wenn in ihm ein Mensch mit Muskelkraft sich befinde, der die Körper mit dieser Kraft an" zieht, spricht man davon, dass die Erde eine konstante Anziehungskraft ausübt; es ist also nach dem galileischen Befund als Maß der Kraft die Größe der Beschleunigung zu setzen. Auf diese Weise ist Galilei der Begründer des heutigen Kraftbegriffes. Man darf ja nicht etwa jetzt so schließen: Die Erdanziehung ist eine konstante Kraft, folglich bringt sie eine Bewegung mit konstanter Beschleunigung hervor. Das würde mindestens eine gänzlich verkehrte Ausdrucksweise sein[5]. Die Erde wirkt in

---

5   Siehe hierüber die lichtvollen Auseinandersetzungen in Mach, Mechanik, 6. Auflage, Leipzig 1908. S. 140 ff.

der Richtung nach ihrem Mittelpunkt anziehend. Bewegt sich ein Körper auf horizontaler Bahn, so unterliegt er also der Einwirkung der Erde überhaupt nicht, es findet keine Beschleunigung statt, die Geschwindigkeit bleibt konstant: Wieder das Gesetz der Trägheit.

Spricht Galilei das Gesetz auch nicht als Prinzip aus — es folgt ja, wie wir sehen, ganz selbstverständlich aus dem Vorhergehenden — so wendet er es doch weiterhin an, wenn er dazu übergeht, die Wurfbahn zu bestimmen. Er zeigt, dass sie stets eine Parabel ist. Dazu ist aber noch ein neues Prinzip erforderlich, nämlich, wie wir heute sagen, das Prinzip des Parallelogramms der Geschwindigkeiten, dass ein Körper, der gleichzeitig zwei Geschwindigkeiten unterworfen ist, seine tatsächliche Bewegung in der Diagonale des aus den beiden Einzelgeschwindigkeiten gebildeten Parallelogramms ausführt, dass also, wie man auch sagen kann, beide Geschwindigkeiten ganz unabhängig voneinander auf den Körper wirken; dieser gelangt dahin, wohin er auch gekommen wäre, wenn man ihn erst nur der einen und darauf nur der anderen Geschwindigkeit unterworfen hätte. Es ist dies ein Satz, der nicht von vornherein selbstverständlich ist, sondern nur der Erfahrung entnommen werden kann.

Vor Galilei hatte man die wunderlichsten Vorstellungen über die Wurfbahn[6]. Nach einem Autor (Santbach 1861) sollte z. B. ein Geschoss bis zur Erschöpfung seiner Geschwindigkeit geradlinig weiterfliegen und dann vertikal herabfallen.

Die sämtlichen bisher genannten Untersuchungen von Galilei sind von ihm zusammengestellt in seinen schon genannten „Unterredungen und mathematische Demonstrationen“, das er als 70-jähriger Greis nach dem unglücklichen Ende des Inquisitionsprozesses in der Verbannung schrieb. Das Buch ist wieder wie der Dialog über die beiden Weltsysteme in Form eines Dialoges zwischen Salviati, Sagredo und dem Aristoteliker Simplicio geschrieben. Das ganze Gespräch, das die verschiedensten Fragen der Mechanik behandelt, ist auf 6 Tage verteilt. Bei Weitem der schönste und inhaltreichste Abschnitt ist der den dritten und vierten Tag enthaltende Teil, in dem eben die neue Lehre vom freien Fall und Wurf gegeben wird.

Es liegt eine wunderbare abgeklärte Ruhe über dieser Schrift. An jeder Zelle merkt man, dass ein Meister sie geschrieben hat, der das Ganze vollständig beherrscht; gelassen und sicher wird das stolze Gebäude von Grund aus in klarer Disposition aufgebaut. Jeder neue Schritt, jeder neue Satz wird sorgfältig vorbereitet. Ja, Galilei sucht geradezu nach etwa noch unklar bleibenden Punkten und bespricht ausführlich durch den Mund des Salviati, unter dem er sich natürlich selbst versteht, die Zweifel, die etwa ausgesprochen werden könnten, und die er dem Sagredo bez. dem

---

6   Vgl. darüber z. B. Mach, l. o. S. 154.

Aristoteliker Simplicio in den Mund legt. Besonders sei z. B. hingewiesen auf seine ausführliche Erörterung einiger paradoxer Schlüsse, die man aus seinen Sätzen ziehen könnte. Wenn z. B. die Fallgeschwindigkeit der Fallzeit proportional ist, so wäre sie also am Anfang direkt null, d. h., der Körper könnte anscheinend überhaupt nicht in Bewegung geraten. Oder auch der Einwand: Wenn die Wurfbahn eine Parabel ist, deren Achse durch den Erdmittelpunkt geht, so würde sich der Körper ja schließlich immer mehr vom Erdmittelpunkt entfernen, was doch absurd ist, u. dgl. m.

Zu allem ist der Stil von einer Feinheit und Anmut, die dem Buch neben strengster Wissenschaftlichkeit einen nicht geringen literarischen Wert verleiht. Man kann es in gutem Sinne als eines der besten populärwissenschaftlichen Bücher bezeichnen. Selbst wenn das Buch nur bereits Bekanntes enthielte, wäre es eine außerordentliche Leistung: Speziell von dem dritten und vierten Tag sagt Lagrange: „Es gehöre ein außerordentliches Genie dazu, sie zu verfassen, man werde dieselben nie genug bewundern können"[7].

Nicht in gleicher Weise grundlegend sind der erste und zweite sowie der fünfte und sechste Tag der „Unterredungen"; sie haben auf den Gang der Wissenschaft so gut wie keinen Einfluss gehabt. Sie enthalten auch mancherlei Irrtümer; stets verrät sich aber der große Geist, der sie geschrieben hat, selbst da, wo er geirrt hat. Jedenfalls enthalten sie eine Menge der feinsinnigsten Bemerkungen. Sie handeln wesentlich von der Festigkeit und vom Stoß. Es werden u. a. z. B. aus geometrischen Sätzen Folgerungen über die Festigkeit von Balken und weiter die Widerstandskraft der Knochen von Individuen sehr ungleicher Größe gezogen. Es ergibt sich, dass die Festigkeit von Knochen lange nicht in demselben Verhältnis wächst wie das Gesamtgewicht der Organismen.

Auf dem Gebiete der Mechanik ist, wie wir sehen, Galilei der Begründer der rationellen Dynamik, der Bewegungslehre. Nicht geringe Verdienste aber hat er sich in der Statik, der Lehre vom Gleichgewicht erworben, indem er das Hauptgesetz der Statik, das sog. Prinzip der virtuellen Verschiebungen, das von Stevin bereits entdeckt war, in seiner großen Bedeutung erkannt und angewendet hat; so in dem Falle einer Last auf einer schiefen Ebene, auf das Schwimmen von Körpern auf einer Flüssigkeit, auf das Gleichgewicht der Flüssigkeit in kommunizierenden Röhren.

Es ist das Prinzip, dass ein mechanisches System im Gleichgewicht ist, wenn bei einer Leinen mit den mechanischen Bedingungen des Systems verträglichen Verschiebung die Summe aller an und von dem System geleisteten Arbeiten null ist, d. h. die von den wirkenden Kräften geleistete Arbeit genau gleich ist der gegen die wirkenden Kräfte geleisteten Arbeit.

---

7   Vgl. Ostwalds Klassiker Nr. 24 S. 123.

Noch manche andere wichtige Anregung und Förderung verdankt die Physik Galilei. Er hat zuerst einen Apparat zur Messung der Temperatur, ein Thermoskop, konstruiert; es war eine Art Luftthermometer. Er verfasste ferner eine Abhandlung über den Bologneser Leuchtstein. In seiner letzten Lebenszeit war er mit der Idee, das Pendel zur Regulierung der Räderuhren zu benutzen, beschäftigt und hat sogar ein Modell einer Pendeluhr ausführen lassen. Die Kenntnis von der Bewegung des Pendels hatte er ja selbst aufs Intensivste gefördert, indem er den Isochronismus der Pendelschwingungen entdeckte, und ferner zeigte, dass die Schwingungsdauer des Pendels proportional der Quadratwurzel der Pendellänge ist.

Eine zunächst physikalische Erfindung war ja auch die des Fernrohrs, das ihn, so primitiv naturgemäß die ersten von ihm angefertigten Exemplare sein mussten, zu seinen bedeutenden Entdeckungen am Sternhimmel sowie überhaupt zu intensiver Beschäftigung mit der Astronomie führte. Es ist bereits mitgeteilt, dass er sich ein Fernrohr auf die bloße Kunde von dessen Erfindung selbst ausdachte und konstruierte. Im Wesentlichen besteht die von ihm angewandte heute nach ihm galileisches Fernrohr benannte Form aus einer dem Objekt zugewandten Konvexlinse. Bevor diese ein reelles Bild des betrachteten Gegenstandes entwirft, werden die Strahlen durch eine Konkavlinse zerstreut, und es entsteht ein vergrößertes virtuelles aufrechtes Bild. Die Anordnung ist dieselbe, wie sie im Opernglas verwandt wird.

Schon nach einem Jahr konnte Galilei in der Schrift sidereus nuncius über eine Fülle von Entdeckungen berichten. Er hatte entdeckt, dass die Oberfläche des Mondes wie die der Erde Berge und Täler aufwies, er stellte die Milchstraße als aus ungeheuer vielen Sternen bestehend dar u. a. m.

Am wichtigsten war wohl seine Entdeckung der vier Jupitermonde, sowohl an und für sich als, wie schon ausgeführt, im Hinblick auf das kopernikanische Weltsystem, für welches die Entdeckung eines solchen Sonnensystems im Kleinen eine gewaltige Stütze war.

Galilei war einer der Ersten, der den Saturnring gesehen hat. Er konnte allerdings nur Verdickungen des Hauptplaneten an zwei gegenüberliegenden Stellen beobachten, die er als zwei den Planeten begleitende Sterne deutete. An der Venus und am Merkur bemerkte er die wechselnden Phasen, die wieder einen Beweis für die kopernikanische Lehre darstellten, oder wenigstens durch sie eine sehr einfache Erklärung fanden.

Schließlich sei noch seine Entdeckung der Sonnenflecken genannt, in der er allerdings schon Vorläufer hat. Galilei hat jedoch das Verdienst, gezeigt zu haben, dass sie auf der Sonne sich von West nach Ost bewegen, und daraus sofort den Schluss gezogen zu haben, dass die Sonne sich um ihre Achse drehe.

56

Unser Lebensbild Galileis wäre nicht vollständig, wenn wir nicht auch seine Neigung zu den schönen Wissenschaften, Literatur und Kunst jeder Art erwähnten. Im Zeichnen und Laute schlagen soll er bedeutende Fähigkeit gehabt haben. Auch Gedichte, die er verfasst hat, sind auf uns gekommen.

Gewaltig an Geisteskraft, an Selbstvertrauen und Kampfesmut, so steht er an der Schwelle der neuen Zeit; äußerlich ist er im Kampf unterlegen, aber seine Gedanken sind siegreich geblieben; die moderne Naturforschung verdankt ihm die Befreiung von unwürdiger Fessel.

Johannes Kepler

IV. Johannes Kepler

Messend durchschritt ich die Himmel, durchmesse jetzt irdische Schatten;
himmelan strebte der Geist, hier ruht sein Schatten, der Leib.

Keplers selbst verfasste Grabschrift.

Dem kopernikanischen System entstand bald nach seines Urhebers Tod ein mächtiger und gefährlicher Gegner in Tycho de Brahe (1546—1601), der sich durch seine mit den vorzüglichsten Instrumenten und bewundernswertem technischen Geschick, unter dem Beistand zahlreicher Hilfsarbeiter, angestellten Himmelsbeobachtungen eine hoch angesehene Stellung schon unter den Astronomen seiner Zeit errang. Während Kopernikus sich noch mit einer bis auf 10' stimmenden Genauigkeit der Angaben über Sternpositionen begnügte, vermochte Tycho die Abweichung seiner Beobachtungsergebnisse von der Wirklichkeit auf nur 1' nach der einen oder andern Seite herabzudrücken, sodass höchstens eine Unsicherheit von 2' bestehen blieb. Wir haben schon erwähnt, dass es ihm dadurch gelang, die von Kopernikus noch festgehaltene Annahme eines ungleichmäßigen Vorrückens der Nachtgleichen auf der Ekliptik als unzutreffend nachzuweisen. Da aber Kopernikus gerade auf jene Überzeugung seine Lehre von der Erdbewegung wenigstens teilweise gestützt hatte, konnte sich Tycho wohl berechtigt glauben, der Unveränderlichkeit der Erdachse (im Sinne der Alten) wieder zu ihrem Rechte zu verhelfen und die ihm auch aus dogmatisch-religiösen Gründen am Herzen liegende Zurückversetzung der Erde in den Mittelpunkt der Welt zu vollziehen. Er vermittelte dabei allerdings insofern zwischen Ptolemäus und Kopernikus, als er mit diesem an der täglichen Drehung der Erde und an der Bewegung der Planeten um die Sonne festhielt, mit jenem aber die Sonne samt den sie umkreisenden Wandelsternen wieder um die Erde ihre jährliche Bahn beschreiben ließ und so die von Kopernikus erreichten Vereinfachungen in der Darstellung der sogenannten zweiten Ungleichheit der Planeten, ihrer Stationen und Rückgänge, rettete. Man sieht hieran recht deutlich, wie weniger tief eindringenden Köpfen das kopernikanische System in der Tat nur als eine mehr oder minder willkürliche Abänderung des Ptolemäischen erschien, als eine, von Osiander in der Vorrede ja ohnehin als solche gekennzeichnete, Hypothese, die man ebenso gut oder besser durch eine andere ersetzen könne. Ein bindender Beweis für den Tatbestand fehlte ja auch noch durchaus; er wurde umso dringlicher, je mehr die erreichte Genauigkeit in den Beobachtungen Abweichungen zwischen ihren Ergebnissen und denen der aufgrund der neuen Lehre und der Prutenischen Tafeln angestellten Berechnungen hervortreten ließ. Vor allen Dingen war eine befriedigende Erklärung der ersten Ungleichheit, der unregelmäßigen Bewegungen der Planeten in ihren eigenen Bahnen, von

Kopernikus nicht geleistet worden, er hatte sich hier von dem Schematismus der ptolemäischen Auffassung nicht freizumachen vermocht.

Da trat Kepler (geb. 1571 in Weil der Stadt, gest. 1630 in Regensburg) als Kämpe auf den Plan, und gerade Tycho de Brahe musste ihm das Rüstzeug zur Erstreitung des endgültigen Sieges für das kopernikanische System liefern. Die Hauptsache freilich, die ihm allein den rechten Gebrauch von Wehr und Waffen ermöglichte, ein seltener Reichtum und eine nimmer sich erschöpfende Lebhaftigkeit der Fantasie, eine außerordentliche Schärfe des Geistes, eiserner Fleiß und strengste Wahrhaftigkeit, die jedem Selbstbetrug entging, also die Bereinigung der höchsten Forschertugenden war ganz sein eigen. Keplers Auffassungsart des Kosmos lässt sich uns Modernen vielleicht am leichtesten durch den Hinweis auf eine gewisse Ähnlichkeit mit Goethes Erfassung der Natur nahebringen. Beide durchschauen ihren Gegenstand als ein Ganzes, dessen Äußerungen sich zu einer wohlgegliederten, aber festen, in sich selbst gegründeten Einheit zusammenschließen. Ja, sie vermögen sich gleichsam in sein Inneres hineinzuversetzen, sie empfinden sich als Teil der Weltseele, wirken in und mit ihr, sie fühlen die Kraft, die Schöpfung noch einmal zu schaffen und sie erscheint ihnen eben darum völlig durchsichtig und begreiflich.

> *Wär' nicht das Auge sonnenhaft,*
> *Wie könnte es das Licht erblicken!*
> *Lebt' in uns nicht des Gottes eigne Kraft,*
> *Wie könnt' uns Göttliches entzücken!*

Wie ein befruchtender Frühlingsregen musste bei solcher Veranlagung auf Kepler das Studium Platos wirken, dem er sich schon in seinen jüngeren Jahren hingeben konnte. Des großen Philosophen Lehre von den Ideen, den realisierten Begriffen und Urbildern der Dinge, die als Begriffe dem Denken durchaus erreichbar sein müssen, als Typen die Erkenntnis des eigentlichen Sinns der Wirklichkeit ermöglichen und durch die Wahrheit hindurch zugleich zum Guten und Schönen führen, — sie wurde der Leitstern für Keplers Wirken.

Das höchste Ziel seiner Lebensarbeit war die Aufhellung der Idee des Kosmos. Nähere Bestimmtheit und Richtung erhielt dieses Streben von vornherein aus dem Gedankenkreis der pythagoreischen Schule, deren mit mathematischen Elementen durchwebter Mystizismus einen vollen Widerhall in Keplers seelischer Veranlagung fand. Aus Erfahrungen, wie der des Wohlklangs beim gleichzeitigen Ertönen von Saiten, die sich bei sonst gleicher Beschaffenheit nur durch ihre Längen unterscheiden, und zwar so, dass die verschiedenen Längen durch die Verhältnisse von ganzen, über 6 nicht hinausgehenden Zahlen ausdrückbar sind, hatten Pythagoras und seine Nachfolger die Überzeugung gewonnen, dass die geordnete

Schönheit der Natur und des Alls auf ähnlichen Beziehungen beruhe, wie die Konsonanz der Töne. Ohne schon über den Unterschied zwischen Stoff und Form nachzudenken, erklärten sie die Zahl für das Wesen der Dinge, auf die Entdeckung von Maß und Harmonie in allen Erscheinungen und Vorgängen richteten sich ihre oft sehr fantastischen Spekulationen. In der Tat konnte in einer Zeit, wo noch so gut wie alle Voraussetzungen für eine verstandesmäßige Darstellung der mathematisch bestimmbaren Gesetzmäßigkeit des Naturgeschehens fehlten, nur dichterische Einbildungskraft eine allgemeinere Anwendung des an sich richtigen und fruchtbaren Grundgedankens ermöglichen. Auf einem Gebiete neben der Musik eröffneten sich allerdings auch dem streng wissenschaftlichen Verfahren verlockende Aussichten auf eine befriedigende Durchführung des pythagoreischen Axioms, in der Astronomie. Zu Keplers Zeiten verhielt es sich damit nicht wesentlich anders als im griechischen Altertum. Man braucht deshalb kaum nach einem äußeren Anlass zu suchen, durch den Kepler dem Studium der Himmelskunde zugeführt sein möchte; es war eine innere Notwendigkeit, dass ein solcher Jünger des Pythagoras und Plato, der gleichzeitig eine tüchtige mathematische Vorbildung genossen hatte, sich dem Dienste der Muse Urania weihte.

Für die Ergebnisse, die er dabei erreichte, ist selbstverständlich sein besonderer Ausgangspunkt von nicht zu übersehender Wichtigkeit, und diesen bildete die freudige Überzeugung von der Wichtigkeit der Grundzüge des kopernikanischen Systems, in das Kepler von seinem Lehrer Mästlin in Tübingen eingeführt wurde. Dass Kepler sehr wohl wusste, was er diesem Unterricht verdankte, beweist ein Brief, in dem er bescheiden das ihm von Mästlin über seine Arbeiten gespendete Lob auf diesen selbst mit den Worten überträgt: „Bester Lehrer, du bist die Quelle des Flusses, der meine Felder befruchtet."

Noch entscheidender aber als durch den Ausgangspunkt wurden Keplers Erfolge durch seine Methode bestimmt, die wohl das erste großartige Beispiel des induktiven Verfahrens bietet, das Keplers Zeitgenosse Baco von Berulam (1561—1626) gleichzeitig theoretisch darzustellen und philosophisch zu begründen bemüht war. Freilich ging, wie wir sahen, Kepler nicht ohne eine gewisse Voreingenommenheit an seine Forscherarbeit heran; dass er Einheit und Einfachheit, Ordnung und Schönheit finden müsse, stand ihm unverrückbar fest. Aber diese Voraussetzungen waren durch eine mehr als 2000-jährige zusammenhängende Menschheitserfahrung hinlänglich begründet; ihre Benutzung war vielleicht stärker und leichter zu rechtfertigen, als in späterer Zeit die von Faraday und Hertz ihren Untersuchungen zugrunde gelegte Überzeugung von der Unmöglichkeit unmittelbar in die Ferne wirkender Kräfte. Jede Induktion muss mit Deduktionen aus dem bereits gesammelten Erfahrungsschatz beginnen, sie kann auch der aus diesem Besitze zu gewinnenden Analogie nie entraten. Ihr Wesen besteht vielmehr darin, dass eine aufgrund von solchen Deduktionen und Analogien im Voraus entworfene Skizze des Seins und Geschehens mit den Tatsachen durch Beobachtung, Rechnung und, soweit möglich, durch das Experiment verglichen, berichtigt, geändert und nötigenfalls gänzlich verworfen und durch ein neues Bild ersetzt wird, das dem gleichen Verfahren so lange zu unterwerfen ist, bis eine befriedigende Übereinstimmung zwischen der Wirklichkeit und ihrer Darstellung hergestellt erscheint, kurz, bis aus der Hypothese eine Theorie geworden ist, die nicht nur die Gegenwart genau beschreibt und erklärt, sondern auch eine zutreffende Voraussage der Zukunft gestattet. Es gibt kaum einen zweiten Naturforscher, der diesen, dem Planetenlauf vergleichbaren, verwickelten Gang seiner Arbeit, mit den unvermeidlichen Stillständen, gelegentlichen rückläufigen Bewegungen und erneutem Vorwärtsdringen mit gleich ungeschminkter Offenheit in seinen Werken geschildert hat, wie Kepler; er erspart seinem Leser weder den sandigen Weg des vergeblichen Suchens, noch das raue Dornengestrüpp unsicheren Tastens nach einer fernen Lichtung, aber er lädt ihn auch ein, fröhlich aufatmend mit ihm auf der keuchend erklommenen Höhe zu verweilen. Die gedrängte Eleganz, mit der neuere Forscher ihre Ergebnisse dem Publikum mitzuteilen pflegen, verschweigt meist die Misserfolge, und doch find diese für den Jünger häufig belehrender als die Erfolge! Etwas Zutat von Keplerscher Selbstkritik würde oft von vornherein der fremden Kritik die schärfsten Waffen rauben!

Die wichtigsten astronomischen Werke Keplers sind folgende drei: *Prodromus dissertationum cosmographicarum seu mysterium cosmographicum,* Tübingen 1596 (Vorläufige Erörterungen über den Weltbau oder Das Geheimnis des Weltbaus), *Astronomia nova, seu physica colestis, tradita commentariis de motibus stellae Martis, ex obervationibus G. V. Tychonis Brahe*, Heidelberg 1609 (Neue auf Erforschung der Ursachen ruhende Astronomie oder Naturlehre des Himmels, in Erörterungen über die Bewegungen des Sternes Mars nach den Beobachtungen von Tycho Brahe) und *Harmonices Mundi libri V,* Linz 1619 (Die Weltharmonie in 5 Büchern).

Das erste und dritte Werk sind ganz unmittelbar der Aufdeckung der Harmonie des Alls gewidmet, während das zweite, das nach dem Urteil der Nachwelt die hervorragendsten Leistungen Keplers enthält, ihm nur die Mittel zu jenen höheren Zwecken liefern sollte. Kepler stellt sich mit seinen Zeitgenossen und Vorgängern die Welt als gegrenzt Vormund zwar durch die wirkliche Kristallsphäre der Fixsterne, deren Dicke er beiläufig auf 2 deutsche Meilen[8] schätzt; im Mittelpunkte steht die Sonne, zwischen

---

8   Früher wurde die deutsche *Landmeile* (7532,5 Meter) oft verwendet.

Mittelpunkt und Grenze liegt die Region der Planeten. Im „Geheimnis des Weltbaus" hält er auch noch an den wirklichen Planetensphären fest, zu deren Preisgabe ihn später seine eigenen astronomischen Entdeckungen, das Fehlen jeder Brechung des Lichts an jenen angeblichen Kristallsphären und die Beobachtungen Tychos über den ungehinderten Durchgang der Kometen durch sie zwangen. Dagegen erklärte er sich gegen die Annahme, dass jede Planetensphäre sich bis zur Berührung mit den Nachbarsphären erstrecke; das würde fabelhaft dicke Sphären erfordern und eine unsinnige Verschwendung in der Natur bedeuten, da nach Kopernikus der Abstand zweier benachbarter Planeten selbst dann noch eine erhebliche Größe besitzt, wenn sie die durch die Exzentrizitäten ihrer Bahnen bedingte größtmögliche Annäherung erreicht haben. Es genügt, jeder Sphäre eine solche Ticke zuzuerteilen, als der Betrag der Exzentrizität der betreffenden Planetenbahn erfordert, d. h. eine Dicke gleich der doppelten Exzentrizität. Denn steht die Sonne in S (Süden) und ist der Mittelpunkt der Planetenbahn C, die Exzentrizität also SC, so bewegt sich der Planet in einer Kugelschale, deren innerer Radius SA seinen kleinsten, deren äußerer SB seinen größten Abstand von der Sonne angibt, woraus sich durch aller einfachste geometrische Beziehungen die Richtigkeit jener Behauptung ergibt. Unter diesen Voraussetzungen gelingt es nun Kepler, die größten und kleinsten Abstände aller Planeten von der Sonne mithilfe der fünf regelmäßigen Vielflächner in eine geometrischen Symmetrieverhältnissen entlehnte Beziehung zueinander zu setzen, die er als Naturgesetz ansprechen zu dürfen meint. Beschreibt man nämlich in die innere Kugel der Saturnsphäre einen Würfel, so berühren dessen Seitenflächen die äußere Kugel der Jupitersphäre, das in deren innere Kugel einbeschriebene Tetraeder ist der äußeren Kugel der Sphäre des Mars umbeschrieben, entsprechend lässt sich zwischen die innere Kugel der Marssphäre und die äußere der Erdsphäre das Dodekaeder, ebenso zwischen Erde und Venus das Ikosaeder und endlich zwischen Venus und Merkur das Oktaeder einschieben. Die rein mathematische Berechnung des äußeren Kugelradius der Marssphäre aus dem inneren der Jupitersphäre ergab in der Tat für jenen genau denselben Wert wie eine Ableitung nach dem Kopernikanischen System, und recht gut stimmten auch die entsprechenden Zahlen für die Venus, alle übrigen aber wichen mehr oder weniger erheblich voneinander ab. Diese Nichtübereinstimmung führte Kepler aus dem luftigen Reich der Spekulation zunächst wieder auf den festen Boden peinlich genauer Untersuchung der Tatsachen und gab ihm die Veranlassung zur Abfassung seines zweiten Hauptwerkes.

Seine architektonische Idee aufzugeben, war er nämlich durchaus nicht geneigt; er musste demnach die Schuld an jenen Unstimmigkeiten bei Kopernikus suchen, und zwar in dessen Angaben über die Exzentrizitäten der Planetenbahnen, durch die ja die Dicke der Planetensphären und mithin das Ergebnis der Rechnung mit den regelmäßigen Körpern wesentlich bestimmt war. Es galt daher vor allen Dingen zuverlässigere Bestimmungen für die Größen der Exzentrizitäten zu gewinnen. Das aber musste zu erneutem Anfassen der Theorie der ersten Ungleichheit, der ungleichmäßigen Bewegung der Planeten in ihren Bahnen, die im engsten Zusammenhangs mit der Exzentrizität steht, und somit ganz allgemein zu Untersuchungen über die Planetenbahnen, ihre Form, Lage und Größe führen. Kepler selbst Pflegte zu sagen, es begleite ihn ein Genius, der ihm die Wahrheiten von fernher zulisple; auch dieser Arbeit verschaffte eine solche Ahnung des Richtigen von vornherein eine brauchbare Basis: Er konstruierte den Weltbau nicht wie Kopernikus vom Mittelpunkt der Erdbahn (des *orbis magnus*), sondern vom Mittelpunkt der Sonne aus; selbstverständlich hatte er nachträglich diese Verschiebung durch die aus ihr fließenden Folgerungen zu rechtfertigen, aber es ist im allgemeinen leichter, hinterher eine durch Inspiration oder Intuition (innere Anschauung) erfasste Wahrheit zu begründen, als sie durch ein seines Zieles noch durchaus unsicheres Suchen erst zu entdecken. Eine sehr wichtige Folge der neuen Fundamentierung des Kosmos war die Veränderung in der Bedeutung der Apsidenlinie jeder Planetenbahn, d. h. ihrer großen Achse oder der Verbindungslinie von Sonnennähe (Perihel) und Sonnenferne (Aphel) des Planeten. Diese ging nach Kopernikus durch den Mittelpunkt des großen Kreises der Erdbahn, sie musste also nunmehr durch den Mittelpunkt der Sonne führen. Mit dieser zutreffenden Auffassung war die Möglichkeit richtiger Bestimmungen nicht nur der Größe, sondern auch der Richtung der Exzentrizitäten gegeben; es folgte ferner aus ihr, dass auch die Knotenlinie jeder Bahn, d. h. die Verbindungslinie ihrer Schnittpunkte mit der Ekliptik den Mittelpunkt der Sonne in sich enthält, und das wiederum ermöglichte erst richtige Breitenbestimmungen der Planeten und enthüllte die Unveränderlichkeit der Lage der Bahnebene jedes Planeten während seines Umlaufs. — Die Erfahrungsdaten, durch die Kepler nicht nur die Richtigkeit dieser Vermutungen prüfte, sondern schließlich auch Größe, Gestalt und Lage wenigstens einer Planetenbahn im Raum, sowie das Gesetz der Umlaufszeit in ihr genau ermittelte, fand er bei Tycho de Brahe, der seit 1599 kaiserliche Astronom, Rudolf II. in Prag war. Kepler wurde 1600 sein Assistent und schon 1601 für länger 10 Jahre sein Nachfolger, sodass die in 24 Folianten niedergelegten Beobachtungsrechen Tychos zu seiner unbeschränkten Verfügung standen. Sehr vollständige und systematisch wohlgeordnete Resultate lagen für Mars vor, dessen Positionen Tycho 16 Jahre hindurch in allen Punkten seines 687 Erdentage währenden Umlaufes mehrfach beobachtet hatte, sodass Kepler wohl sagen konnte: „Durch den Planeten Mars müssen wir zu den Geheimnissen der Astronomie gelangen, oder wir bleiben immer unwissend in dieser

64

Wissenschaft." Wegen der besonders großen Exzentrizität seiner Bahn, die sechsmal so groß als die der Erdbahn ist, war außerdem die Entdeckung der wahren Bahnform gerade hier erleichtert. Wenn aber auch Kepler so durch eine Reihe günstiger Umstände unterstützt wurde, blieben die von ihm zu überwindenden Schwierigkeiten und die zu schaffende Arbeit doch noch ungeheuer.

Was er zu leisten hatte, um zu dem Ergebnis zu gelangen, dass sich der Mars in einer Ellipse bewegt, in deren einem Brennpunkt die Sonne steht, lässt sich einigermaßen aus der Polargleichung der Ellipse erkennen, deren Anwendbarkeit auf den vorliegenden Fall er ja eben nachzuweisen hatte.

Es war zu untersuchen, „ob die aus den Beobachtungen berechnete Größe des Radiusvektor mit seiner gleichfalls durch die Beobachtung gegebenen Lage jedes Mal so zusammenstimmte, wie es die Polargleichung für die Ellipse verlangt" (Apelt). Die hierzu erforderlichen hypothesenfreien Berechnungen der Marsabstände von der Sonne aus den Beobachtungen hat Kepler als Erster geleistet und damit zugleich das Längenmaß als ein neues Element in die Astronomie eingeführt. Aus der größten oder kleinsten und der mittleren Entfernung des Planeten von der Sonne ließ sich die Exzentrizität finden. Die Berechnung der wahren Anomalie erforderte vor allen Dingen eine genaue Festlegung der Apsidenlinie der Bahn des Planeten und der jeweiligen Lage seines Radiusvektors. Diese lässt sich aber nur durch Beobachtungen von der Erde aus ermitteln. Für solche gelten die Ekliptik als feste Ebene und die in allen Lagen der Erde unveränderliche Richtung nach dem Frühlingspunkt (die Nachtgleichen-Linie) als feste Ausgangsrichtung in dieser Ebene. Um die wahre räumliche Lage jenes Radiusvektor zu erhalten, muss daher die Neigung der Planetenbahn gegen die Ekliptik, ferner die Lage der Durchschnittslinie beider Ebenen (der Knotenlinie) gegen die Nachtgleichen Linie, also die sogenannte Länge der Knotenlinie und endlich die Lage der großen Achse der Planetenbahn (der Apsidenlinie) zur Nachtgleichen-Linie durch die Länge ihres Perihels bestimmt werden. Schließlich hängt die Größe der Anomalie δ selbst ab von dem Zeitpunkt der Beobachtung und der mittleren Umlaufszeit, sodass (einschließlich des Radiusvektor und der Exzentrizität) im Ganzen sieben Konstanten oder Elemente in die Polargleichung eingehen. Von diesen sieben Größen standen nur die beiden letzten gesichert zur Verfügung; die genaue Kenntnis der Umlaufszeit des Mars durch die Beobachtungen Tychos zusammengenommen mit denen seiner zahlreichen Vorgänger bis hinauf in das Altertum war allerdings für Kepler eine ganz unentbehrliche und unersetzliche Grundlage, ohne die er namentlich die Abstände des Planeten von der Sonne nicht hätte finden können. Aus seinen ebenso scharfsinnigen wie mühseligen Untersuchungen über die ihm gar nicht oder nur unzuverlässig überlieferten Konstanten können wir hier nur einige

Hauptpunkte herausheben. Trägt man in eine Himmelskarte die durch die Rektaszensionen und Deklinationen eines Planeten gegebenen Orte ein und verbindet sie durch einen fortlaufenden Linienzug, so stellt dieser eine sich mehrfach durchschneidende zykloidale Kurve vor, deren Gestalt Kepler gelegentlich mit der einer Fastenbrezel verglichen hat. Kopernikus hatte in der verwickelten Bahnkurve eine wesentlich einfachere Form entdeckt, indem er ihre Bettachtung von der Sonne statt von der Erde vorschrieb; die von dem neuen Standpunkte aus nach den beobachteten Orten des Planeten gezogenen Visierlinien fielen in eine Ebene, die den Fixsternhimmel in einem Kreise schneiden musste. Die wahre Bahnebene im Raum konnte sich aber erst durch die Ermittlung der Länge des von der Sonne nach jedem Planetenort gezogenen Leitstrahls ergeben. Diese musste wie die Entfernung eines unzugänglichen Punktes auf der Erde trigonometrisch durch Messung einer Basislinie und zweier Winkel ermittelt werden. Die Schwierigkeit, die dabei aus der eigenen Bewegung des Mars erwächst, vermied Kepler dadurch, dass er zwei Beobachtungen des Planeten an derselben Stelle des Fixsternhimmels, die also um eine oder mehrere ganze siderische Umlaufszeiten des Mars voneinander abstanden, den Rechnungen zugrunde legte. Die Erde musste bei der zweiten Beobachtung einen anderen Ort im Raum erreicht haben als bei der ersten, da die Umlaufszeiten der beiden Himmelskörper keinen gemeinsamen Teiler besitzen. Die Sehne der von ihr zwischen beiden Beobachtungen durchlaufenen Bahn bildete die Grundlinie des Maßdreiecks. Diese Sehne war weiter durch den Radiusvektor der Erdbahn auszudrücken. Hier sah sich also Kepler wieder auf eine genaue Untersuchung der Erdbahn hingewiesen. Glücklicherweise ist die Abweichung der Form dieser Bahn vom Kreise so gering, dass sie innerhalb der Genauigkeitsgrenzen der tychonischen Beobachtungen nicht in Betracht kommt. Kepler hielt also mit Recht für die Erde die Kreisbahn fest. Aber er verwarf aus physikalischen Gründen die bisherige Annahme, dass die Erde in gleichen Zeiten gleiche Winkel um den Mittelpunkt ihres Kreises beschreibe. Da nämlich die Sonne, von der die Kraft zu dieser Bewegung nach Keplers Überzeugung herstammt, nicht in jenem Mittelpunkt steht, ist ihre Wirkung auf die Erde in den größeren Entfernungen (im Aphel) eine geringere als in den kleineren (im Perihel); die Erde muss also in derselben Zeit im Aphel kleinere Bogen zurücklegen als im Perihel. Gleichförmig kann die Bewegung der Erde nur von einem Punkte (*punctum aequans*) aus erscheinen, der exzentrisch nach dem Aphel zu liegt, und zwar genauer auf der Verbindungslinie von Mittelpunkt und Sonne ebenso weit vom Mittelpunkt entfernt wie die Sonne. Ein *punctum aequans* oder *aequalitatis* hatte Ptolemäus für die Bahnen aller fünf Planeten angenommen, Kopernikus verworfen; Kepler führte es als geometrisches Hilfsmittel für die Beschreibung der Erdbewegung ein. Die gründliche Prüfung der aus dieser Annahme

66

fließenden Folgerungen an der Erfahrung fand schönen Lohn in der Entdeckung des ersten Gesetzes zunächst in der Form, „dass die Geschwindigkeit des Planeten im umgekehrten Verhältnis zur Entfernung desselben von der Sonne steht". Äußerlich angesehen ist dieser Satz falsch, die Geschwindigkeit ist vielmehr dem Lote von der Sonne auf die durch den augenblicklichen Ort des Planeten gelegte Bahntangente umgekehrt proportional. Jenes Lot fällt mit dem Radiusvektor nur im Perihel und Aphel zusammen. Kepler hatte seinen Satz in der Tat auch lediglich für diese Punkte begründet und durch eine hier unzulässige Analogie auf die übrigen Bahnpunkte ausgedehnt. Aber man muss den Keplerschen Satz nicht auf seine Form, sondern auf seinen Inhalt hin betrachten, wie aus den weiteren Ausführungen hervorgeht. Zunächst lässt er sich nämlich so fassen: „Der Aufenthalt (mora)" des Planeten in jedem Punkte seiner Bahn ist dem zugehörigen Radiusvektor direkt proportional. Hieraus schließt Kepler: Die Summe der Aufenthalte in einer Anzahl aufeinanderfolgender Bahnpunkte ist der Summe der zu diesen Punkten gehörigen Leitstrahlen proportional. Jene Summe ist die Zeit, die zum Durchlaufen irgendeines Bahnstückes erforderlich ist, diese die vom Radiusvektor dabei durchstrichene Fläche. Heutzutage weiß jeder Gymnasiast der Oberstufe, dass eine Linie nicht eine Summe von Punkten und eine Fläche nicht eine Summe von Linien ist. Punkt bedeutet aber hier für Kepler offenbar so viel wie Linienelement und Linie so viel wie Flächenelement, und der „Aufenthalt" ist das Zeitelement. In die Sprache der Infinitesimalrechnung übersetzt, stellt das zuerst angeführte Gesetz eine Differenzialgleichung vor, die durch die soeben mitgeteilte Überlegung integriert wird. „Während Kepler also die ganz richtige Anschauung der Sache besaß, fehlten ihm noch der Begriff und die Definition" (Göbel). Formal angesehen ist seine Sprache ein Stammeln, aber schließlich entringt sich ihm klar und deutlich das unvergängliche erste Keplersche Gesetz, das jetzt gewöhnlich als das zweite bezeichnet wird: *„Der von der Sonne nach einem Planeten gezogene Leitstrahl durchstreicht in gleichen Zeiten gleiche Flächen."*

Das Gesetz der Bewegung des Mars in seiner Bahn war nun bekannt; welches aber ist die Form dieser Bahn? Mit bemerkenswerter Zähigkeit hielt Kepler zunächst an der Kreisgestalt fest. Er wählte aus dem Material des Tycho vier Beobachtungen des Mars in der Opposition (Stellung: Sonne, Erde, Mars in gerader Linie) aus, wo also die von Sonne und Erde nach ihm gezogenen Gesichtslinien zusammenfielen, und betrachtete diese vier Marsörter als Ecken eines Sehnenvierecks. Es handelte sich nun darum, durch fortgesetztes Probieren die Lage der Apsidenlinie in der so festgelegten Kreisbahn zu ermitteln; jede falsche Annahme in dieser Hinsicht musste sich durch Nichtübereinstimmung der Beobachtungen mit der nach der Annahme vorausberechneten Länge des Mars verraten.

Erst nach mindestens 70 Versuchen, deren rechnerische Durchführung einen Zeitraum von fünf Jahren erforderte, gelangte Kepler in seiner sogenannten stellvertretenden Hypothese (*hypothesis vicaria*) zu einem Ergebnis, das zunächst den Durchgang der Apsidenlinie der Marsbahn durch die Sonne außer Zweifel stellte. Die in dieser Hypothese enthaltene Vorstellung vom Vorhandensein eines Punktes, um den sich der Mars gleichmäßig bewege (*punctum aequans*), erwies sich aber als durchaus unhaltbar. Berechnete man nämlich unter dieser Voraussetzung die Marsörter in den Oppositionen, so zeigte sich für die 90° von der Apsidenlinie entfernten Örter eine hinreichende Übereinstimmung zwischen Beobachtung und Rechnungsergebnissen; „aber 45° von der Apsidenlinie stieg der Unterschied auf 8 Minuten". Zu des Kopernikus Zeiten hätte man sich hierbei beruhigt, aber nach Tychos Arbeiten war das nicht mehr angängig. Diese 8 Minuten allein eröffneten den Weg zur Erneuerung der ganzen Astronomie. Nur eine zur Apsidenlinie symmetrische Bewegung des Mars ließ sich tatsächlich aufzeigen. Durch diese Ergebnisse aber war die Überzeugung von der Kreisbahn erschüttert. Sie musste aufgegeben werden, als in der früher angedeuteten Weise verschiedene Entfernungen des Mars von der Sonne durch den Erdradius gemessen wurden. Denn drei beliebig ausgewählte Messungen hätten die Elemente eines Kreises, der ja durch drei Punkte gegeben ist, vollständig und eindeutig bestimmen müssen; im Widerspruch hiermit ergaben sich aber aus anderen Messungen andere Größen der Elemente; die Bahn konnte also kein Kreis sein. Die in ihrem weiteren Gang von uns bereits skizzierte Analyse führte endlich auf das zweite Keplersche Gesetz, das aus systematischen Gründen an erster Stelle genannt zu werden pflegt: *Die Figur der Marsbahn (und weiterhin aller Planeten) ist eine Ellipse, in deren einem Brennpunkt die Sonne steht.*

Mit berechtigtem Stolz hat Kepler im Titel seiner Untersuchungen über den Mars die Bezeichnung: „eine hypothesenfreie Astronomie oder Physik des Himmels" gebraucht. Sein Genie und sein Fleiß hatten in der Tat ganz neue Grundlagen der astronomischen Forschung gefunden; nicht mehr willkürliche Annahmen, sondern durch eine umfassende Induktion gefundene, nicht abstrakt geometrische Formen, sondern Naturgesetze regelten fortan den Planetenlauf, die Physik des Himmels hatte das Licht der Welt erblickt. Die gleichförmige Kreisbewegung mochte als unmittelbarer Ausdruck und Ausfluss göttlichen Wesens einer weiteren Erklärung nicht bedürftig sein, für die elliptische Bahn mussten natürliche Ursachen gesucht werden, an die Stelle der zerstörten festen Sphären traten Naturkräfte. Die Ansichten Keplers über diese Kräfte sind freilich noch ein gärendes Gemisch altüberlieferter und neu sich emporringender Vorstellungen. In der Sonne sitzt eine *anima motrix*, eine bewegende Seele, die in den Verlängerungen der Radien der Äquatorebene nach allen Seiten hin ihre Kraft ausstrahlt. Da die Sonne sich um eine durch ihren Mittelpunkt gehende Achse dreht, wie in der Tat ein Jahr nach dem Erscheinen des Kommentars über den Mars durch die Beobachtungen von Galilei und Johann Fabricius an Sonnenflecken nachgewiesen wurde, reißen ihre Kraftstrahlen die Planeten im Wirbeltanz mit sich herum, die näheren schneller, die entfernteren langsamer, alle geschwinder im Perihel als im Aphel, alle aber in längerer Zeit als in der Umdrehungsdauer des Zentralgestirns sowohl wegen ihrer Entfernung als auch wegen ihres Trägheitswiderstandes. Dass nämlich die Planeten nicht in den Himmelsraum hineinstürzen, ist eine Folge ihrer Trägheit, ihrer Geneigtheit zur Ruhe, vermöge deren sie diesen Zustand nur gezwungen verlassen, eine Erklärung, in der man freilich gerade den wichtigsten Teil des Beharrungsgesetzes noch vermisst. merkwürdig ist Keplers Irrtum, dass die von der Sonne ausgehende Kraft im einfachen Verhältnis der Entfernung von ihrem Ursprung abnehme, eine Folge der Vorstellung, dass jene Emanation nur in der Äquatorebene, nicht räumlich, sondern linear erfolge. Von einer Vorahnung des Newtonschen Gravitationsgesetzes ist in dieser ganzen Idee keine Spur zu finden; Keplers Kraftstrahlen lassen sich mit den Speichen eines Rades vergleichen, die irgendwelche Körper mit sich herumführen, es handelt sich um keine zentripetale, sondern um eine tangentiale Wirkung. Dass die Planeten nicht Kreise, sondern Ellipsen beschreiben, erklärt Kepler durch eine in jedem Planeten befindliche Magnetachse, die dauernd nach derselben Himmelsgegend gerichtet ist und deren einer Pol von der Sonne angezogen, deren andrer von ihr abgestoßen wird; im Perihel ist der Sonne der befreundete Pol, im Aphel der feindliche zugekehrt. Die Verschiedenheit der Exzentrizitäten der Planetenbahnen ist auf Unterschiede in der Magnetisierungsstärke der zugehörigen Magnetachsen begründet und hat zum Zweck die Harmonie.

Kepler kehrt hier wieder zu seiner Lieblingsidee zurück, deren Durchführung aufgrund der nunmehr erledigten Vorarbeiten im letzten astronomischen Hauptwerk, der *Harmonice mundi* zum Abschluss gebracht wird. An dem Aufbau des Planetensystems unter Zugrundelegung der fünf regulären Körper hält er fest. Da aber die nunmehr errechneten genauen Entfernungen der Planeten von der Sonne nur eine angenäherte Verwirklichung jenes Urtypus erkennen lassen und obendrein die Bewegungen der Planeten einen mehrfachen Wechsel in der Größe des Abstandes von je zwei Nachbarplaneten hervorbringen, sucht Kepler in den Elementen und Gesetzen dieser Bewegungen das zweite den Weltenbau schöpferisch bestimmende Prinzip, die Harmonie im strengen Sinne des Wortes. Dabei kommt er auf die Untersuchung des Zusammenhanges der mittleren Entfernungen mit den mittleren Bewegungen der Planeten, und hier enthüllt sich ihm das dritte Gesetz, das er selbst im 3. Kapitel des 5.

Buches so ausspricht: „Es ist völlig gewiss, dass das Verhältnis von den periodischen Umlaufszeiten je zweier Planeten genau das anderthalbe von dem Verhältnis der mittleren Distanzen, d. h. der Planetensphären selbst ist. Die Umlaufszeit der Erde z. B. beträgt ein Jahr und die des Saturns 30 Jahre. Wenn man aber die Kubikwurzel von der Zahl 30 nimmt und diese aufs Quadrat erhebt, so findet man genau das Verhältnis der mittleren Distanz der Erde und des Saturn von der Sonne. Denn das Quadrat der Kubikwurzel von 1 ist 1; die Kubikwurzel von 30 aber ist etwas größer als 3, und daher das Quadrat dieser Kubikwurzel auch etwas größer als 9. Saturns mittlere Distanz von der Sonne aber ist ebenfalls nur etwas größer, als neunmal die Distanz der Erde von der Sonne" (nach Apelt). Wir können mithilfe der Potenzexponenten kürzer sagen: „Die Quadrate der Umlaufszeiten zweier Planeten verhalten sich zueinander wie die Kuben ihrer mittleren Entfernungen vom Zentralkörper." Dieser Satz sollte bald aus der „Harmonie der Welt", wo ihn eine dichte Hecke mystischer, wenn auch geistvoller und tiefsinniger Spekulationen umwucherte, befreit und in das Licht der modernen Mechanik gestellt, sich als Keim des das Universum umspannenden newtonschen Attraktionsgesetzes erweisen.

Für Kepler selbst hatten seine drei Gesetze neben ihrer idealen Bedeutung auch einen rein praktischen Wert, sofern sie ihn in den Stand setzten, die zu Ehren seines kaiserlichen Schutzherrn Rudolf II. als Rudolfinische bezeichneten Tafeln zu vollenden. Wie bis dahin von den praktischen Astronomen mit den Prutenischen Tafeln gerechnet wurde, ohne dass sie sich alle zu den Grundlehren des Kopernikus bekannten, so nahmen sie nun für ein Jahrhundert die Rudolfinischen in Gebrauch, ohne dass sich hieraus auf eine schnelle und weite Verbreitung von Keplers wissenschaftlichen Entdeckungen schließen ließe. In dem Dialog über die Weltsysteme, der 23 Jahre später als der Kommentar über den Mars erschien, äußert sich selbst Galilei so, als wenn Kepler sein Werk gar nicht verfasst hätte; er sagt: „Wie nun aber jeder Planet bei seinem besonderen Umlauf sich verhält und welche genaue Beschaffenheit seine Bahn aufweist — Probleme, die gewöhnlich als die Theorie des betreffenden Planeten bezeichnet werden, das mit Bestimmtheit zu entscheiden, vermögen wir noch nicht. Als Zeugnis dessen mag der Mars angeführt werden, der heutzutage den Astronomen so viel Mühe verursacht." Das von Kepler mit wunderbarer Genialität und unendlichem Fleiß gehandhabte induktive Verfahren wurde ihm sogar gelegentlich als Fehler angerechnet; Riccioli tadelt in seinem *almagestum novum*, dass Kepler die Lehre von der elliptischen Bewegung a posteriori, also durch Erfahrung begründet habe, und nennt die Keplerschen Gesetze Hypothesen! Wenn Kepler zweifellos schon bei Lebzeiten ein berühmter Mann war, so ist dieser Ruhm jedenfalls nur zum geringsten Teil aus dem Verständnisse seiner dauernd wertvollen wissenschaftlichen Leistungen —

von den Rudolfinischen Tafeln abgesehen — entsprungen, vielmehr wohl
auf das astronomische Erstlingswerk und die durch glückliche Voraussagen
aus den Stellungen der Gestirne, also durch astrologische Betätigung
gewonnene Gunst hoher Gönner zurückzuführen.

Wir werden als nächstes Ergebnis der astronomischen Arbeiten Keplers
die endgültige Sicherung des kopernikanischen Systems festzustellen haben.
Aus den Grundgedanken dieses Systems heraus hatte er in steter, enger
Fühlung mit der Beobachtung die wahre Bahnform und die Art der
Bewegung in ihr ermittelt. Die Einfachheit der Ergebnisse und die
Zuverlässigkeit der auf sie gestützten Vorausberechnungen bezeugten
sieghaft die. Richtigkeit des Ausgangspunktes. Sie selbst aber wurden
wieder die Keime weiteren Fortschrittes, einer noch strafferen gedanklichen
Zusammenfassung des Geschehens, des Verständnisses der Architektonik
des Weltganzen aus einer einzigen Idee. Dieser Fortschritt selbst freilich
war nur durch eine weise Selbstbeschränkung der Naturwissenschaft
möglich. Sie begnügte sich fortan damit, die Form des Geschehens zu
finden und zu ergründen, aus dem Werden das Gewordene zu begreifen,
soweit es eben durch das Werden bedingt ist. Aber das eigentlich Seiende
nimmt sie dankbar und bescheiden aus der Hand des Schöpfers entgegen,
sie sucht es wohl als konkrete Zahl zu erfassen, aber sie verzichtet darauf,
es selbst in der Weise der Pythagoräer und Platos aus abstrakten
arithmetischen und geometrischen Beziehungen abzuleiten. Kepler, der
Mitbegründer der modernen Naturwissenschaft, war zugleich der letzte
Pythagoräer.

Christiaan Huygens

V. Christiaan Huygens

Christiaan Huygens steht in seinem Leben und in seinen Werken in einem ganz eigenartigen Parallelismus und gleichzeitigem Gegensatz zu seinem großen Zeitgenossen Isaac Newton. Beide haben auf den gleichen Gebieten, Mechanik, Mathematik, Optik gearbeitet, und jeder hat in ihnen Fundamentales geschaffen, aber beide gehen dabei von ganz verschiedenen Standpunkten aus und kommen zu zum Teil entgegengesetzten, einander ausschließenden Resultaten. Huygens schreibt in einer anmutigen, offenen, nichts verschweigenden Weise, gibt alle seine Gedanken dem Leser kund. Newton sucht möglichst die Wege zu verbergen, auf denen er seine Resultate erlangt hat, indem er sie nur in möglichst knapper und konziser, fest gefügter Form mitteilt. Damit steht in engem Zusammenhang, dass Huygens in oft freimütiger Art seine Funde preisgibt, wenig auf seine Prioritäten Wert legt, während Newton eifersüchtig seine Prioritätsrechte wahrt und erbitterte Streite darin geführt hat, auch in Fällen, wo es zum mindesten recht fraglich ist, ob er im Recht war oder nicht.

Zu Lebzeiten beider Männer galt es als durchaus ausgemachte Tatsache, dass Newton bei Weitem der bedeutendere sei. Und dieses Urteil blieb noch lange so bestehen. Langsam, aber deutlich sichtbar wandelt sich dieses Verhältnis der Wertschätzungen. Immer mehr heben sich die Verdienste Huygens' hervor, er scheint uns heute in seiner wissenschaftlichen Bedeutung Newton ebenbürtig zu sein. Die Holländer dürfen stolz auf diesen ihren Landsmann sein. Huygens' äußerer Lebensgang ist in kurzen Zügen der folgende:

Schon Huygens' Vater, der Geheimschreiber bei dem Prinzen von Oranien war, zeigte hervorragende Begabungen. Besonders werden der Umfang seines Wissens und die Weite seiner Interessen gerühmt, die sich auf alle Gebiete menschlicher Tätigkeit erstreckte. Vor allem hat er sich in der Literatur hervorgetan. Ihm wurde im Haag am 14. April 1629 ein Sohn Christiaan geboren, der der Stolz seines Vaterlandes werden sollte. Zusammen mit seinem älteren Bruder Konstantin wurde Christiaan von seinem Vater in den Anfangsgründen des Wissens unterrichtet. Er zeigte bald eine auffallende Begabung für Mathematik. Er hatte das Glück, auf der Universität Leiden, die er, 16 Jahre alt, bezog, um Jura zu studieren, in seinem Lieblingsfach, der Mathematik, einen vortrefflichen Lehrer zu finden, van Schooten, der sofort die Fähigkeit seines Schülers erkannte und ihn auf jede Weise förderte, z. B. Descartes auf das junge Genie aufmerksam machte. Lehrer und Schüler kamen in ein enges Freundschaftsverhältnis, das auch nach Ablauf der Studienzeit des jungen Huygens bestehen blieb. Van Schooten verfolgte stets mit heimlicher Freude den wachsenden Ruhm seines Schülers. Nach zweijährigem Aufenthalt in Leiden setzte Huygens seine juristischen Studien in Breda fort. Es folgten, der Sitte der Zeit entsprechend, längere Reisen nach Dänemark, Frankreich und England. 1665 erlangte er durch den steigenden Ruhm, den ihm seine mannigfachen Schriften und Entdeckungen eintrugen, eine seiner Bedeutung entsprechende Stellung. Er wurde von Colbert, dem Minister Ludwigs XIV., nach Paris berufen als Mitglied der eben begründeten französischen Akademie der Wissenschaften. Es war eine äußerst ehrenvolle mit einem großen Gehalt und freier Wohnung verbundene Stellung. Ganz der Wissenschaft lebend, brachte er hier 15 arbeitsvolle, aber auch in hohem Maße erfolgreiche Jahre zu, bis er 1681 nach der Aufhebung des Edikts von Nantes in seine Vaterstadt zurückkehrte, um sie, abgesehen von einigen Reisen, nicht wieder zu verlassen. Unablässig war er auch hier wissenschaftlich tätig, bis ihn der Tod am 8. Juni 1685 ereilte und das stille nur der Wissenschaft gewidmete Leben beendete.

Zwei Gebiete sind es vor allem, auf denen Huygens Großes und Unvergängliches geleistet hat: Die Mechanik und die Optik. In beiden hat er fundamental neue originelle Gedanken entwickelt, und zwar in einer Form, in der sie noch heute zum großen Teil mustergültig sind und gelehrt werden.

Seine Arbeiten über Fragen der Mechanik ziehen sich über sein ganzes Leben hin. Wir wollen sie des Zusammenhanges wegen gemeinsam betrachten. Die wesentliche Natur der von Huygens in der Mechanik erreichten Fortschritte über das von Galilei Erreichte hinaus, ist wohl am besten von E. Mach in seinem vortrefflichen Buch: *„Die Mechanik in ihrer Entwicklung"* dargestellt worden und seine Erörterungen liegen auch den folgenden Zellen vielfach zugrunde.

Die Höhepunkte seiner Leistungen auf diesem Gebiet sind unstreitig seine Aufstellung des Gesetzes für die Zentrifugalkraft und der Lehre vom Schwingungsmittelpunkt in sogenannten physischen Pendeln, d. h. Körpern, die nicht wie das bis dahin allein betrachtete mathematische Pendel einen einzigen Massenpunkt enthalten, sondern wie es ja der wirklichen Natur allein entspricht, aus sehr vielen Massenpunkten zusammengesetzt sind, die miteinander starr verbunden sind und sich um einen Aufhängepunkt drehen. In beiden Problemen knüpft er an Galilei unmittelbar an.

Das Trägheitsgesetz, wie es von Galilei zwar nicht direkt ausgesprochen wurde, aber in seinen Schriften so vorbereitet lag, dass es ihnen ohne Mühe entnommen werden konnte, sagte aus, dass ein Massenpunkt, wenn er allen äußeren Einwirkungen entzogen wird, sich mit gleichförmiger Geschwindigkeit in gerader Bahn in der ursprünglichen Richtung weiterbewegt. Es war damit ein großer Fortschritt gegen die Überlieferung,

74

gegen die Lehre des Aristoteles, gewonnen. Hiernach sollte die Bahn, die ein sich selbst überlassener Körper beschreibt, nicht die gerade Linie, sondern eine Kreisbahn sein. Dass dieses die natürlichste Bewegung eines Körpers sein sollte, entnahm man der kreisförmigen Bewegung der Sonne um die Erde. Es gehörte die ganze geistige Kraft eines Galileis dazu, sich von dieser Anschauung freizumachen und eine gänzlich andere an die Stelle zu setzen. Nach den von Galilei geschaffenen Vorstellungen muss in dem Fall, dass ein Punkt eine Kreisbahn beschreibt, die also eine fortwährende Abweichung von der geradlinigen Bewegung bedeutet, auch fortwährend eine Beschleunigung vorhanden sein, die es bedingt, dass der Punkt von der geradlinigen Bahn abweicht, die ihn an und für sich ja fortwährend von dem Mittelpunkt des Kreises entfernen würde. Diese Beschleunigung muss offenbar nach jenem Mittelpunkt hin gerichtet sein. Indem man diese Beschleunigung nach Galilei als Ausfluss einer Kraft ansieht, kann man also sagen, dass vom Mittelpunkt aus fortwährend eine Kraft auf den betrachteten Punkt ausgehen muss, die ihm eine ständig nach dem Mittelpunkt hin gerichtete Beschleunigung erteilt, also, wie man kurz sagt, eine Zentripetalkraft. Es handelt sich nun darum, die Größe dieser Zentripetalkraft durch die gegebenen Elemente der Kreisbahn auszudrücken, nämlich der konstanten Geschwindigkeit, mit der sich der Punkt aus der Kreisperipherie bewegen soll, und den Radius des Kreises, oder auch, was auf dasselbe hinauskommt, durch den Radius und die Dauer eines vollen Umlaufes. Diese Aufgabe löste Huygens. Er fand, dass ein Punkt von der Masse m sich mit konstanter Geschwindigkeit v auf einem Kreis vom Radius r bewegt, wenn auf ihn eine stets nach dem Mittelpunkt gerichtete Kraft von der Größe $m \cdot v^2/r$ wirkt. Zu dem Begriff einer Zentrifugalkraft, die also vom Mittelpunkt fort gerichtet ist, gelangt man etwa auf folgende Weise. Denken wir uns einen Stein, der an einem Ende einer Kautschukschnur befestigt ist, deren anderes Ende befestigt ist, etwa mit der Hand gehalten wird. Nun werde plötzlich der Stein in eine Geschwindigkeit versetzt, die die Richtung der Tangente hat, die man in ihm an den Kreis vom Radius gleich der Länge des Fadens ziehen kann. Wäre gar keine Verbindung mit dem Mittelpunkt vorhanden, so würde er nach dem Trägheitsgesetz einfach mit der konstanten ihm erteilten Geschwindigkeit sich in Richtung der Tangente weiterbewegen, also vom Mittelpunkt entfernen. Die Entfernung vom Mittelpunkt würde sich also ständig vergrößern, und zwar wie leicht zu berechnen, nicht proportional der Zeit, sondern beschleunigt. Es würde mithin ein im Mittelpunkt stehender Beobachter, der nichts von der durch Drehung erteilten Tangentialgeschwindigkeit weiß, in dieser Tatsache, dass sich der Abstand vom Mittelpunkt ständig in beschleunigtem Maße vergrößert, den Einfluss einer diese Beschleunigung bewirkenden, ständig vom Mittelpunkt fortwirkenden Kraft erblicken, also eine Zentrifugalkraft. Wie man sieht, ist es nur eine scheinbare Kraft, in Wirklichkeit nur eine Äußerung des Trägheitsgesetzes.

Ist nun aber, wie angenommen sei, der Punk, hier als Stein gedacht, an den Mittelpunkt durch eine dehnbare Schnur gebunden, so wird sich diese scheinbare Zentrifugalkraft darin äußern, dass sie den Faden dehnt; es entsteht hierdurch eine elastische Gegenkraft, die den Stein zurück nach dem Mittelpunkt zieht, eine Zentripetalkraft. Nach dem Gesetz von Wirkung und Gegenwirkung sind Zentripetalkraft und Zentrifugalkraft einander stets gleich und entgegengesetzt. Der Faden wird also mit einer bestimmten Kraft gespannt. Man könnte ihm, auch ohne dass eine drehende Bewegung stattfindet, dieselbe Spannung erteilen. Man müsste aber dann eine der Zentrifugalkraft gleiche spannende Kraft auf andere Weise, etwa durch ein am Ende angehängtes Gewicht, auf den Faden wirken lassen. Man kann also auch von der drehenden Bewegung selbst absehen und ihre Wirkung durch die fingierte Zentrifugalkraft ersetzen.

Man sieht mit Recht die unstreitige begriffliche Schwierigkeit, die hier vorliegt, und Anfängern gelegentlich Mühe macht, darin, dass es zunächst etwas Paradoxes hat, dass eine fortwährend gegen das Zentrum gerichtete Beschleunigung doch keine wirkliche Annäherung an den Mittelpunkt herbeiführt und dass die Geschwindigkeit konstant bleibt.

Umso höher müssen wir die Leistung Huygens' schätzen, der solche begrifflichen Schwierigkeiten überwand.

Auf den von Huygens angegebenen Ausdruck für die Größe der Zentrifugalkraft stützte sich dann Newton bald darauf bei seiner Erweiterung der Gravitation von der Oberfläche der Erde in den Weltraum hinaus. Der Mond beschreibt ja ebenfalls eine Kreis-bahn um die hierbei als feststehend zu denkende Erde. Es muss also eine nach dem Erdmittelpunkt gerichtete Zentripetalbeschleunigung vorhanden sein, die immer wieder die gleichförmige Geschwindigkeit des Mondes auf seiner Kreisbahn um die Erde aufrechterhält. Newtons Hypothese ging dahin, dass diese Kraft gegeben sei als Folge derselben Anziehung, die die Erde an ihrer Oberfläche ausübt. Newton zeigte, dass tatsächlich Übereinstimmung mit der Erfahrung besteht, wenn man die Annahme macht, dass die Gravitation umgekehrt proportional dem Quadrat der Entfernung wirkt. Um aber die Rechnung durchführen zu können, musste der Ausdruck für die Zentrifugalkraft bekannt sein.

Vielleicht noch genialer als in der Aufstellung des Ausdruckes für die Zentrifugalkraft zeigt sich Huygens bei der Ableitung der Gesetze des physischen aus Massenpunkten zusammengesetzten Pendels, indem er hierbei ein neues Naturgesetz aufstellt und zu Hilfe zieht, das nichts anderes besagt, als die Unmöglichkeit des Perpetuum mobile. Es gelang ihm so die Lösung des Problems, an dem sich schon viele Mathematiker vergebens bemüht hatten.

Der Gedankengang, der ihn zur Lösung führte, ist etwa folgender. Denken wir uns ein vertikal herabhängendes Brett; durch ein Loch desselben ist ein Stift horizontal gesteckt, der die Drehachse darstellt. Die Massenpunkte des Brettes sind alle starr miteinander verbunden. Denken wir sie uns nun aber alle aus ihm voneinander gelöst und nur noch mit dem Aufhängepunkt fest verbunden, so löst sich das ganze physische Pendel auf in eine große Menge von einzelnen mathematischen Pendeln, die unabhängig voneinander schwingen, und deren Schwingungsgesetze als bekannt angenommen werden können. Je nach dem Abstand des Punktes vom Drehpunkt werden die Punkte eine verschiedene Schwingungsdauer haben. Es ist nun von vornherein klar, dass die Schwingungsdauer des physischen Pendels, das aus den vorigen mathematischen entsteht, wenn ich wieder alle Punkte in ihren starren Zusammenhang bringe, irgendeinen mittleren Wert hat zwischen jenen der einzelnen mathematischen Pendel. Es muss in dem physischen Pendel einen bestimmten Punkt geben, der als mathematisches Pendel eine ebenso große Schwingungsdauer hat, wie das wirkliche zusammengesetzte Physische Pendel. Dieser Punkt heißt Schwingungsmittelpunkt. Kann man aus den anderen Abmessungen des physischen Pendels diesen Schwingungsmittelpunkt angeben, so ist damit auch die Frage nach der Schwingungsdauer des physischen Pendels gelöst.

Dieses Problem bezwang zuerst Huygens. Es gelang ihm durch Aufstellung eines von ihm als selbstverständlich nicht weiter begründeten Prinzips, welches besagt, dass, wie auch die Massen des Pendels ihre gegenseitigen Bewegungen ändern Mögen, immer die bei der Abwärtsbewegung des Pendels entstehenden Geschwindigkeiten solche sind, dass beim Aufwärtssteigen der Schwerpunkt genau ebenso hoch steigt, als er zu Anfang gewesen war, mögen nun die Massenpunkte des Pendels dabei starr verbunden bleiben, oder plötzlich voneinander gelöst werden, sodass eine Auftrennung in lauter einzelne mathematische Pendel erfolgt.

Zur Erläuterung fügt er hinzu: „Um jeden Skrupel zu entfernen, will ich zeigen, dass das nichts anderes besagen will, als dass, was wohl niemand je leugnen wird, kein Körper von selbst sich aufwärts bewegt."

Man könnte nämlich, wenn wirklich der Schwerpunkt nach Auflösung des Zusammenhanges der Massen höher stieg, als er gesunken ist, schwere Körper durch ihr eigenes Gewicht durch Wiederholung des Prozesses beliebig hochheben. Käme aber der Schwerpunkt niedriger, so könnte man dasselbe durch den um-gekehrten Prozess erreichen.

Und schließlich fügt Huygens noch hinzu, dass sich dieses Prinzip auch noch auf fast alle andern mechanischen Theorien anwenden ließe, und bricht dann mit dürren Worten den Stab über das Problem des Perpetuum mobile, einer Maschine, die Arbeit aus nichts erzeugen soll. „Verständen die Erbauer neuer Maschinen, die sich mit dem Perpetuum mobile abplagen, dieses Prinzip anzuwenden, so würden sie wohl die Unsinnigkeit ihres Bemühens einsehen und erkennen, dass eine solche Maschine schlechterdings unmöglich ist."

E. Mach bemerkt mit Recht, diese Hypothese bringe eigentlich nur etwas, was schon jeder instinktiv gefühlt habe, aber das große Verdienst Huygens' bestehe eben darin, diese instinktive Erkenntnis begrifflich verwertet zu haben. Übrigens haben wir schon bei Galilei bei Gelegenheit des mathematischen Pendels eine ganz analoge Überlegung gefunden.

Wie Huygens nun aufgrund seiner Hypothese den Schwingungsmittelpunkt findet, kann hier nicht ausgeführt werden.

Dasselbe Prinzip benutzt Huygens auch bei der Ableitung der Gesetze des vollkommen elastischen Stoßes.

Fast gleichzeitig ist die Ableitung der Stoßgesetze von drei Forschern in Angriff genommen worden; 1668 gab Wallis die Gesetze des unelastischen, Wren die Gesetze des elastischen Stoßes an. Im folgenden Jahr erschien Huygens' erste kurze Mitteilung der Stoßgesetze ohne Beweise. Diese sind erst in einer nach seinem Tode, 1703, erschienenen Abhandlung enthalten. Von diesen drei Abhandlungen ist diejenige von Huygens unstreitig die bedeutendste. Die Formeln Wrens sind zwar richtig, aber mehr erraten als bewiesen. Huygens leitet die Gesetze des vollkommen elastischen Stoßes mit großer Eleganz ab, indem er von zwei neuen Grundsätzen ausgeht. Der erste ist die Annahme, dass für die Stoßgesetze nur die relative Bewegung der beiden Körper gegeneinander maßgebend ist, der zweite ist eben das auch schon bei der Herleitung der Schwingungsdauer des physischen Pendels benutzte Prinzip, dass ein System von Massen, das der Schwere unterworfen ist, nicht von selbst seinen Schwerpunkt höher legen kann. Es kommt dieses hier im Wesentlichen auf das Gesetz von der Erhaltung der Energie hinaus. Implizite ist in jener Abhandlung auch das heute als Prinzip der Erhaltung der Bewegungsgröße bezeichnete Gesetz enthalten. Es ist diese Ableitung der Stoßgesetze eines der schönsten und instruktivsten elementaren Beispiele dafür, wie man mit Hilfe allgemeiner Prinzipien der Mechanik den Effekt von Vorgängen zu berechnen imstande ist, deren Einzelheiten außerordentlich kompliziert und einer mathematischen Analyse schwer zugängig sind, wie es ja gerade beim Stoß der Fall ist.

Die Diskussion der Formeln, zu denen er gelangt, führte ihn auch zu allgemein interessanten Folgerungen. So beweist er z. B., dass die Geschwindigkeit, die ein ruhender Körper durch den Stoß mit einem anderen mit bestimmter Geschwindigkeit erhält, größer ist, wenn dieser

Stoß durch Vermittlung eines Körpers von mittlerer Größe erfolgt, der zuerst von dem bewegten Körper gestoßen wird und dann aus den ruhenden stößt, als wenn der Stoß direkt erfolgt.

Haben die eben besprochenen Leistungen Huygens' für die Entwicklung der theoretischen Mechanik eine ganz besonders weitgehende Bedeutung, so hat eine andere Leistung auf dem Gebiete der Mechanik eine vornehmlich praktische Wichtigkeit erlangt, die seinen Namen schon zu seinen Lebzeiten in weiten Kreisen berühmt gemacht hat. Es sind dies die Verdienste, die er sich um die Verbesserung der Zeitmessung erworben hat.

Die Uhren, die man bis dahin hatte, sind die sogenannten „Waaguhren".

Die „Waag" ist ein um eine senkrechte Achse hin und her schwingender Stab. Die Achse trägt zwei Schaufeln, die in die Zähne des sogenannten „Kronrades" eingreifen, welches durch ein sinkendes Gewicht in Drehung versetzt wird. Durch die Verbindung vom Kronrad mit der Waag nebst deren Achse und Schaufeln wurde ein annähernd gleichmäßig gehender Gang dadurch erreicht, dass die Drehung des Kronrades immer nach gleichen kurzen Zeitintervallen beim jeweiligen Eingreifen der Schaufeln der hin- und hergehenden Waag gehemmt wird und von Neuem beginnt. Die ursprünglichen Ausführungen hatten den Fehler, dass die Waag nicht von selbst zurückschwingt, sondern immer erst durch den Gegenstoß an der anderen Schaufel zur Umkehr gebracht wird, was die Regelmäßigkeit des Ganges stark beeinträchtigt. Man brachte dämm verhältnismäßig früh eine auf die Waagachse wirkende Feder an, die ungespannt war, wenn die Achse ihre Normallage einnahm, dagegen bei Ausschlagen der Waag nach rechts oder links gespannt wurde und dadurch die Waag wieder in die Mittellage zurückzudrehen strebte.

Huygens hat sich nun in zweifacher Weise um die Verbesserung der Uhren Verdienste erworben. Das eine ist mehr technischer, nicht prinzipieller Art. Die eben erwähnte Feder bestand aus einer Schweinsborste, deren elastisches Verhalten stark von der Witterung, von Temperatur und Feuchtigkeit abhing, was den regelmäßigen Gang beeinträchtigte.

Huygens ersetzt sie durch eine diesem Nachteil nicht ausgesetzte Stahlspirale, ein Schritt, der zur Vollkommenheit der Uhren dieser Art, der „Spindeluhren" sehr wesentlich beitrug und namentlich auch deshalb wichtig war, weil diese Uhren im Gegensatz zu den „Pendeluhren", die eine unveränderliche Aufstellung verlangen, in jeder Lage gebraucht werden können, also im Schiffswesen die einzig brauchbare Form sind.

Die Erfindung dieser eben genannten „Pendeluhren" verdankt man nun ebenfalls Huygens. So gut die Waaguhren im Allgemeinen für die gewöhnlichen mäßigen Ansprüche des täglichen Lebens zu brauchen waren, so ließen sie doch an Präzision für wissenschaftliche Zwecke zu wünschen übrig.

Das beste Zeitmaß blieb das gewöhnliche einfache Pendel, das ja nach Galileis Beobachtung die Eigenschaft der Isochronität besitzt, d. h. in der Schwingungsdauer unabhängig von der Elongation ist. Bei astronomischen Messungen eines Zeitintervalls wurde daher öfters tatsächlich die Anzahl der in ihm erfolgenden Pendelschwingungen gezählt, natürlich ein äußerst mühsames Verfahren. Huygens' Verdienst ist es nun, in den Uhren die „Waag" durch das viel präziser wirkende Pendel zu ersetzen, und dadurch die Genauigkeit der Zeitmessung außerordentlich zu erhöhen. Das „Kronrad" der Waaguhr ist beibehalten; es treibt aber nicht die Waag an, sondern ein Zahnrad, dessen Achse durch Vermittlung einer die Pendelstange umfassenden Gabel das Pendel zum Weiterschwingen veranlasst. Infolge der Gleichmäßigkeit der Pendelschwingungen ist nun die Regelmäßigkeit des Ganges solcher Pendeluhren, die allerdings nur in fester Aufstellung gebraucht wecken können, eine vorzügliche.

In beiden Verbesserungen der Uhr hat Huygens übrigens schon Vorgänger gehabt. Es scheint ziemlich festzustehen, dass die Ersetzung der Schweinsborste in den Spindeluhren durch eine Stahlfeder bereits vor Huygens von Hooke angegeben ist. Die Erfindung der Pendeluhr ferner war bereits 15 Jahre, bevor Huygens seine Anordnung bekannt machte, im Jahr 1641 von dem greisen Galilei ein Jahr vor seinem Tode gemacht, sogar mit einer der heutigen Ausführung ähnlichen Form der Hemmung. Galilei konnte nicht mehr für die Ausbreitung seiner Erfindung sorgen, so dass sie in Vergessenheit geriet und von Huygens zum zweiten Male erfunden wurde.

Die Beschäftigung mit dem Uhrenwesen gab Huygens Anlass zur Berechnung der Kurve, die die Eigenschaft hat, dass ein längs zu ihr fallender Körper stets die gleiche Zeit braucht, um den tiefsten Punkt zu erreichen, von welchem Punkt der Kurve er auch zu fallen beginnt; man nennt diese Kurve die Tautochrone.

Huygens zeigte, dass diese Kurve eine sogenannte Zykloide ist, das ist diejenige Kurve, die z. B. ein Punkt eines rollenden Rades beschreibt. Galilei hatte geglaubt, dass der Kreis eine solche Kurve sei, dass also das Kreispendel die Bedingung des Tautochronismus vollständig exakt erfüllt. Dies war ein Irrtum.

Huygens tat aber noch mehr. Könnte man bewirken, dass der Endpunkt eines mathematischen Pendels wirklich sich stets auf einem Zykloidenbogen bewegt, so hätte man ja das gesuchte Ideal eines Pendels. Huygens zeigte nun, dass man dies erreichen kann, wenn man ein

80

Fadenpendel zwischen zwei sich berührenden Zylindern von zykloidischer Basis aushängt. Die Länge des Pendels muss der Hälfte eines Zykloidenteils gleich sein. In diesem Fall schwingt der Massenpunkt des Pendels, dessen Faden sich also dabei auf den Zykloiden abwickelt, wirklich, wie Huygens beweist, wieder auf einer der gegebenen kongruenten Zykloiden. Ein solches Pendel hat also immer dieselbe Schwingungsdauer, wie groß auch die Amplitude ist. Newton hat den Satz später noch dahin erweitert, dass die Zykloide auch noch den Tautochronismus beibehält, wenn sich der Bewegung ein Widerstand entgegenstellt, der der Geschwindigkeit direkt proportional ist. Die hierher gehörenden mathematischen Untersuchungen Huygens' zählen zu den schönsten, die er hinterlassen hat.

Wie Newton, so hat auch Huygens die Erkenntnis der Lichterscheinungen in weitestem Grad gefördert. Die „Abhandlung über das Licht" (1768) ist noch heute grundlegend für die klassische Theorie der in ihr behandelten Erscheinungen. Es wird in ihr zum ersten Male die Wellenlehre des Lichtes aufgestellt, begründet und ihre Anwendung auf verschiedene Probleme dargetan.

Bewusst stellt er seine Lehre der newtonschen Emissionstheorie des Lichtes entgegen, die annahm, die Lichtempfindung werde in uns dadurch erregt, dass von dem leuchtenden Körper kleine Partikelchen, die Lichtkörperchen, mit großer Geschwindigkeit ausfliegen, die in uns die Lichtempfindung hervorbringen, wenn sie das Auge treffen. Er sagt: „Wenn man die außerordentliche Geschwindigkeit, mit welcher das Licht sich nach allen Richtungen hin ausbreitet, beachtet und erwägt, dass, wenn es von verschiedenen, ja selbst von entgegengesetzten Stellen herkommt, die Strahlen sich einander durchdringen, ohne sich zu hindern, so begreift man wohl, dass wenn wir einen leuchtenden Gegenstand sehen, dies nicht durch die Übertragung einer Materie geschehen kann, die von diesem Objekt bis zu uns gelangt, wie etwa ein Geschoss oder ein Pfeil die Luft durchfliegt; denn dies widerstreitet doch zu sehr diesen beiden Eigenschaften des Lichtes und besonders der letzteren. Es muss sich demnach auf eine andere Weise ausbreiten, und gerade die Kenntnis, welche wir von der Fortpflanzung des Schalles in der Luft besitzen, kann uns dazu führen, sie zu verstehen".

In Analogie zum Schall, der ja schon als eine Wellenbewegung in der unsichtbaren und ungreifbaren Luft erkannt war, stellt er die Hypothese auf, dass auch das Licht in einer Wellenbewegung bestehe, die sich mit endlicher Geschwindigkeit von Ort zu Ort fortpflanzt. Nur kann der Stoff, in dem diese Wellenbewegung vor sich geht, nicht die gewöhnliche Materie sein, da das Licht auch durch den von Materie freien Raum sich fortpflanzt, namentlich also von der Sonne durch den leeren Weltraum zur Erde. Es muss ein anderes feineres Medium sein, der Äther. Vermöge seiner

Elastizität können in ihm Wellen entstehen und sich fortpflanzen, die das ausmachen, was wir Licht nennen.

Es folgt nun eine Darlegung eines überaus fruchtbaren Gedankens, der in dem heute nach ihm benannten Huygensschen Prinzip gipfelt. Huygens sucht nämlich genauer in den Mechanismus der Wellenbewegung einzudringen und eine Regel zu finden, nach der man sich leicht darüber orientieren kann, wie sich eine Welle weiter ausbreitet. Diese Regel, heute „das Huygenssche Prinzip" genannt, gründet Huygens auf die Erfahrungen und Gesetze, die an dem Stoß von Teilchen gewöhnlicher Körper gegeneinander gewonnen sind. Die Gültigkeit des Prinzips ist aber hiervon ziemlich unabhängig.

Denken wir uns etwa, um einen grobsinnlichen Vergleich anzuwenden, den ganzen Weltraum angefüllt mit kleinsten Ätherteilchen, die aber nicht frei sind, sondern von denen jedes mit allen seinen Nachbarteilchen durch elastische Fäden verknüpft ist. Gerät eines dieser Teilchen in eine schwingende, zitternde Bewegung, so wird diese Bewegung vermöge der elastischen Verbindung auch die Nachbarteilchen ergreifen und in Bewegung versetzen. Jedes der so in Bewegung begriffenen Teilchen kann nun ebenso betrachtet wecken wie das erste. Vermöge des elastischen Zusammenhanges mit seinen Nachbarn wird es ebenfalls diese in Bewegung versetzen, als neues selbstständiges Erregungszentrum einer Wellenbewegung tätig sein; und in dieser Weise ist die Überlegung fort-zusetzen. Es wird also jeder von einer Lichterschütterung getroffene Punkt Ausgangspunkt von neuen elementaren Lichtwellen. Ist die Fläche auf irgendeine Weise bekannt, bis zu der sich das Licht zu einer bestimmten Zeit fortgepflanzt hat, so hat man, um zu erfahren, wie sich die Welle weiterhin gestaltet, jeden der Punkte der ersten Fläche als Erschütterungszentrum einer für sich bestehenden Wellenerregung zu betrachten. Da in einem Medium, das nach allen Richtungen hin sich ganz gleichmäßig verhält, natürlich auch die Geschwindigkeit der Fortpflanzung der Wellenbewegung nach allen Seiten dieselbe ist, so liegen die Punkte, bis zu der sich die Lichterschütterung nach bestimmter Zeit fortgepflanzt hat, auf einer Kugelfläche, um das Erschütterungszentrum als Mittelpunkt. Um alle Punkte der ersten Fläche hat man nun nach Huygens eine solche Kugelfläche von gleichem Radius zu konstruieren. Es ist evident, dass es eine Fläche gibt, die die äußersten Punkte, bis zu der diese Elementarerschütterungen hingelangt sind, eben berührt, einhüllt. Huygens macht nun die Hypothese, dass diese einhüllende Fläche wirklich diejenige Fläche ist, bis zu der hin die Lichterschütterung sich fortgepflanzt hat. Er macht die Annahme, dass eine Lichtempfindung auch nur auf dieser einhüllenden Fläche hervorgerufen wird.

82

Hat man einen Lichtpunkt in einem allseitig gleichen Medium, so ergeben sich offenbar immer Kugelflächen für diese einhüllenden Flächen, ein Resultat, das von vornherein einleuchtet und wozu das Huygenssche Prinzip nicht nötig gewesen wäre. Es entfaltet erst in komplizierten Fällen, wo einen die Anschauung im Stich lässt, seine volle Bedeutung. Huygens konnte aufgrund dieses Prinzips sofort die Erklärung der geradlinigen Fortpflanzung, der Gleichheit von Einfalls- und Reflexionswinkel und das Snelliussche Brechungsgesetz ableiten. Aufgrund des Huygensschen Prinzips sieht man diese Sätze fast ohne jede Rechnung ohne Weiteres ein. Es ist der beste Führer, um bei verwickelten Verhältnissen der Lichtbewegung sich wenigstens einen ungefähren Überblick über das zu Erwartende zu verschaffen.

Huygens hatte sich bei Aufstellung der Wellenlehre des Lichtes von der Analogie mit dem Schall leiten lassen. Einem Einwand, der sich sofort erhebt, tritt er in verschiedenen Kommentaren entgegen. Das Licht pflanzt sich wesentlich geradlinig fort, es „geht nicht um die Ecke". Dagegen ist nach der alltäglichen Erfahrung beim Schall von geradliniger Ausbreitung nicht die Rede. Die Schallwellen schmiegen sich ganz den zufälligen Begrenzungen an, breiten sich auch seitlich ebenso leicht und gut aus wie geradlinig.

Huygens bemerkt hiergegen, dass die beobachtete scheinbare seitliche Ausbreitung des Schalles auch eine Folge der schwer zu vermeidenden Reflexionen aller Art sein könne. In der Tat ist auch beim Schall in Richtung der geradlinigen Ausbreitung die entsandte Energie am größten, nur verschwindet der Unterschied in verschiedenen Richtungen immer mehr, je größer die Wellenlängen gegenüber den vorhandenen Öffnungen sind.

Es ist neuerdings mit aller wünschenswerten Genauigkeit nachgewiesen, dass der Schall sich umso geradliniger ausbreitet, je höher die Töne, also je kürzer die Wellenlängen sind. Es kommen dann die Schallwellen in ihrem Verhalten dem Licht immer näher. Umgekehrt bekommen die Lichtwellen immer mehr seitliche Ausbreitung, je mehr sich die Spaltbreiten in der Größenordnung den Lichtwellenlängen nähern.

Huygens hielt auch eine seitliche Ausbreitung des Lichtes für möglich, nur meinte er, dass die Lichtmenge, die seitlich zerstreut wird, nur ein ganz kleiner Bruchteil des auffallenden Lichtes sei. Durch die Erscheinungen der Beugung des Lichtes, die damals schon gefunden, aber Huygens noch nicht bekannt waren, erhielt seine Ansicht eine glänzende Bestätigung.

In der Form, in der Huygens das Prinzip aussprach, war es nicht vollständig. Nach der Hypothese, dass Licht auf der einhüllenden Fläche hervorgerufen wird, sieht man z. B. nicht ein, warum von einer gegebenen

Erschütterungsfläche aus nicht auch nach rückwärts Licht ausgesandt wird. Und solcher Bedenken erhoben sich noch mehr. Fresnel hat später angegeben, in welcher Weise das Prinzip ergänzt werden muss, um die Erfahrung vollständig wiederzugeben. Kirchhoff gab schließlich den strengen mathematischen Ausdruck des Prinzips. Es kann natürlich der Genialität Huygens keinen Abbruch tun, wenn sein Prinzip noch einiger Vervollkommnungen bedurfte. Wir dürfen hier das Wort, das Huygens auf Descartes anwandte, auch von Huygens selbst gebrauchen: „Die zu irren ist doch nur denen gegeben, die nichts vollbringen".

Enthielte die „Abhandlung über das Licht" nur die Aufstellung der Undulationstheorie und des Huygensschen Prinzips, so wäre es schon ein bewunderungswürdiges Denkmal seines Urhebers. Aber sein Inhalt birgt noch eine weitere staunenswerte Entdeckung, die Aufklärung der merkwürdigen und komplizierten am Kalkspat beobachteten Erscheinungen der Doppelbrechung des Lichtes. In Kürze lässt sich Huygens' Erklärung nicht wiedergeben. Es mag nur erwähnt werden, dass er dabei das von ihm aufgestellte Prinzip in weitem Maße anwenden und seine Nützlichkeit zeigen konnte. Die Erscheinungen sind so kompliziert, dass es Anfängern zunächst stets Mühe macht, sich in sie hineinzudenken und zu ihrem vollen Verständnis durchzudringen. Umso mehr erweckt Huygens' Genie Erstaunen, das hier die Wege nicht nur gewiesen, sondern auch sofort mit unübertrefflicher Klarheit auseinandergesetzt hat.

Aber noch nicht genug damit. In jener Abhandlung über das Licht berichtet er noch über eine seltsame weitere Erscheinung, die er am Kalkspat beobachtete. Tritt ein Lichtstrahl in Kalkspat, so wird er in zwei Strahlen zerlegt, die im Allgemeinen in verschiedener Richtung den Kristall durchlaufen. Es treten also zwei voneinander getrennte Strahlen aus. Huygens fand nun, dass die austretenden Strahlen nicht mehr in je zwei zerlegt werden, wenn man sie durch einen zweiten gleich gelegenen Kalkspat schickt, sondern dass nun jeder Strahl in dem zweiten Kalkspatstück nur als ein Strahl sich fortpflanzt, sodass aus dem zweiten Kalkspat nicht, wie man erwarten sollte, vier Strahlen austreten, sondern nur zwei.

Es gelang Huygens nicht, für diese Entdeckung, die sein Beobachtungstalent in hellem Licht zeigt, eine ihn befriedigende Erklärung zu finden. Er sagt: „Man scheint zu dem Schlüsse gezwungen zu sein, dass die Lichtwellen infolge des Durchganges durch den ersten Kristall eine gewisse Gestalt oder Anordnung erlangen". Welcher Art diese Anordnung sei, vermag er nicht anzugeben. Huygens hatte hiermit die ersten Erscheinungen eines Gebietes der Optik gefunden, das nach ihm von großer Bedeutung für die Erkenntnis des Wesens des Lichtes geworden ist, nämlich der sogenannten Polarisation des Lichtes, aus denen man den Schluss ziehen muss, dass das Licht nicht wie der Schall eine longitudinale, sondern eine transversale Wellenbewegung ist, bei der also die Schwingungsrichtung der Teilchen auf der Strahlrichtung senkrecht steht. Hundert Jahre hat es gedauert, bis man der Erklärung dieser von Huygens entdeckten Erscheinung auf die Spur kam.

Noch heute wird dieser als „Huygensscher" bezeichnete Versuch als grundlegende Erscheinung in jeder Vorlesung über die Polarisation des Lichtes als einer der Grundversuche gezeigt.

Wir haben bisher die Gipfelpunkte von Huygens' Schaffen kennengelernt, die Taten, durch die er der Wissenschaft neue Bahnen und Wege gewiesen, sie mit neuem Leben erfüllt hat.

Noch eine Fülle von Entdeckungen und Betrachtungen, die man ihm verdankt, bliebe zu besprechen. Es mag nur noch auf einige Leistungen hingewiesen werden, die allein genügen würden, ihm für immer einen hervorragenden Platz unter den Förderern der Naturerkenntnis zuzuweisen.

Die Mathematik bereicherte er durch eine Abhandlung über Wahrscheinlichkeitsrechnung, mit Anwendung auf Glücksspiele, ihr so ein ganz neues Gebiet eröffnend.

Die Bereinigung von manueller Geschicklichkeit mit seiner Beobachtungsgabe führte ihn zu bedeutenden astronomischen Entdeckungen. Die bis dahin seit Galilei gebauten Fernrohre waren an der Grenze ihrer Leistungsfähigkeit angelangt, namentlich mangels guter Glaslinsen. Huygens befasste sich selbst mit der Kunst des Glasschleifens und brachte es darin so weit, dass er ein wesentlich besseres Fernrohr konstruieren konnte. Mit diesem entdeckte er eines der merkwürdigsten, vielleicht das seltsamste Gebilde, das die Sternenwelt uns bietet, den Ring des Saturn. Andeutungen davon hatte schon Galilei gesehen, der den Saturn als „dreigestaltig" beschrieb. Man kann sich leicht vorstellen, welche Überraschung diese Entdeckung machte; noch heute macht ja der Ring des Saturns auf jeden, der ihn das erste Mal sieht, einen gewaltigen Eindruck.

Nur im Fluge können wir die Großtaten Huygens' an uns vorüberziehen lassen, ohne bei ihnen zu verweilen. Sein Name ist aufs Engste mit der Erfindung der Dampfmaschine verbunden. Er hat selbst eine Maschine gebaut, die am meisten mit der heutigen Gasmaschine verwandt ist; sie wurde mit Schießpulver getrieben. Papin war hierbei sein Gehilfe. Dieser hat sich dann, den bei Huygens gewonnenen Anregungen folgend, später als Professor in Marburg mit Änderungen dieser Maschine beschäftigt; namentlich durch Einführung von Wasserdampf statt des Schießpulvers. Huygens ist auch das erste Buch Papins gewidmet.

Huygens' Genie zeigt sich auch in der Weite seiner Interessen, überall zeigt sich ihm Interessantes in Hülle und Fülle. Bei der Sektion einer Leiche betrachtet er das Auge. Er findet, dass die Linse ein weicher deformierbarer Körper ist, eine Tatsache, die wohl schon vor ihm bekannt war. Aber ihm taucht sofort die Vermutung auf, dass die Akkommodationsfähigkeit des Auges seinen Grund darin habe, dass wir fähig sind, die Krümmung der Augenlinse willkürlich zu ändern, da sie eben weich ist. Den Schluss dieser kleinen Auswahl aus Huygens' Leistungen möge ein Hinweis auf die Ansichten bilden, die Huygens in der Abhandlung *de l'aimant* über die Art der von Magnetpolen ausgehenden Kraftwirkung ausspricht. Sie sind deshalb von hervorragendem Interesse, weil sie im Prinzip schon auf fast 200 Jahre spätere von Faraday verfochtene Anschauungen von dem wesentlichen Anteil, den das umgebende Medium an den Erscheinungen des Magnetismus hat, hinauskommen. Er sagt: „Aus dem Versuch mit Eisenfelle, die auf einem Kartonblatt über einem Magnet ausgestreut wird, geht hervor, dass irgendein Stoff durch und außen um den Magnetstein strömt, denn die Anordnung der Eisenfeile zeigt den Weg dieser Bewegung an; die Eisenfeile wird dadurch beeinflusst, was nicht anders möglich ist, als durch die Wirkung irgendeines in Bewegung begriffenen Körpers". (Zittert nach der Gedenkrede von Boscha S. 42.)

Es ist ein weiter Weg, den die Wissenschaft von da über Faraday, Maxwell und Hertz genommen hat, bis diese Ahnungen glänzende Erfüllung gefunden haben!

Sogar das coulombsche Gesetz der Kraftwirkung, die zwei Magnetpole aufeinander ausüben, macht Huygens aufgrund seiner Anschauungen von der Vermittlung durch das Zwischenmedium anschaulich. Er lehnte die Fernwirkung hier ebenso ab, wie er sie bei der Gravitation leugnete, wo er sie ebenfalls als Nahwirkung durch Vermittlung unsichtbarer vermittelnder Zwischenglieder zu erklären suchte.

Huygens vertrat, wie wir sehen, in wesentlichen Punkten die entgegengesetzte Meinung wie sein großer Zeitgenosse Newton. In betreff der Fernwirkung war es allerdings mehr die newtonsche Schule, nicht Newton selbst. Aber voller Gegensatz bestand in der Anschauung vom Wesen des Lichtes, Emissionstheorie gegen Wellentheorie. So groß war Newtons Autorität, dass die richtige Lehre völlig unterlag, ja ein Jahrhundert lang unterdrückt wurde, ganz verschwand. Sie hat eine glänzende Auferstehung gefeiert. Sie steht heute so fest begründet, dass wir uns kaum vorstellen können, dass auch sie sich als falsch erweisen könnte. Wohl sind die Einzelheiten der Vorstellungen Huygens' nicht mehr haltbar, ja wir glauben heute nicht einmal mehr an die mechanische Begründung als elastische Wellen. Wir sehen heute in den Lichtwellen elektromagnetische Wellen.

86

Aber dauernd bestehen bleiben wird wohl die Ansicht von der Wellennatur des Lichtes.[9]

Es ist eine für beide Männer gleich ehrenvolle Tatsache, dass die Nichtübereinstimmung in wissenschaftlichen Fragen der gegenseitigen Hochschätzung keinen Eintrag tat. Es ist eine müßige Frage, wem von beiden die Palme gebührt. Freuen wir uns, dass der Welt zwei so überragende Geister geschenkt worden sind, die die Erkenntnis der Natur so mächtig gefördert haben.

---

9   Mit der elektromagnetischen Lichttheorie schienen im ausgehenden 19. Jahrhundert beinahe alle Fragen zum Licht geklärt. Allerdings ließ sich einerseits der postulierte Äther nicht nachweisen, was letztendlich das Tor zur speziellen Relativitätstheorie aufstieß. Andererseits schien unter anderem der Fotoeffekt der Wellennatur des Lichts zu widersprechen. So entstand eine radikal neue Sichtweise des Lichts, die durch die Quantenhypothese von Max Planck und Albert Einstein begründet wurde. Kernpunkt dieser Hypothese ist der Welle-Teilchen-Dualismus, der das Licht nun nicht mehr ausschließlich als Welle oder ausschließlich als Teilchen beschreibt, sondern als Quantenobjekt. Als solches vereint es Eigenschaften von Welle und von Teilchen, ohne das eine oder das andere zu sein und entzieht sich somit unserer konkreten Anschauung. Daraus entstand Anfang des 20. Jahrhunderts die Quantenphysik und später die Quantenelektrodynamik, die bis heute unser Verständnis von der Natur des Lichts darstellt. *(Seite „Licht". In: Wikipedia, Die freie Enzyklopädie. Bearbeitungsstand: 19. November 2016, 14:57 UTC. URL: https://de.wikipedia.org/w/index.php?title=Licht&oldid=159845392 (Abgerufen: 25. November 2016, 14:19 UTC))*

Isaac Newton

VI. Isaac Newton

Die Entwicklung der modernen Mechanik ist eine beispiellos schnelle gewesen. 1638 erschienen die „Unterredungen", in denen Galilei durch seine Untersuchungen über den freien Fall und die Wurfbahn die Fundamente der Bewegungslehre und des Kraftbegriffes im heutigen Sinn legte. Kaum ein Menschenalter später, im Jahr 1686, stellte Newton in den „Mathematischen Grundlehren der Naturwissenschaften" die Gesetze der Mechanik in den allgemeinsten Formen auf, in denen sie noch heute die anerkannte Grundlage dieser Wissenschaft bilden, und zeigte ihre Gültigkeit an den Bewegungen der Himmelskörper. In der kurzen Zeit eines halben Jahrhunderts durchlief die Mechanik ihre ganze Entwicklung bis zu ihrer Vollendung. Seit Newton ist ein prinzipiell neues Prinzip der Mechanik nicht mehr gefunden, wenn wir von dem „Relativitätsprinzip" absehen, das zu Albert Einsteins Relativitätstheorie führte. Wohl ist natürlich im Laufe der Zeit die von ihm gegebene Grundlage der Mechanik weiter ausgebaut, und namentlich nach der mathematischen Seite hin durchgearbeitet worden, wobei die newtonschen Prinzipien in Sätze von größter Eleganz gebracht sind. Aber etwas prinzipiell ganz Neues bieten diese Sätze nicht mehr. Sie sind alle in den newtonschen Ansätzen bereits enthalten. Newton ist auf dem Gebiet der klassischen Mechanik bereits der Vollender der von Galilei ausgehenden Neugründung dieser Wissenschaft. Ihm allein verdankt man diese wunderbar schnelle Entwicklung.

Außer dem uralten Rätsel der Planetenbewegung hat Newton der Menschheit auch das ebenso bis auf seine Zeit völlig unbezwungene Problem des Wesens der Farben gelöst. Beides alltägliche, seit den ältesten Zeiten wahrgenommene, sich jeden Menschen aufs Intensivste von selbst aufdrängende Erscheinungen. Aber ihre Erklärung wollte nicht gelingen. Kein Wunder, dass Newton beinahe göttliche Verehrung genoss und später auf seine Worte, als die des Meisters, ebenso geschworen wurde, wie im Mittelalter auf die Lehre des Aristoteles.

Im Sterbejahr Galileis, am 5. Dezember 1642, wurde Isaac Newton in Woolsthorpe, einem Dorf in der Grafschaft Lincoln geboren. Sein Vater, der ein kleines Landgut besaß, starb vor seiner Geburt. Newton soll ein überaus zartes, schwächliches Kind gewesen sein. Nach dem Elementarunterricht in der Dorfschule Woolsthorpe erhielt er seine weitere Ausbildung in der Stadtschule des Nachbarstädtchens Grantham, die er aber nur ein Jahr besuchen konnte, da er 1656 wieder nach Woolsthorpe zurückkehren musste, um seiner Mutter, die in diesem Jahr ihren zweiten Mann verlor, bei der Verwaltung des väterlichen Erbgutes an die Hand zu gehen. Es scheint, als ob sich bald herausstellte, dass der junge Isaac zu allem eher als zum

Landmann sich geeignet erwies. Es wurde beschlossen, dass er wieder die Stadtschule in Grantham besuchen sollte, um dann in das Trinity-College in Cambridge eintreten zu können, wo er auch bereits im Jahr 1661 ausgenommen wurde. Er machte dort die vorgeschriebenen Jahre durch. 1667 wurde er zum Minor fellow, 1668 zum Mayor fellow des Trinity-College gewählt. 1669 erhielt er am Trinity-College die Lucasien-Professorship, mit der die Verpflichtung verbunden war, wöchentlich je eine Vorlesung über irgendeine mathematische Disziplin zu halten. Am Trinity-College blieb Newton in dieser Stellung mit einem sehr geringen Einkommen fast 30 Jahre lang, bis im Jahr 1696 mit seiner Ernennung zum königlichen Münzmeister mit einem Schlag eine gänzliche Veränderung seiner Lebensstellung erfolgte.

Es wird übereinstimmend berichtet, dass Newton niemals in irgendwelchen engeren Verkehr, sei es persönlicher, sei es wissenschaftlicher Art, mit Schulfreunden und Kollegen gekommen ist. Er ist stets einsam geblieben, auf sich selbst angewiesen. Der Grund hierfür lag jedenfalls sowohl in seinem verschlossenen, sich schwer anschließendem Charakter sowie besonders in seiner gewaltigen geistigen Überlegenheit über alle seine Mitschüler und auch Lehrer.

Es ist uns auch nicht bekannt, dass er sich an irgendeinen Kommilitonen angeschlossen oder sonst eine engere Freundschaft geschlossen hätte. Ein inniges Verhältnis, ja wohl beinahe eine Freundschaft hat jedoch zwischen ihm und seinem Lehrer der Mathematik am Cambridge-College, Dr. Barrow, bestanden. Dieser gab 1669 Vorlesungen über Optik heraus, und Newton hat ihn hierbei sehr wesentlich in der Durchsicht und Korrektur unterstützt, auch einige Zusätze geliefert. Es ist wohl anzunehmen, dass dies für Newton der äußere Anlass gewesen ist, sich besonders mit Optik zu beschäftigen. Wir wissen, dass er sich im Jahr 1666 Glasprismen kaufte, und er erklärt selbst, dass er in diesem Jahr seine optischen Studien begonnen habe. Allerdings können diese bis zum Erscheinen des Barrowschen Lehrbuches noch nicht sehr weit gediehen sein, da dort noch vollständig die alten, vor der Newtonschen Zeit gültigen Ansichten über das Wesen der Farben ohne die geringste Andeutung der newtonschen Versuche wiedergegeben werden.

Seine erste Publikation über seine grundlegenden Versuche, die Farbenlehre betreffend, stammt vom Februar 1672.

Newton wurde zu ihnen geführt bei dem Bemühen nach Verbesserung des Fernrohres. Man strebte damals allgemein nach Verdeutlichung der Bilder im Linsenfernrohr. Die Ursache der Unschärfe sah man wesentlich in der sogenannten sphärischen Aberration, d. h. der Tatsache, dass die Bilder, welche Strahlen von verschiedenem Öffnungswinkel geben, nicht an genau derselben Stelle liegen, die Randstrahlen sich an anderer Stelle vereinigen, als die Zentralstrahlen.

Newton erkannte, dass die Beseitigung dieser sphärischen Aberration doch noch nicht scharfe Bilder liefern würde, da dann noch die chromatische Aberration bestehen bleibt, die ihren Grund darin hat, dass Strahlen verschiedener Farbe, die von demselben leuchtenden Punkte ausgehen, nicht denselben Bildpunkt ergeben, sondern dass jede Farbe einen andern Bildpunkt hat, was zu den farbigen Säumen Anlass gibt, mit denen die Bilder der Gegenstände im Linsenfernrohr immer in störender Weise versehen sind.

Newton bemühte sich längere Zell um die Beseitigung der chromatischen Aberration. Bei dieser Gelegenheit ist er jedenfalls auf seine epochemachenden Versuche zur Farbenlehre geführt, die im Folgenden ausführlicher besprochen werden sollen.

In den vorliegenden speziellen auf die Verbesserung des Fernrohres gerichteten Versuchen kam allerdings Newton nicht zum Ziel. Er gelangte zu der Ansicht, dass eine Aufhebung der chromatischen Aberration, die Konstruktion achromatischer Fernrohre, unmöglich sei, und zwar, weil er der falschen Meinung war, Farbenzerstreuung und Brechung seien einander stets proportional.

Er hat hierin geirrt; es ist sehr wohl möglich, achromatische Fernrohre zu konstruieren, wie Euler gezeigt hat. Es ist höchst lehrreich, dass der Schluss, den Euler zu der Annahme führte, der Bau achromatischer Fernrohre müsse ausführbar sein, ebenfalls irrig war. Euler meinte, das Auge sei ein solcher achromatischer Apparat, somit müsse die Konstruktion achromatischer optischer Instrumente möglich sein.

Schon Newton wusste, dass das Auge durchaus nicht achromatisch ist, man kann sich durch einfache Versuche leicht davon überzeugen[10].

Er wandte sich daher von den Linsenfernrohren ganz ab und ging an die Konstruktion eines Spiegelfernrohres, das er 1668 fertigstellte, und das zuerst seinen Namen überall bekannt machte und seinem Erfinder sofort großen Ruhm einbrachte. Es wurde dem König in London vorgeführt; die Royal Society in London, jene private 1662 gegründete Bereinigung der hervorragendsten Gelehrten Englands, veröffentlichte die Erfindung in ihrer Zeitschrift, den *Philosophical Transactions*, damit Newton die Priorität gewahrt bliebe, und wählte den damals erst 30jährigen jungen Mann in die Reche ihrer Mitglieder.

---

10 Siehe hierzu, sowie über ein weiteres Beispiel, bei dem an-unrichtigen Prämissen ein richtiger Schluss gezogen wird, H. v. Helmholtz, Vorlesungen, Band VI, herausg. von F. Richarz, S. 222.

Seinen Dank für diese große Auszeichnung konnte Newton nicht würdiget abstatten, als indem er der Gesellschaft kurz nach seiner Wahl zum Mitglied seine berühmte Abhandlung: „Eine neue Theorie über Licht und Farben" übersandte.

Von dieser Abhandlung datiert eine neue Epoche der Optik. Newton war sich des großen Wertes seiner Untersuchung voll bewusst. Er schreibt in einem Briefe vom 18. Januar 1672 an den Sekretär der Royal Society, Heinrich Oldenburg:[11] „Ich möchte, dass Sie mich in Ihrem nächsten Brief benachrichtigen, wie lange noch die Gesellschaft ihre wöchentlichen Versammlungen fortsetzt, weil ich beabsichtige, der Königlichen Gesellschaft einen Bericht über eine physikalische Entdeckung zur Prüfung vorzulegen, die mich erst auf die Verfertigung des Teleskops geleitet hat. Ich zweifle nicht, dass dieser Bericht sich viel angenehmer erweisen wird, als die Mitteilung jenes Instruments; denn meinem Urteil nach betrifft es die seltsamste, wenn nicht die wichtigste Entdeckung, welche bisher über die Wirkungen der Natur gemacht worden ist."

Newton hat in der Tat durch die in jener Abhandlung beschriebenen Versuche ganz Außerordentliches geleistet, indem er das Wesen der Farbe aufklärte und dadurch mit einem Schlag die zum Teil recht absonderlichen Vorstellungen beseitigte, die man bis dahin von den Farbenerscheinungen hatte.

Im Wesentlichen galt damals noch die aristotelische Lehre, die allerdings an Verständlichkeit zu wünschen übrig lässt. Der Sinn dessen, was Aristoteles gemeint hat, ist etwa folgender: In jeder Substanz ist ein gewisser, nicht näher definierter Stoff als „durchsichtiger" vorhanden, der es bewirkt, dass sie sichtbar wird, wenn sie von Lichtstrahlen getroffen wird, die von leuchtenden Körpern, etwa der Sonne ausgehen.

Je nach der Menge, in der dieses „Durchsichtige" in einem Körper enthalten ist, soll nun das auffallende Agens Licht von verschiedener Farbe ergeben. An und für sich sind also alle Körper mit Dunkelheit behaftet. Werden sie von dem Lichtagens affiziert, was nur geschehen kann, soweit sie „Durchsichtiges" besitzen, so vermengt sich ihre ursprüngliche Dunkelheit mit dem „Durchsichtigen" zu einer gewissen Farbe; und deren Art soll nun abhängen von dem Mengenverhältnis, in dem die Dunkelheit mit „Durchsichtigem" gemischt ist. Es kommt also darauf an, mit welcher Dichte das „Durchsichtige" im Körper vertreten ist. Die Farben ergeben sich aus der Mischung von Licht und Finsternis. Die irdische Materie entstellt gewissermaßen das ursprüngliche Licht, indem sie es mit der Dunkelheit der Körper vermengt, sodass es nur noch als Farbe, nicht mehr in ursprünglichem Glanz herauskommt. Je mehr Dunkelheit dem Licht

---

beigemengt ist, desto mehr rückt die Farbe des Lichts von dem glänzenden leuchtenden Rot durch Grün nach dem Blau und düsteren Violett.

Kurz vor Newtons Auftreten haben sich allerdings schon einige Forscher um eine klarere Auffassung und Erklärung der Farbenerscheinungen bemüht. Aber wenn auch manche dabei der Wahrheit schon näher kommen, so werden sie doch alle durch die kurze, aber inhaltreiche Abhandlung Newtons vollständig in den Schatten gestellt.

Am glücklichsten und erfolgreichsten hat sich Hooke um die Erforschung der Farben vor Newton bemüht.

Die Einzelheiten, die doch heute nicht mehr von Belang sind, sollen übergangen werden. Besonders hervorgehoben muss aber werden, dass Hooke eine der heutigen überraschend nahe kommende Erklärung der sogenannten Farben dünner Blättchen liefert, wie sie bei Seifenblasen, als Anlauffarbe des Stahls, überhaupt immer bei außerordentlich dünnen durchsichtigen Schichten vorkommen. Ganz wie nach der modernen Wellentheorie des Lichtes werden diese Farben als entstehend erklärt durch das Zusammenwirken von zwei Strahlen, von denen der eine an der ersten Begrenzungsfläche reflektiert, der andere in das Blättchen eingedrungen ist, an der zweiten Grenzfläche reflektiert und dann erst wieder, in das erste Medium zurückkehrend, sich mit dem ersten Strahl vereinigt. Allerdings ist die weitere Erklärung, wie nun die Farbe dabei im Einzelnen entstehe, gänzlich von der heutigen abweichend.

Die Versuche, durch die Newton in seiner Abhandlung eindeutig und zwingend das Wesen der Farbe aufdeckt, sind genau dieselben, die heute noch als Grundversuche in jeder Experimentalvorlesung über Optik gezeigt werden.

Das Aufsehen, das diese Versuche sofort überall erregten, lag zum Teil wohl darin, dass die newtonsche Erklärung sozusagen das direkte Gegenteil der bisherigen aristotelischen Erklärungsart bildete. Nach dieser sollte das Licht an und für sich etwas Gegebenes, Ursprüngliches sein, in dem noch gar nichts von Farben enthalten ist. Diese treten erst auf, wenn das Lichtagens in einen Körper eindringt. Nach den Versuchen von Newton sind die Farben primär in dem ankommenden weißen Licht enthalten. Sie werden sichtbar entfallet beim Durchgang durch ein Prisma. Die Gesamtheit aller Farben erweckt in unserem Auge die Empfindung Weiß. Die reellen Einzelbestandteile, das primär Gegebene, sind die einzelnen Farben. Weiß ist etwas Sekundäres, etwas, das erst in unserer Empfindung entsteht, wenn Lichtstrahlen aller Farben das Auge treffen. Für alle Licht-Theorien vor Newton ist gerade das Weiß das primäre, das erst durch Einfluss der Körper oder in unserem Auge zu Farbe wird.

So bekannt die in jener Abhandlung Newtons angeführte Versuche auch wohl sein mögen, so sollen sie doch der Vollständigkeit und ihrer Wichtigkeit halber hier besprochen werden.

Es sind nur wenige, aber umso beweiskräftigere Versuche, sämtlich mit Glasprismen angestellt.

Newton beschreibt entgegen seiner späteren verschlossenen Art hier ziemlich ausführlich die verschiedenen Gedanken, die ihn bei seinen Versuchen geleitet haben, auch die negativ verlaufenen Experimente.

Im verdunkelten Zimmer lässt er durch ein keines kreisförmiges Loch im Fensterladen einen Sonnenstrahl einfallen. Hinter die Öffnung setzt er ein Prisma. Auf der gegenüberliegenden Wand erscheint das Spektrum, an dem ihm zunächst auffällt, wie groß seine Breite gegenüber der Öffnung ist. Besonders fällt ihm die längliche Form des Spektrums auf. Nach den damals bekannten Brechungsgesetzen, die naturgemäß, da man ja von dem Wesen der Farben nichts wusste, sich nur allgemein auf einen (weißen) Lichtstrahl bezogen, also nur einen einzigen Brechungswinkel ergeben konnten, hätte die Figur auf der Wand ja wieder ein Kreis sein müssen. Dagegen war die Länge fünfmal größer als die Breite.

Zunächst überzeugt er sich nun, dass die Stelle, an der der Lichtstrahl durch das Prisma ging, also die Dicke des Glases, die nach den älteren Theorien wesentlich war, die Erscheinung nicht änderte. Ebenso war die Größe der Öffnung unwesentlich. Auch etwaige Unregelmäßigkeiten im Glas konnte das Auseinanderziehen der Farben nicht verursacht haben, denn wenn hinter das erste Prisma ein zweites, aber in verkehrtem Sinn gesetzt wurde, so wurde das vom ersten Prisma in eine längliche Form auseinandergezogene Licht von der zweiten wieder in die Kreisform zurückgebracht. Ferner dachte er daran, dass vielleicht die verschiedene Richtung der von der Sonne kommenden Strahlen die Ursache der Farben sein könnte. Newton zeigt, dass auch dies nicht maßgebend war. Der Winkel des Farbenfächers war viel größer, als der größte Winkel, den die auffallenden Sonnenstrahlen bilden.

Es kam ihm nun der Gedanke, ob nicht die Strahlen nach dem Durchgang durch das Prisma sich auf krummen Bahnen bewegen und je nach der Größe der Krümmung verschiedene Teile der Wand treffen könnten. Die Messung ergab aber, dass die Differenz zwischen der Länge des Bildes und der Breite der Öffnung, stets ihrer Entfernung proportional war, womit auch diese Möglichkeit zurückgewiesen war.

Die Entscheidung über die Natur der Farben erhält er nun durch sein berühmtes „Experimentum Crucis“.

Dicht hinter das Prisma der Fensterladenöffnung setzt er eine Tafel mit einer Leinen Öffnung; das Licht fiel von da auf eine etwa 12 Fuß entfernte zweite Tafel, die ebenfalls eine kleine Öffnung hatte; das durch diese gehende Licht fiel dann auf ein zweites Prisma und von da schließlich auf die Wand, so dass das Licht also zwei Brechungen erfuhr. Wurde nun das erste Prisma langsam um seine Achse gedreht, sodass also nach und nach verschiedene Teile des Bildes durch die Öffnung der zweiten Tafel hindurchgingen, so zeigte sich, dass das Licht, welches nach der Brechung durch das erste Prisma an dem einen Ende lag, von dem zweiten Prisma viel stärker gebrochen wurde, als das nach dem andern Ende des Bildes hin liegende. Newton schließt daraus[12]: „Und so entdeckte sich die wahre Natur der Verlängerung des Bildes als keine andere, als dass das Licht in sich nicht ähnlich oder homogen ist, sondern aus verschiedenen Strahlen besteht, von denen die einen mehr, die andern weniger brechbar sind, so dass ohne irgendeine Verschiedenheit ihres Einfallwinkels bei demselben Medium, doch die einen mehr gebrochen werden als die andern, und deswegen je nach den verschiedenen Graden ihrer Brechbarkeit die Strahlen durch das Prisma nach verschiedenen Teilen der gegenüberliegenden Wand gehen.“

Ferner: „Geradeso wie die Lichtstrahlen sich unterscheiden nach Graden der Brechbarkeit, so unterscheiden sie sich in der Fähigkeit, diese oder jene besondere Farbe zu zeigen. Die Farben sind nicht, wie es allgemein geglaubt wird, Modifikationen des Lichts, die es durch die Brechung und Zurückweisung an den natürlichen Körpern erhält, sondern ursprüngliche und angeborene Eigenschaften, die in verschiedenen Strahlen verschieden sind. Zu demselben Grade der Brechbarkeit gehört Wirrer dieselbe Farbe und umgekehrt.

Die Art der Farbe und der Grad der Brechbarkeit, welche irgendeiner Art von Strahlen eigentümlich sind, sind nicht abzuändern, weder durch Brechung noch durch Reflexion an einem Körper noch durch irgendeine andere Ursache, soweit ich das entdecken konnte.“

Newton berichtet ferner, dass zwei Farben vereinigt eine andere Farbe durch Mischung hervorbringen können, wie Grün aus Gelb und Blau usw.

Dann fährt er fort: „Die erstaunlichste und wundervollste Zusammensetzung aber war die von Weiß. Es gibt keine Sorte von Strahlen, die dies allein hervorbringen kann, es ist immer zusammengesetzt, und zu seiner Herstellung gehören alle vorerwähnten Fachen in richtigem Verhältnis. Ich habe oft mit Erstaunen gesehen, wie alle die prismatischen Fachen, wenn sie konvergent gemacht und wieder so gemischt wurden, wie sie im Lichte vor dem Durchgang durch das Prisma enthalten waren, aufs Neue ein gänzlich reines vollkommen weißes Licht hervorbrachten. Das ist die Ursache, warum Weiß die gewöhnliche Farbe des Lichtes ist; denn Licht ist ein verworrenes Aggregat von Strahlen aller Arten von Fachen, so wie

---

12 Nach Rosenberger, S. 63.

sie gemengt von den verschiedenen Teilen der leuchtenden Körper ausgeworfen werden. Ein solches wirres Aggregat erscheint weiß, wenn die Ingredienzen im richtigen Verhältnis stehen; wenn aber eines derselben überwiegt, so muss sich das Licht der entsprechenden Farbe zuneigen.“

Am Schluss der Abhandlung spricht dann Newton die Ansicht aus, dass man nach diesen Entdeckungen guten Grund habe, das Licht als eine Substanz zu bezeichnen. Diese Meinung soll aber nur unter allem Vorbehalt gegeben werden. „Mehr absolut und eingehender zu bestimmen, was das Licht sei, auf welche Weise es gebrochen wird, und auf welche Art oder durch welche Aktion es in unserem Geist die Einbildung der Farbe hervorbringt, das ist nicht so leicht, und ich will hier nicht Konjekturen mit Gewissheiten zusammenmischen.“

Die ganze Abhandlung ist ein mustergültiges Vorbild für das von Galilei zuerst bewusst aufgestellte induktiv-deduktive Verfahren, wie es heute die allgemein geübte bewährte Methode der Naturwissenschaften geworden ist und bei Erörterung der Entdeckung der Fallgesetze durch Galilei ausführlich besprochen ist.

Auch die Art der Darstellung ist unübertrefflich. Man könnte wohl kaum diese Versuche anschaulicher, kürzer und zugleich klarer darstellen. Wohltuend berührt auch die offenbare Freude, mit der Newton seine Überlegungen und Experimente berichtet. In seinen sämtlichen späteren Schriften gibt er sich viel verschlossener und nüchterner.

Dazu trugen wohl wesentlich die zahllosen Angriffe bei, die Newton aus Anlass dieser seiner ersten Schrift über sich ergehen lassen und abwehren musste, und die er in solcher Anzahl und Schärfe nicht im Geringsten geahnt hatte.

Es ist im ganzen wenig erfreulich und gewinnbringend, die Einzelheiten aller der literarischen Fehden zu verfolgen, in die Newton hier hineingezogen wurde, und die sich wesentlich um Prioritäten der Gedanken in jener Schrift drehen. Besondere Erwähnung verdienen jedoch die Angriffe, die der bereits erwähnte Physiker Rob. Hooke gegen ihn richtete, ein angesehener Gelehrter, der an der Royal Society Curator of Experiments war, in welcher Eigenschaft er für das Material für die Sitzungen und für die Vorbereitung von Experimenten zu sorgen hatte. Dieser war mit zwei andern Mitgliedern der Royal Society von -ihr zur Nachprüfung und Begutachtung der newtonschen Versuche betraut worden. Er erkannte zwar ihre Wichtigkeit und Bedeutung völlig an, behauptete jedoch, dass sie keinen eindeutigen Beweis enthielten, und dass er an der Richtigkeit seiner Farbenlehre festhalten müsse. Der Streit ging nun mehrfach hin und her. Interessant ist er dadurch, dass Newton hierin eine gewisse Annäherung an die Wellentheorie des Lichtes zeigt, entgegen seiner Annahme, das Licht sei ein Stoff, oder wenigstens zugibt, dass er die Wellennatur des Lichtes nicht für ausgeschlossen hält. Er lehnte sie hauptsächlich deswegen ab, weil dann die Erklärung der geradlinigen Fortpflanzung des Lichtes unmöglich schien, da man doch beim Schall, dessen Wellennatur allgemein anerkannt war, das Gegenteil, nämlich ein „um die Ecke gehen", bemerken könne. In der Tat liegt hier eine Schwierigkeit, die vollkommen erst später gelöst wird, nachdem Newtons großer Zeitgenosse Huygens den Weg dazu gebahnt hat, mit dem Newton darüber eingehend korrespondierte.

Trotzdem Newton in einer Zeit der Missstimmung über die vielen Streitigkeiten erklärt hatte, über Optik nichts mehr zu veröffentlichen, ging doch Ende des Jahres 1675 wieder eine größere optische Abhandlung von ihm bei der Royal Society ein. Er gibt darin eine eigentümliche Verbindung von Emissions- und Undulationstheorie (= Wellentheorie). Er meint nämlich, das Licht bestehe in einer von den Lichtquellen ausgesandten Emanation, die in dem in den Körpern enthaltenden Äther Schwingungen erregt.

Besonders wichtig ist diese Abhandlung aber dadurch, dass in ihr das ebenso einfache wie geistvolle, jetzt als Methode der newtonschen Ringe bezeichnete Verfahren angegeben wird, quantitativ die zu den einzelnen Farben dünner Blättchen gehörende Dicke der Schicht zu finden. Hooke, der sich mit den Farben dünner Blättchen und Versuchen zu ihrer Erklärung eingehend und nicht ohne Erfolg schon vorher beschäftigt hatte, war es trotz vieler Mühe nicht gelungen, diese Dicken zu messen, weil sie so außerordentlich klein sind. Newton stellte sich Luftschichten von geeigneter, außerordentlich kleiner, aber ganz genau messbarer Dicke her, indem er eine Konvexlinse von bekannter Krümmung auf eine ebene Glasplatte legte. Nach ganz einfachen Formeln lässt sich hier die Dicke der Luftschicht zwischen Linse und Platte in verschiedenen Entfernungen von dem Berührungspunkt berechnen. Die in seiner ersten Arbeit mit Prismen, so hat hier Newton mit denkbar einfachen Mitteln, die jedem zu Gebot stehen, fundamentale Untersuchungen angestellt.

Hooke behauptete nun wieder, in seiner Farbenlehre seien bereits eine Reihe der von Newton angestellten Experimente enthalten.

Newton konnte allerdings leicht mit der Entgegnung antworten, dass jedenfalls die Hauptsache, die Auffindung der Beziehung zwischen der Dicke der Blättchen und ihrer Farbe, von Hooke eben nicht angegeben sei, immerhin muss wohl zugegeben werden, dass Hooke mit Recht gekränkt darüber sein musste, dass Newton ihn so wenig in seiner Arbeit zitiert hatte. Nach verschiedenem Hin- und Herschreiben kamen beide Gegner zu dem Vorsatz, die Streitigkeiten ruhen zu lassen, deren beide müde geworden waren. Hooke veröffentlichte seit jener Zeit nichts mehr. Und auch Newton ließ seine optischen Arbeiten ruhen, um sie erst nach dem Tode Hookes im Jahr 1704 wieder aufzunehmen.

Schon längere Zeit hatte er sich mit Untersuchungen auf einem ganz anderen Gebiet, der Mechanik und kosmischen Physik, intensiv beschäftigt, die ihm unvergänglichen Ruhm einbringen sollte. Sie sind vielleicht das Glänzendste, was auf diesem Gebiete geleistet worden ist.

Mit solchem Höhepunkte der Forschung, wie mit vielen für die Menschheit besonders wichtigen Ereignissen verknüpft die geschäftige Fama leicht mythische Erzählungen, die festhaften und sich nicht ausrotten lassen, auch wenn ihre Unrichtigkeit hundertmal nachgewiesen ist.

Es kann wohl auch schwerlich eine größere oder wenigstens umfassendere Tat gedacht werden, als das Gesetz aufzufinden, nach dem sich die Bewegungen der Weltkörper regeln.

So ist es mit der Erzählung von der Entdeckung des Begriffes „spezifisches Gewicht" durch Archimedes; demselben Ursprung entstammt das trotzige *„Eppur si muove"* des greisen Galilei, und ebendahin gehört die Erzählung, dass Newton eines Tages unter einem Apfelbaum in tiefem Sinnen sitzend, durch einen fallenden Apfel auf den Gedanken geführt sei, ob nicht die Erdschwere, die den Apfel herabziehe, noch weiter reiche. Auch wenn nicht sonst gewichtige historisch beglaubigte Gründe gegen die Wahrheit dieser Erzählung sprechen würden, so ist es vor allem unwahrscheinlich, dass Gedanken von so ungeheurer Tragweite plötzlich dem Haupte des Denkers entsprungen sein sollten. Sie können nur das Endergebnis lange im Stillen vorbereiteter Überlegungen sein, die nicht nur den schließlich glücklichen Entdecker, sondern auch schon gleichstrebende Denker vor seiner Zeit oder auch gleich, zeitig beschäftigt haben. Das Rätsel der Bewegung der Weltkörper war ja ein uraltes, und jede Zeit weist Bemühungen auf, es zu lösen. Indem wir die älteren Vorstellungen übergehen, müssen wir als Vorläufer Newtons vor allem Kepler nennen. Er vergleicht ganz direkt die Bewegung der Planeten um die Sonne mit dem Fallen der Körper auf der Erde. Ja er sucht sogar schon nach dem Gesetz der Abnahme der Schwere mit der Entfernung. Allerdings sind die Schlüsse, die ihn hierauf führen, nur sehr allgemeiner unsicherer Art, so dass er auch nicht auf das richtige Gesetz kommt, indem er behauptet, die Schwere nehme ab umgekehrt proportional der Entfernung.

Die Ansicht, die Schwere nehme umgekehrt wie das Quadrat der Entfernung ab, ist zuerst wohl 1645 von Builaldus und 1666 von Borelli ausgesprochen worden, allerdings ohne genaue mathematische Begründung.

Ein großes, unbestreitbares Verdienst in dieser Frage hat sich aber vor allem wenige Jahre vor Newton dessen uns schon bekannter Gegner Hooke erworben. Man muss ihn als einen direkten Vorläufer Newtons bezeichnen, wenn auch Newton sich in keiner Weise auf Hookes Abhandlungen stützt. Hooke hatte schon 1661, um zu finden, nach welchem Gesetz die Schwere sich mit der Entfernung ändere, an der Erde Wägungsversuche in verschiedenen Höhen angestellt, bei denen nun allerdings keine Gewichtsänderung konstatiert wurde, weil die Höhendifferenzen viel zu Nein waren. In demselben Jahr noch stellt er aber, um dieses Gesetz zu finden, Betrachtungen über die Planetenbewegungen an. Er bringt hier die uns heute seit Newton geläufigen Überlegungen. Ein Planet würde seine augenblickliche Bewegung in Größe und Richtung unverändert beibehalten, wenn nicht irgendeine Kraft ihn stets hieran hindert und seine Bewegung so beeinflusste, dass er die tatsächliche Bahn um die Sonne durchläuft. Diese Kraft muss man sich vorstellen als von der Sonne ausgehend, immer zu ihr hingerichtet, wie die Erde einen Körper immer nach ihrem Mittelpunkte zu ziehen bestrebt ist.

Welches nun aber das wichtige Gesetz ist, nach dem jene anziehende Kraft wirkt, namentlich wie sie von der Entfernung abhängt, überlasse er denen, die Geschicklichkeit und Ausdauer dazu hätten, und auch die nötige Zeit, an der es ihm infolge Beschäftigung mit anderen Dingen mangele. Diese Andeutung, dass er nur aus Mangel an Zeit die Verfolgung dieser Ideen und namentlich die Ausrechnung des wichtigen Anziehungsgesetzes nicht selbst übernehme, streift, wie Rosenberger treffend bemerkt, „ans Komische, denn was dazu helfen konnte, war nicht die Zeit, sondern ein mathematisches Genie allerersten Ranges".

Ganz besonders überraschend aber ist es, dass in einem Briefe Hookes an Newton vom Jahr 1679 noch vor dem Erscheinen der Prinzipien Newtons sich die Stelle findet: Da die Gravitation mit der Entfernung von der Erde (wie das Quadrat der Entfernung) abnähme, so müsse die von einem fallenden Körper beschriebene Kurve eine Ellipse sein, deren einer Brennpunkt das Zentrum der Erde sei.

So nahe ist also Hooke bereits der großen newtonschen Entdeckung gewesen. Und doch, es fehlte eben an dem Wichtigsten, Fundamentalsten, an dem mathematischen Beweis, dass die Anziehung umgekehrt proportional dem Quadrat der Entfernung sei, und dass sich alle bekannten Eigenschaften der Planetenbewegungen aufgrund dieses Gesetzes erklären lassen.

Diesen Schritt und den vielleicht noch bedeutenderen zu dem Nachweis der Identität dieser Anziehungskraft mit der irdischen Schwere zu tun war eben Newton Vorbehalten.

Die äußerlichen, auf das kopernikanische System begründeten rein kinematischen Gesetze der Planetenbewegung hatte Kepler bereits aufgrund einer meisterhaften mühsamen Berechnung des vorliegenden Beobachtungsmaterials in den bekannten drei Regeln zusammengefasst:

1. Die Planeten bewegen sich in Ellipsen, in deren einem Brennpunkt die Sonne steht.

2. Die Fahrstrahlen von dem Planeten zur Sonne überstreichen in gleichen Zeiten gleiche Flächenräume.

3. Die Quadrate der Umlaufszeiten zweier Planeten verhalten sich wie die Kuben der großen Achsen ihrer Ellipsen.

Es kam darauf an, die Erklärung dieser Gesetze zu geben.

Newton zeigte, dass sie alle sich ergeben, wenn man annimmt, dass die Sonne auf die Planeten in gleicher Weise anziehend wirkt wie die Ecke auf irdische Körper, und dass diese Anziehungskraft sich umgekehrt verhält wie die Quadrate der Entfernungen. Zur Erklärung des dritten Gesetzes ist außerdem noch anzunehmen, dass die Anziehungskraft der Masse des angezogenen Planeten proportional sein muss. Unter Heranziehung des Gesetzes der Gleichheit von Wirkung und Gegenwirkung ergeben sich nach Newton die drei Keplerschen Gesetze der Planetenbewegung als Folge des einen Anziehungsgesetzes: Zwischen Sonne und Planeten wirkt eine gegenseitige Anziehungskraft, die dem Produkte der Massen von Sonne und Planet proportional, dem Quadrat ihres Abstandes umgekehrt proportional ist. Schon diese Leistung Newtons ist bewundernswürdig. Newton ging jedoch noch viel weiter. Er machte zunächst die weitere Annahme, dass in gleicher Weise eine Anziehungskraft zwischen einem Planeten und seinen Trabanten (Monden) besteht, die ja zusammen als ein Sonnensystem in kleinerem Maßstab betrachtet werden können. Der allerbedeutendste Schritt, den er nun noch weiter tat, ist aber darin zu erblicken, dass er zeigte, dass diese Anziehungskräfte, die Sonne, Planeten und ihre Monde aufeinander ausüben, wesensgleich sind mit der Anziehungskraft, die die Erde auf alle Körper an der Erdoberfläche ausübt, und deren spezielle Gesetze von Galilei erforscht waren. Newtons Gedankengang ist wohl etwa der folgende gewesen. Die Anziehungskraft, die die Erde auf irgendeinen Körper an ihrer Oberfläche ausübt,. bleibt bestehen, so wett man auch, wie in Bergwerken, sich dem Mittelpunkt der Erde nähert, und auch, soweit man sich, auf hohen Türmen oder Bergen, von ihm wegbewegen mag. Wie weit mag nun wohl diese Anziehungskraft der Erde reichen? Sollte sie vielleicht, wenn auch möglicherweise mit abnehmender Intensität, bestehen bleiben, so weit man sich auch von der Erde entfernen mag? Es ist schwerlich anzunehmen, dass sie in irgendeiner Entfernung plötzlich aufhören sollte. Dann steht also vielleicht auch der Mond unter dem Einfluss dieser Anziehungskraft? Nun sollen die anderen Planeten auf ihre Monde Anziehungskräfte ausüben, wie die Sonne auf die Planeten und nach demselben Gesetz. Warum sollte es für die Erde anders sein? Dann erhebt sich aber die Vermutung, ob nicht vielleicht diese von der Erde auf den Mond ausgeübte hypothetische Anziehungskraft eben nichts anderes ist, als ein Ausfluss derselben Anziehungskraft, die die Erde auf die Körper an der Erdoberfläche ausübt, und die wir hier als die irdische Schwere bezeichnen, d. h. also, dass der Mond in demselben Sinne „schwer" ist, von der Erde angezogen wird wie ein geworfener Stein. Der einzige Unterschied wäre dann nur der, dass die Anziehungskraft, die die Erde auf einen an der Stelle des Mondes befindlichen Körper ausübt, wegen der großen Entfernung viel kleiner sein müsste als auf denselben Körper, falls er sich an der Erdoberfläche befindet. Und zwar müssten sich die Beschleunigungen gegen den Erdmittelpunkt dann umgekehrt verhalten, wie die Quadrate der Abstände vom Erdmittelpunkt. Dies ist aber in der Tat, wie Newton zum ersten Mal berechnet hat, zutreffend. Man weiß aus astronomischen Beobachtungen, dass der Mond auf seiner Kreisbahn um die Erde gegen die Erde hin eine Beschleunigung von 0,271 cm/sec^2 erfährt. Andrerseits ist die Beschleunigung, die jeder Körper an der Erdoberfläche gegen den Erdmittelpunkt bekommt, 978 cm/sec^2, wie aus Beobachtungen am freien Fall bekannt ist. Die Entfernung des Mondes von der Erde beträgt 60 Erdradien, die beiden Beschleunigungen müssten sich, wenn Newtons Hypothese richtig ist, verhalten wie die jeweiligen Quadrate der Abstände vom Erdmittelpunkt, d. h. wie 60 x 60 :1 oder wie 3600:1. In der Tat ist nun aber 978:0,271 sehr nahe 3600 — ein glänzender Beweis für die Richtigkeit der newtonschen Hypothese.

Es wird erzählt, dass Newton, dessen große Ruhe sonst bekannt war, bei der ersten Ausführung dieser Rechnung in solche Aufregung geriet, dass er die Rechnung nicht vollenden konnte, sondern ihre Durchführung einem Freund übertragen musste. Allerdings ist diese Erzählung nicht sehr wahrscheinlich. Durch diese Rechnung war nun gezeigt, dass die irdische Schwere nur ein Spezialfall der a l l g e m e i n e n G r a v i t a t i o n ist. Dass wir bei irdischen Verhältnissen meist die Abnahme der Schwere mit der Höhe nicht erkennen, liegt daran, dass die Höhenveränderungen, die wir hervorbringen können, mir sehr klein sind gegenüber der Entfernung vom Erdmittelpunkt. Immerhin würde z. B. in einem Luftballon ein Körper, der an der Erdoberfläche ein Gewicht von 1000 g hat, in 6000 m Höhe an einer Federwaage nur etwa 998 g anzeigen. Genaue Messungen haben in der Tat die Abnahme der Schwere mit der Höhe zahlenmäßig richtig ergeben. Von hier aus erweitert sich nun ferner das Attraktionsgesetz nach Newton zu dem universellen Gravitationsgesetz. Je zwei ponderable Körper ziehen einander an mit einer Kraft, die proportional ist dem Produkt ihrer Massen und umgekehrt proportional dem Quadrat des Abstandes. Der noch unbestimmt reibende Proportionalitätsfaktor ist eine universelle, durch spezielle Versuche ermittelte Naturkonstante, deren Wert natürlich von den Einheiten abhängt, die man der Masse, Länge und Zeit zugrunde legt.

Das Werk, in dem Newton diese Entdeckung, sowie überhaupt die allgemeinen Prinzips der Mechanik niedergelegt hat, ist erschienen im Jahr 1687 unter dem Titel: Mathematische Grundlehren der Naturwissenschaften, *Philosopiae naturalis Prinzipia mathematica.*

Man darf es wohl mit Recht das hervorragendste physikalische Werk aller Zeiten nennen. Es wird in ihm nicht nur die Lehre von der allgemeinen Gravitation und die Anwendung auf die Bewegung der Himmelskörper entwickelt, sondern es ist auch das erste vollständige Lehrbuch der Mechanik, und zwar in einer auch heute noch kaum übertroffenen Vollendung und Präzision. Es ist in einer überaus knappen Sprache in fest gefügter an die „Elemente" des Euklid erinnernden Form geschrieben.

An die Spitze werden einige Definitionen und Prinzipe gestellt, aus denen dann alles Übrige mit logischer mathematischer Notwendigkeit abgeleitet wird.

Die erste Definition lautet: Die Menge der Materie (oder Masse) wird durch das Produkt aus Volumen und Dichte gemessen. Es tritt hier gleich der für die Mechanik so außerordentlich bedeutungsvolle Begriff der Masse auf, der vorher noch bei Galilei gar keine Rolle spielt, gar nicht oder nur wenig beachtet wurde. Newton bemerkt dann noch, dass die Masse durch das Gewicht gegeben sei. Dass beide einander stets proportional seien, habe er durch genaue Pendelversuche gefunden. Die folgenden Definitionen decken sich zum Teil mit den drei Axiomen der Bewegung, die von der allergrößten Bedeutung sind und folgendermaßen lauten:

> *1. Gesetz: „Jeder Körper beharrt in seinem Zustande der Ruhe oder der gleichförmigen geradlinigen Bewegung, wenn er nicht durch einwirkende Kräfte gezwungen wird, seinen Zustand zu ändern."*

> *2. Gesetz: „Die Änderung der Bewegungsgröße (nach Definition das Produkt aus Masse und Geschwindigkeit) ist der Einwirkung der bewegenden Kraft proportional und geschieht nach der Richtung derjenigen geraden Linie, nach welcher jene Kraft wirkt."*

> *3. Gesetz: „Die Wirkung ist stets der Gegenwirkung gleich oder die Wirkungen zweier Körper aufeinander sind stets gleich und von entgegengesetzter Richtung."*

Diesen Axiomen der Bewegung schließen sich noch einige Zusätze an, von denen der erste der wichtigste ist. Er spricht den Satz vom Kräfteparallelogramm aus, d. h. den Satz, dass die Kräfte, die auf denselben

Körper von verschiedenen anderen Körpern ausgeübt werden, voneinander unabhängig sind, sich gegenseitig nicht beeinflussen und modifizieren, sodass der erste Körper unter der gleichzeitigen Einwirkung aller anderer Körper an den Ort gelangt, an Len er gelangt wäre, wenn die Einzelkräfte nacheinander gewirkt hätten.

Das erste Axiom ist offenbar das schon von Galilei angegebene, wenn auch nicht ausdrücklich als solches hingestellte sogenannte Gesetz der Trägheit. Das zweite Gesetz gibt das Maß der Kraft an. Dass die Änderung der Geschwindigkeit das wesentliche bei dem freien Fall ist, war die Erkenntnis Galileis. Newton gibt hiervon in dem zweiten Axiom eine großartige Verallgemeinerung. Das dritte Axiom schließlich ist ein vollständig neues Naturgesetz.

Es folgt dann ein kurzes mathematisches Kapitel, in dem eine Rechnungsmethode gegeben wird, die für die folgenden Rechnungen nötig war. Diese Rechnungsart ist nichts Geringeres, als die Grundlehren dessen, was heute als Differenzialrechnung bezeichnet wird, von Newton Fluxionsrechnung genannt wurde, d. h. Rechnungen mit fließenden, stets veränderlichen, voneinander abhängigen Größen. Wir kommen auf diese Leistung Newtons später noch zurück.

Darauf leitet nun Newton die Kraft ab, die auf einen Körper von einem festen Punkt ausgeübt werden muss, wenn sich der Körper in einer Ellipse (allgemeiner einem Kegelschnitt) bewegt, dessen einer Brennpunkt jener feste Punkt ist. Er kommt zu dem fundamentalen Gesetz, dass diese Kraft umgekehrt proportional dem Quadrat der Entfernung sein muss. Das Resultat wird nun einfach umgekehrt: Ein Massenpunkt, der von einem anderen eins stets nach diesem hin gerichtete Kraft (sogenannte Zentralkraft) erfährt, die umgekehrt proportional dem Quadrat der Entfernung ist, bewegt sich in einer Ellipse, deren einer Brennpunkt der Punkt ist, von dem die Kraft ausgeht.

Nach dieser Erörterung der freien Bewegung wendet sich Newton zu dem Gesetze der Bewegungen auf vorgeschriebenen Bahnen, zu denen die Pendelbewegung gehört; das erste Buch enthält auch noch die Bewegungen freier Körper, die gegenseitig Kräfte aufeinander ausüben.

Im zweiten Buch werden zunächst die unter dem Einfluss von Widerstandskräften stattfindenden Bewegungen besprochen, z. B. der Wurfbahn und der Pendelbewegung unter Berücksichtigung des Luftwiderstandes.

Besonders bemerkenswert ist in diesem zweiten Buch die Ableitung der Formeln für Schallgeschwindigkeit.

Da dritte Buch schließt mit der Erörterung der Wirbelbewegungen.

In dem dritten Buch werden aus den in der beiden voraus-gehenden Büchern gegebenen Grundsätzen die wichtigeren Anwendungen auf die Bewegung der Himmelskörper gemacht, die ein glänzender Beweis für die Fruchtbarkeit der aufgestellten Axiome der Bewegung find.

Merkwürdig beginnt das Buch mit einigen allgemeinen Regeln, die Newton für die Erforschung der Natur aufstellt. Sie sind interessant genug, um hier angeführt zu weiden.

> *1. Regel. An Ursachen zur Erklärung natürlicher Dinge nicht mehr zuzulassen, als wirklich sind und zur Erklärung jener Erscheinungen ausreichen.*
>
> *2. Regel. Man muss daher, soweit es angeht, gleichartigen Wirkungen dieselben Ursachen zuschreiben. So dem Atem d" Menschen und der Tiere, dem Fall der Steine in Europa und Amerika, dem Licht des Küchenfeuers und der Sonne, der Zurückweisung des Lichtes auf der Erde und der Planeten.*
>
> *3. Regel. Diejenigen Eigenschaften der Körper, welche weder verstärkt noch vermindert werden können, und welche allen Körpern zukommen, an denen man Versuche anstellen kann, muss man für die Eigenschaften aller Körper hüllen. (Ausdehnung, Härte, Undurchdringlichkeit, Beweglichkeit, Beharrungskraft, Schwere.)*
>
> *4. Regel: (Erst in der dritten Auslage der Prinzipia hinzugefügt.) In der Experimentalphysik muss man die aus den Erscheinungen durch Induktion erschlossenen Sätze so lange als wahr halten, als andere Erscheinungen eintreten, durch welche sie entweder größere Genauigkeit erlangen oder Ausnahmen unterworfen werden. Dies muss geschehen, damit nicht das Argument der Induktion durch Hypothesen aufgehoben werde.*

In dem Hauptteil folgt sodann der schon oben etwas ausführlicher behandelte Beweis dafür, dass aus den Keplerschen Gesetzen die Identität der Gravitation im ganzen Weltraum folgt.

Welches ist denn nun aber Ursache dieser bis in die fernste Ferne stets nach demselben Gesetz wirkenden Kraft der Gravitation? Newton lehnt es am Schluss seines Werkes mit dem berühmten halb stützen, halb resignierenden Satz: „*Hypotheses non fingo*, Hypothesen erdenke ich nicht" direkt ab, seine Ansicht darüber mitzuteilen. Die betreffenden Sätze lauten:

„Ich habe noch nicht dahin gelangen können, aus den Erscheinungen den Grund dieser Eigenschaften der Schwere abzuleiten, und Hypothesen erdenke ich nicht. Alles nämlich, was nicht aus den Erscheinungen folgt, ist eine Hypothese, und Hypothesen, seien sie nun metaphysische oder physische, mechanische oder diejenigen der verborgenen Eigenschaften, dürfen nicht in die Experimentalphysik aufgenommen werden. In dieser leitet man die Sätze aus den Erscheinungen ab und verallgemeinert sie durch Induktion. Es genügt, dass die Schwere existiere, dass sie nach den von uns dargelegten Sätzen wirke, und dass sie alle Bewegungen der Himmelskörper und des Meeres zu erklären imstande sei."

So schließt Newton sein im wahren Sinne des Wortes Himmel und Erde umspannendes Werk. Die großes Aufsehen es sofort machte, ersieht man daraus, dass es kurz nach seinem Erscheinen vergriffen war und noch eine zweite und eine dritte Auflage notwendig wurde.

Das Buch ist vorbildlich geworden für alle späteren Lehrbücher der Mechanik nicht nur im Inhaltlichen, sondern auch in der mathematischen Form der Darstellung. Die ganze Richtung der physikalischen Forschung ist dadurch auf Jahrhunderte hinaus festgelegt und bestimmt worden. Noch heute übt es auf das physikalische Denken seinen Einfluss aus, und nur langsam gelingt es, allmählich im Denken und Forschen darüber hinaus zu Kimmen. Die große Entdeckung Newtons, dass das einzige verhältnismäßig so einfache Gravitationsgesetz die Bewegungen nicht nur der irdischen Körper, sondern des ganzen Weltalls regle, machte einen so ungeheuren Eindruck, dass man dieses Gesetz als Erklärungsprinzip überhaupt allen physikalischen Erscheinungen zugrunde legen zu müssen glaubte. Man ging dabei über den Meister noch weit hinaus. Wie sich Newton seinem Grundsätze getreu: *Hypotheses non fingo* nie über die Ursache der Gravitation ausgesprochen hat, so hat er auch die Hypothese der unmittelbaren Fernwirkung niemals direkt aufgestellt, wonach die Gravitationskraft ganz ohne Vermittlung eines Zwischenmediums unvermittelt durch den leeren Raum von einem Körper zum anderen wirke. Im Gegenteil erklärte er diese Ansicht einmal direkt als eine Absurdität. Je mehr sich aber die Erfolge der reinen Fernwirkungstheorie häuften, desto mehr befestigte sich der Gedanke an ihre Richtigkeit, desto mehr glaubte man, ein die Kraft vermittelndes Medium entbehren zu können und dehnte deshalb die Anschauungen dieser Theorie auf alle Gebiete aus, namentlich auf die Lehre von der Elektrizität und vom Magnetismus; erst im vorigen Jahrhundert begann, wieder von England aus, die Reaktion hiergegen auf den letztgenannten Gebieten. Allerdings muss zugegeben werden, dass wir auch heute noch keine allgemein angenommene Vorstellung von der Ursache der Gravitation haben und uns hier noch ganz auf den newtonschen Standpunkt stellen müssen, indem wir uns an der Kenntnis des Gesetzes, nach dem sie wirkt, genügen lasten; wir sind hier über Newton noch nicht hinausgekommen. Es ist ferner schon betont worden, dass auch die allgemeinen Gesetze der Mechanik von Newton so vollständig gegeben sind, dass bis heute nichts wesentlich Neues hinzugefügt worden ist, wenn sie auch in sehr elegante, umfassende Sätze seitdem zusammengefasst sind.

Wohl aber muss ein Punkt noch hervorgehoben werden. So glücklich Newton in der Auffindung der Gesetzmäßigkeiten war, und so sehr wir besonders die geniale intuitive Erfassung des Begriffes der Maste und seiner großen Wichtigkeit bewundern müssen, so muss man doch andererseits zugeben, dass die Definitionen und Axiome der Bewegung, die er an die Spitze seines Werkes stellt, nicht diejenige Sorgfältigkeit und innere Logst besitzen, die man gerade bei dieser Darstellung der grundlegenden Sätze und Begriffe wünschen und erwarten würde[13]. Namentlich tritt dies hervor in der Unklarheit bei der Einführung des Massenbegriffes. Nach der ersten Definition ist die Menge Materie oder die Masse eines Körpers das Produkt aus Dichte und Volumen. Nun ist aber die Dichte die Masse, die in der Einheit des Volumens enthalten ist. Die erste Definition sagt also gar nichts über die Masse aus. Sie ist ein vollkommener Zirkelschluss, der den Begriff der Masse in keiner Weise erläutern kann. Ferner: die dritte Definition enthält das Trägheitsgesetz. Diese Definition ist überflüssig, da in den folgenden Definitionen gesagt wird, dass Kräfte eine Beschleunigung Hervorbringen und damit ja von selbst folgt, dass, wenn keine Kräfte wirken, keine Beschleunigung vorhanden ist, also Anfangsgeschwindigkeiten konstant erhalten bleiben.

Von den beiden sofort folgenden, bereits genannten Axiomen der Bewegung sagen die beiden ersten, die das Trägheitsgesetz und die Definition der Kraft enthalten, dasselbe aus, was in der vorangehenden Definition bereits enthalten und ausgesprochen ist. Das dritte Axiom von der Gleichheit von Wirkung und Gegenwirkung bringt nun allerdings ein ganz neues Naturgesetz. Es baut sich aber ganz auf die gegebene Definition der Masse auf, deren Größe bekannt sein muss, wenn das Gesetz überhaupt anwendbar sein soll. Da aber, wie wir gesehen haben, die Definition der Masse eine Scheindefinition ist, so schwebt das dritte Axiom in der Luft. E. Mach hat in vortrefflicher Weise gezeigt, dass es viel logischer ist, den ganzen Gedankengang umzukehren und aus dem dritten Newtonschen Axiom nicht ein Gesetz, sondern vielmehr eine Definition des Begriffes der Masse zu machen, wie es namhafte Physiker neuerer Zeit, Boltzmann, Mach, Poincaré u. a. tun.

In Anbetracht der enormen Geistesleistung und der Fülle von neuen Sätzen, die in den „Grundlehren" niedergelegt sind, erscheint die Zeit, die Newton zur Abfassung seines fundamentalen Werks gebraucht hat, erstaunlich kurz. Wir dürfen annehmen, dass er etwa im Jahr 1679

---

13 Vgl. hierzu die ausgezeichneten Ausführungen von E. Mach in seiner „Mechanik", die mir für das Folgende maßgebend gewesen sind und denen man, soviel ich sehe, nur durchaus in allen Punkten zustimmen kann.

begonnen hat, sich intensiv mit Himmelsmechanik zu beschäftigen. Die erwähnte Erzählung von dem Apfelbaum, unter dem ihm zuerst die Möglichkeit einer Ausbreitung der Erdschwere bis auf den Mond hin aufgetaucht sein soll, wird in das Jahr 1666 gelegt, wo Newton längere Zeit auf seinem Erbgut zubrachte, da das College in Cambridge der Pest wegen geschlossen war. Doch sagt Newton selbst in einem von Brewster aufgefundenen Memorandum, dass Teile des ersten Buches 1679 fertiggestellt seien, dass er aber das ganze Werk in 17 oder 18 Monaten von Ende Dezember 1684 niedergeschrieben habe.

In diesen Jahren, seit 1679, hat auch offenbar die Arbeit an den „Grundlehren" seine Tätigkeit vollständig in Anspruch genommen. Sein Famulus Humphrey Newton hat uns Genaueres über die Lebensweise Newtons in jenen Jahren berichtet. Danach war Newton unablässig mit Arbeit beschäftigt, ohne sich jemals die geringste Zerstreuung oder Erholung zu gönnen. Selbst das Essen und Schlafen schränkte er auf das Äußerste, unbedingt Notwendige ein, um keine Zeit zu verlieren. Er war stets so vertieft in seine Gedanken, dass er alles andere darüber vergaß, Essen und Trinken, ja selbst seine Umgebung. Es wird erzählt, dass er gelegentlich, wenn er Gäste bei sich hatte und nach seiner Studierstube ging, um Wein zu holen, seine Freunde ganz vergaß und in seiner Arbeit fortfuhr. Er war in jener Zeit ein typischer zerstreuter Gelehrter, ein zweiter Archimedes. Sein Auftreten und Benehmen andern gegenüber soll im Verkehr ernst und gemessen, aber durchaus nicht unfreundlich gewesen sein. Jedenfalls hat er in jener Zeit ein ganz einsames, nur der Arbeit gewidmetes Leben geführt. Als ihn einst sein Freund Halley fragte, wie er es nur fertiggebracht habe, so viele und große Entdeckungen zu machen, sagte er: „Indem ich unablässig darüber nachdachte." Und ein andermal äußerte er, dass er das, was er etwa Bedeutendes geleistet habe, nur seiner Geduld und seinem andauernden Fleiß zu danken habe.

In jener Zeit der Abfassung der „Grundlehren" hat er auch mit niemandem über die ihn bewegenden Gedanken ausführlich gesprochen oder korrespondiert; die „Grundlehren" sind sein ureigenstes Werk. Es erschien, auf Kosten der Royal Society gedruckt, im Jahr 1687.

Die Veröffentlichung brachte Newton leider sofort wieder einen höchst unerquicklichen und unerfreulichen Prioritätsstreit wegen des Attraktionsgesetzes mit Hooke, mit dem er schon die erörterten Streitigkeiten nach der Publikation seiner ersten Schrift über die Aachenbrechung hatte. Hooke behauptete direkt, Newton habe das quadratische Gesetz von ihm, wenn er auch ohne Weiteres zugab, dass die Entwicklungen, die sich dann über die Planetenbahnen anschließen, Newton ganz allein zukommen. In der Tat hatte ja, wie wir schon sahen, Hooke dieses Gesetz schon ausgesprochen. Hooke verlangte durch den Sekretär der Royal Society, Halley, dass Newton dieses in der Vorrede erwähnen solle.

Newton lehnte diese Forderung in äußerst scharfer Weise in einer ausführlichen umfangreichen Verteidigungsschrift rundweg ab. Das Hauptargument bestand darin, dass Hooke überhaupt keinen Anspruch auf das quadratische Kraftgesetz habe, da es schon Bullialdus behauptet habe. Es gelang schließlich der Vermittlung Halleys, den Streit dadurch zu schlichten, dass Newton auf seine Anregung an der Stelle, die das quadratische Kraftgesetz enthält, den Zusatz machte: Der Fall des Zusatzes 6 findet bei der Bewegung der Himmelskörper statt (wie auch unsere Wren, Hooke und Halley unabhängig gefunden haben).

Damit endete dieser unerquickliche Streit, der leicht hätte vermieden werden können. In der Tat muss man wohl sagen, dass Newton die Verdienste Hooks gleich hätte hervorheben oder wenigstens nach der ersten leisen Ermahnung durch Halley sofort in das Werk einfügen sollen.

Man könnte meinen, dass sich die englische Regierung hätte beeilen müssen, Newton eine seiner hervorragenden Bedeutung entsprechende Stellung zu geben. Dem war nicht so. Newton blieb noch viele Jahre in der einfachen ziemlich bedeutungslosen und sehr schlecht bezahlten Stellung als Lucasian Professor am Trinity-College in Cambridge. Unter den Fachmännern erfreute er sich ja eines nicht geringen Ruhmes, der in weitere Kreise auch schon früher durch seine Abhandlung über Farbenbrechung gedrungen war. Auch an der Universität Cambridge war er hochgeschätzt; sie entsandte ihn einige Jahre als ihren Vertreter in das Parlament, wo er allerdings öffentlich niemals hervorgetreten ist. Die einzigen Worte, die er dort gesprochen haben soll, enthielten die Bitte an einen Diener, das Fenster zu schließen.

Sonst blieb jedoch seine Stellung unverändert.

So wenig Wert Newton auf die äußeren Güter des Lebens legte, so mag doch dieser Mangel an äußerem Erfolg mit zu dem Ausbruch einer Gemüts- und Geistesstörung beigetragen haben, die sich bei ihm nach dem übereinstimmenden Zeugnis der Zeitgenossen etwa in den Jahren 1692— 1694 bemerkbar machte. Sicheres ist weder über die nächsten Ursachen noch über die Tiefe und Dauer dieser geistigen Verwirrung bekannt. Am nächsten liegt es wohl, sie als eine naturgemäße Folge der ungeheuren Geistesarbeit anzunehmen, die Newton bei der Abfassung der Prinzipia aufgewandt hatte, ohne dem Körper sein Recht der gelegentlichen Ruhe und Erholung zu gönnen. Als äußerer Anlass wird auch ein Brand erwähnt, der, durch Umwerfen einer Kerze durch Newtons Lieblingshündchen veranlasst, wichtige Manuskripte, wie es heißt seiner „Optik", zerstört haben soll.

Jedenfalls scheint Newton nach kurzer Zeit, etwa spätestens im Jahr 1694, die geistige Verwirrung wieder völlig überwunden zu haben.

Im Jahr 1696 fiel die eine der Ursachen, die man für Newtons melancholische trübe und verwirrte Geistesstimmung verantwortlich gemacht hat, die Beschränktheit seiner äußeren Lage, fort. Durch Vermittlung von Charles Montague, später Earl of Halifax, mit dem Newton in Cambridge, wo Montague studiert hatte, befreundet war, und der das einflussreiche Amt eines Kanzlers des Finanzkollegiums bekleidete, außerdem Präsident der Royal Society war, erhielt Newton die Stelle eines ersten Beamten der königlichen Münze nach dem Vorsteher. Dieses mit 5— 600 Pfund dotierte Amt vertauschte Newton 1699, ebenfalls durch die Gunst seines Freundes Montague mit demjenigen des Master of the Mint, d. h. Direktor der königlichen Münze, die ihm das stattliche Gehalt von 1500 Pfund jährlich gab. Er war mit einem Schlag aus einer fast ärmlich zu nennenden Stellung zu einem der bestdotiertesten Ämter gelangt, allerdings zu einem Amt, das er der Freundschaft seines einflussreichen Gönners verdankte, nicht einer Anerkennung seiner außerordentlichen Verdienste um die Wissenschaft. Seitdem hatte Newton seinen Wohnsitz in London, wo er nun ein großes Haus führte, dem seine Nichte Katharina Burton vorstand, deren Anmut und Geist vielfach gerühmt wurde. So anspruchslos Newton für seine eigene Person blieb, so verstand er es doch gut, seinen Haushalt mit einer seinem hohen Amt entsprechenden Würde zu führen, die vielleicht nicht jedermann von dem einstigen zerstreuten, nur in der Einsamkeit seinen Problemen nachgrübelnden Cambridger Professor erwartet hatte. Daneben ist er auch von fast unbegrenzter Freigebigkeit gegen Bedürftige gewesen. Ehren aller Art häuften sich nun auf sein Haupt. 1699 wählte ihn die Pariser Akademie zu einem ihrer acht auswärtigen Mitglieder. 1703 wurde er nach dem Tode seines Gegners Hooke Präsident der Royal Society, und die Gesellschaft wählte ihn bis zu seinem Tode jährlich von Neuem zu ihrem Präsidenten, was ihm eine ganz eminente Machtstellung in der Welt der Wissenschaft verschaffte, in der er nun wie ein Fürst herrschte.

Der Tod Hookes war in Newtons Leben auch insofern von Bedeutung, als nun für ihn der bereits erwähnte Grund fortfiel, der ihn bisher an einer zusammenfassenden Darstellung seiner Versuche und Gedanken über Optik gehindert hatte. Er hatte sich vorgenommen, so lange Hooke lebte, nichts wieder über Optik zu veröffentlichen, um nicht mit diesem von Neuem in Streitigkeiten zu geraten.

Nun zögerte er nicht mehr damit. Im Jahr 1704 erschien dieses lange geplante Werk. Es ähnelt in seiner ganzen Anlage, der geschlossenen Form, der Einteilung in Definitionen und Lehrsätze und Axiome sehr den „Grundlehren" und weicht insofern sehr von seiner schon geschilderten Abhandlung über das Wesen der Farben ab. Sachlich beruht aber die größte

Abweichung dann, dass hier Newton von vornherein und ausdrücklich die Emissionstheorie des Lichtes zugrunde legt, die er in seiner ersten Abhandlung nur als plausibel hingestellt hatte. Das erste Buch gibt wesentlich seine ersten grundlegenden Versuche über die Farben sowie die darauf gegründete genaue Erklärung des Regenbogens. Im zweiten Buch sind dann die Versuche über die Farben dünner Blättchen enthalten. Als neu erscheint nun aber hier, gemäß seinem neuen Standpunkt, in dem er sich ganz zur Emissionstheorie bekennt, die eigentümliche Erklärung dieser Farbenerscheinungen an dünnen Blättchen aufgrund der Emissionstheorie des Lichtes. So gut die Emissionstheorie die geradlinige Fortpflanzung des Lichtes erklärt — sie ist ja danach überhaupt selbstverständlich, während die Wellentheorie des Lichts nur schwer davon Rechenschaft geben konnte —, so große Schwierigkeiten hat sie, eine befriedigende Erklärung von den Farben dünner Blättchen zu geben, was nun wiederum für die Undulationstheorie des Lichtes ein Leichtes war. Newton erdachte hierzu seine merkwürdige wenig befriedigende Hypothese der „Anwandlungen" des Lichtes. Ungetreu seinem stolzen Wort aus den „Grundlehren", Hypothesen erdenke ich nicht, legt er hier einem Lichtstrahl durchaus hypothetische Eigenschaften bei. Danach soll nämlich ein Lichtstrahl „Anwandlungen" auf seinem Wege erleiden, die es bedingen, dass er an der einen Stelle leichter reflektiert, an der an dem leichter gebrochen wird. Diese folgen aufeinander in sehr Leinen Intervallen, die aber von Farbe zu Farbe verschieden sind, für Rot am größten, für Violett am kleinsten. Es läuft also die Hypothese ungefähr hinaus auf die verschiedenen Phasen, die sich nach der Undulationstheorie hintereinander in einem Lichtstrahl fortpflanzen, und zwar sind hier die Abstände gleicher Phase (Wellenberg bez. Wellental) gerade die Wellenlänge des Lichtes. Nach der Wellentheorie ist diese Verschiedenheit auf dem Wege eines Lichtstrahles leicht verständlich; wie soll man sich aber diese Verschiedenheiten auf einem Strom materieller in sich gleicher Teilchen denken. Newton sieht sich nun auch an dieser Stelle zur Aufsuchung neuer Hypothesen gezwungen, die er allerdings mehr hinwirft, als ausführt.

Das dritte Buch der Optik enthält schließlich die Beugungserscheinungen, d. h. die gelegentlich etwa bei Durchgang des Lichtes durch sehr enge Spalten auftretenden Abweichungen von der geradlinigen Fortpflanzung des Lichtes; er gibt darin aber nur im Wesentlichen schon von Grimaldi untersuchte Erscheinungen mit neuen quantitativen Messungen.

Diesen drei Büchern fügt nun aber Newton noch einen höchst merkwürdigen Anhang an, indem er in Form von Fragen allerlei Gedanken Ausdruck verleiht, die er nicht zum Abschluss gebucht hat, oder die ihm nicht reif genug erscheinen, um so wie in den ersten Büchern veröffentlicht zu wecken, aber doch der Diskussion wert sein möchten.

Er gibt dort für Erscheinungen, deren bestimmte Erklärung ihm nicht möglich ist, Erklärungsversuche, Gedanken, die er über diese Probleme und ihre etwaigen Erklärungsmöglichkeiten hat.

Sie sind vorsichtigerweise in Frageform eingekleidet, von Ausführungen sehr verschiedenen Umfanges begleitet. Es ist schwer zu sagen, wie weit Newton die dort aufgestellten Gedanken als seine eigene Überzeugung angesehen haben wollte. Jedenfalls habe" seine Schüler sie als die ureigenste Ansicht und direkte Lehre des Meisters schon bei seinen Lebzeiten weiterverbreitet, ohne dass Newton sich ernstlich dagegen gewehrt hätte. Einige Beispiele wecken am besten die eigentümliche Form dieses Anhanges zur Optik erkennen lassen.

Die ersten Fragen befassen sich mit Erklärungsversuchen der Beugungserscheinungen. 1. Wirken nicht die Körper schon aus einiger Entfernung auf das Licht, sodass sie die Lichtstrahlen beugen und 2. unterscheiden sich nicht die verschiedenen Lichtstrahlen in dieser Beugbarkeit ebenso wie in der Brechbarkeit, sodass auch bei der Beugung die verschiedenen einfarbigen Strahlen voneinander getrennt werden? 3. Geschieht nicht diese Bewegung vor-und rückwärts, sodass die Strahlen in der Nähe der Körper schlangenförmig gestaltet sind und drei solcher Schlangenbiegungen die vorerwähnten drei Beugungsfransen erzeugen? 4. Stammen nicht die Zurückweisung, Brechung und Beugung des Lichtes aus einem und demselben Prinzip her, das dabei nur unter verschiedenen Umständen auch in verschiedener Weise wirkt?

In ganz ähnlicher unbestimmt gehaltener Form wecken in den folgenden Fragen eine große Menge von Problemen behandelt, das Verhältnis von Licht und Wärme, die Erscheinungen der Doppelbrechung des Lichts, das Wesen der Lichtempfindung u. a. m. Namentlich wird in einer umfangreichen Erörterung nochmals die Emissionstheorie gegen die anderen Lichttheorien verteidigt. Wenn auch vieles von dem in diesem Anhang Gegebenen keinen dauernden Wert gehabt und heute nur noch historisches Interesse hat, so ist der Gedankenreichtum und die geistige Beweglichkeit Newtons hierbei in hohem Maß bewundernswert. Es ist uns heute, wo wir dank der zweihundertjährigen eifrigen Arbeit einer großen Menge von Forschern alle diese Dinge etwas besser einsehen, mancher Irrtum darin schwer begreiflich oder mutet uns wenigstens merkwürdig an; man muss sich aber in jene Zeit hineinversetzen, wo das alles noch ein fast unbekanntes Feld war, dessen Anbau eben erst begonnen wurde. Wer weiß, wie mitleidig in zweihundert Jahren unsere gegenwärtigen Anschauungen belächelt werden?

Will man überhaupt Newton einen Vorwurf machen, so könnte es höchstens der sein, dass er sich um die Ansichten der Gegner nicht genügend bekümmert, oder sie wenigstens nicht genügend beachtet und eines ernstlichen Studiums gar nicht für wert befunden hat.

Das für die Wellentheorie des Lichts grundlegende Werk von Huygens „Abhandlung vom Licht", war 1680, kurz vor Newtons „Optik" erschienen. Newton erwähnt es jedoch kaum und befasst sich mit den darin gegebenen Lehren in keiner Weise. Er lehnt es stillschweigend ab. Ihm folgen hierin seine Schüler natürlich in verstärktem Maß, sodass bei der großen Autorität, die Newton besaß, und die sich noch auf viele Jahrzehnte nach seinem Tod erstreckte, Huygens Schrift ein ganzes Jahrhundert fast unbeachtet blieb. Zu Lebzeiten haben sich die beiden großen Zeitgenossen zwar gegenseitig mit größter Achtung behandelt, aber es gelang keinem, den andern zu überzeugen, jeder blieb bei seiner Ansicht.

Nach dem Erscheinen der Optik hat Newton grundlegende Werke neuen Inhalts nicht mehr veröffentlicht, sondern nur noch einige neue Auflagen der „Grundlehren" und der „Optik" herausgegeben. Gerade ihm, der wissenschaftlichen Streitigkeiten so abgeneigt war, war es beschieden, noch in den letzten Jahrzehnten seines Lebens einen heftigen Prioritätsstreit führen zu müssen. Es handelt sich dabei um nichts Geringeres als um die Erfindung der Differenzial- und Integralrechnung. Wenn es auch an dieser Stelle unmöglich ist, auf das Sachliche in diesem Streit einzugehen, so muss er doch hier besprochen werden, weil er in Newtons Leben eine große Rolle gespielt hat.

Wie es so oft bei wissenschaftlichen Entdeckungen vorkommt, dass sie fast zu gleicher Zeit von mehreren gemacht wird, weil die Zeit eben dazu reif und der Boden vorbereitet ist, so war es auch hier; nur dass der Streit hier von besonderer Bedeutung ist, weil die Gegner in ihm zwei der hervorragendsten Geister sind, Newton und Leibniz, und es sich um eine der wichtigsten Erweiterungen der Mathematik handelt. Es ist ziemlich klar erwiesen, dass der ganze, aufs Heftigste geführte, sogar mit Verdächtigungen der schwersten Art angefüllte, Streit um die Priorität im Grunde unnötig und gegenstandslos war. Beide Gegner haben die Grundgedanken in denselben Jahren vollständig unabhängig voneinander gefasst, aber natürlich sich stützend auf vorbereitende Arbeiten früherer Mathematiker.

Wenn Newton Mühe hatte, seine Verdienste auf diesem Gebiete zur Geltung zu bringen, so war er allerdings selbst schuld daran, da er niemals eine größere Darstellung seiner neuen Rechnungsart gegeben, sondern nur mehr andeutungsweise und in Briefen davon gesprochen hat. Mit stets zunehmender Heftigkeit hat der Streit bis zu Newtons Tode gedauert, ohne zu irgendeinem Ergebnis zu führen. Sehr richtig urteilt Rosenberger, dass die Nachwelt wohl mehr auf Seiten Leibniz' stehen wird. Newton hatte sich zu eigenem persönlichen Gebrauch eine der Differenzialrechnung sich in den Grundzügen nähernde Rechnungsart, die Fluxionsrechnung, ausgearbeitet und davon nur so andeutungsweise und kurz Mitteilung gemacht, dass niemand viel damit anfangen konnte; von der Einführung einer neuen bedeutsamen Rechnungsart konnte keine Rede sein. Ganz anders Leibniz. Er hat in ganz bewusster Einsicht die Grundlehren der Differenzialrechnung ohne irgendwelche Anlehnung an die newtonsche Fluxionsrechnung aufgestellt, allgemein zugängig gemacht, und zwar in einer Weise, dass bald andere Forscher die neue Methode aufnehmen, benutzen und weiter ausbilden konnten.

Newton war es vergönnt, sich seines Ruhmes und seines Einflusses, seiner einzigartigen fürstlichen Stellung in der Wissenschaft viele Jahre erfreuen zu können; er erreichte das hohe Alter von 84 Jahren, noch bis kurz vor seinem Tod in verhältnismäßiger großer körperlichen und geistigen Regsamkeit.

Er starb am 20. März 1727. Was sterblich an ihm war, wurde in der Westminster-Abtei mit fürstlichem Ehrengepränge beigesetzt. Seit dem Jahr 1731 erhebt sich dort sein von seinen Ecken ihm errichtetes Standbild mit einer pomphaften Inschrift.

Noch heute stehen wir bewundernd vor seinem Lebenswerk. Je weiter die kleinlichen Streitigkeiten, die ihm, nicht ohne seines Schuld, das Leben verbitterten und manche Stunde seines kostbaren Lebens in unfruchtbarem Gezänk raubten, hinter uns in die Nacht der Vergessenheit sinken, umso mehr erheben sich mit stets neuem Glanz die wissenschaftlichen Leistungen Newtons.

Wohl war er sich seines Wertes bewusst —, das Bewusstsein, das Gesetz gefunden zu haben, welches die Bewegungen der Weltkörper regelt, gab ihm wohl das Recht dazu —, aber wir wissen auch einen schönen Ausspruch von ihm, der uns seine innere Bescheidenheit zeigt, mit dem wir diese kurze Darlegung von Newtons Leben und Wirken schließen wollen:

„Ich weiß nicht, wie ich der Welt erscheine; aber mir selbst komme ich vor wie ein Knabe, der am Meeresufer spielt und sich damit belustigt, dass er dann und wann einen glatten Kiesel oder eine schöne Muschel findet, während der große Ozean der Wahrheit unerforscht vor ihm liegt.“

Michael Faraday

VII. Michael Faraday

England, das der Welt den großen Newton, den Vater der Mechanik, geschenkt hat, ist auch die Heimat eines Naturforschers, dem die Physik eine Fülle der wunderbarsten unerwartet Sten Entdeckungen verdankt, die den Anstoß einer gänzlichen Umwälzung der Lehre vom Magnetismus und von der Elektrizität und zu einer Entwicklung dieser Wissenschaft gegeben haben, wie sie sich großartiger kaum denken lässt. Dieser Naturforscher ist Michael Faraday, „der König der Experimentatoren". Erst vor etwa 20 Jahren hat die auf ihn zurückgehende Epoche der Physik durch die Versuche von Heinrich Hertz einen gewissen Abschluss gefunden. Und jetzt leben alle Physiker völlig in den Ideen und Anschauungen, die Faraday zum ersten Mal geäußert hat, geleckt von einer staunenswerten Begabung, intuitiv den Zusammenhang zwischen scheinbar ganz voneinander getrennten Naturerscheinungen zu erfassen. Aber nicht nur die reine Wissenschaft, auch die Technik genießt heute, was Faraday der Natur abgelauscht hat. Seine Entdeckungen haben in ihren Folgen tief in das wirtschaftliche Leben der Völker eingegriffen. Wenn uns heute die elektrischen Zentralen aller Städte elektrisches Licht liefern, der Verkehr durch elektrische Straßenbahnwagen in ungeahnter Weise zugenommen hat, und in dieser Industrie Tausende Brot und Beschäftigung finden, Telefonanlagen bequemste unmittelbare Verständigung über weite Entfernungen ermöglichen, die elektrische Energie in weitestem Umfang der Menschheit zugängig gemacht ist, so ist das fast alles in letzter Linie auf Faradays Entdeckung der Induktion zurückzuführen. Und dieselbe Entdeckung ist es, die beispielsweise die Röntgenröhren betreibt.

Alle die wunderbaren Entdeckungen, deren eine einzige genügt haben würde, um ihrem Urheber einen Ehrenplatz in der Geschichte der Physik zu sichern, verdanken wir einem Mann, der in den ärmlichsten Verhältnissen ausgewachsen ist, kaum einen ordentlichen Elementarunterricht, geschweige denn jemals einen systematischen Unterricht in Naturwissenschaften genossen hat, einem vollkommenen Autodidakten, der nichts anderes mitbrachte als eine glühende Begeisterung für die Natur, einen rastlosen Eifer, einen offenen Blick und warme Empfänglichkeit für die Fülle der Erscheinungen, die ihm von außen entgegentraten.

Aber gerade dieser völlige Mangel eines geordneten Unterrichts, der sich in den tausendfach betretenen gewohnten Bahnen bewegt, in dem ein Wissen in feststehender durch Traditionen fast geheiligter Form von Generation zu Generation unverändert weitergegeben wird, nur zu leicht ein unbefangenes Betrachten der Erscheinungen unmöglich macht und allmählich von selbst dahin führt, dass der Geist die gewiesenen Bahnen nicht zu überschreiten vermag und wie mit Scheuklappen den einmal gewiesenen Weg verfolgt, — gerade dieser Mangel hat Faraday wohl dazu befähigt, unbeirrt und unbeengt von Schulmeinungen ganz naiv, gewissermaßen von Neuem, an die Erscheinungen heranzutreten, sie mit ungetrübtem Blick, nicht durch die Brille einer traditionellen Doktrin zu betrachten.

Daher hat denn auch seine Vorstellung der elektrischen und magnetischen Kräfte etwas Revolutionäres, von den herrschenden Ansichten durchaus Abweichendes, mit ihnen Unverträgliches. Namentlich gegen die Lehre der newtonschen Schule (nicht etwa Newtons selbst), von der reinen unvermittelten Fernwirkung der Gravitation, der elektrischen und magnetischen Kräfte, lehnte sich Faraday auf. Er konnte sich durchaus diese Lehre nicht zu eigen machen, sondern sah in der scheinbaren Fernwirkung mit genialer Intuition die Wirkung von unsichtbaren Zustandsänderungen, die sich mit endlicher Geschwindigkeit durch das Zwischenmedium von Ort zu Ort fortpflanzen, versetzt, wie etwa ein Schlag auf das Ende einer Spirale als Welle an dieser fortgleitet.

Freilich war es nun einer schnellen Verbreitung seiner Ideen wieder hinderlich, dass er sie, eben infolge des Mangels an einer Schulung, nicht in einer allgemein verständlichen Weise auszudrücken vermochte, so dass sie meistens ganz unbeachtet oder unverstanden blieben. Wohl nahm man seine Entdeckungen mit Enthusiasmus und Dank für den Entdecker hin, schob aber seine theoretischen Überlegungen als etwas ganz Unverständliches, Lästiges, oder gar Schrullenhaftes beiseite. Allerdings hätte man sich sagen müssen, dass Gedanken, die ihren Urheber zu solchen erstaunlichen Entdeckungen geführt, wohl einen außerordentlichen Wert haben mussten. Wer sie waren ebenso abweichend von aller gewohnten Art der Darstellung geschrieben, eilten auch ihrer Zeit so weit voraus, dass sie unverstanden blieben, und wir erst heute imstande sind, den gewaltigen in ihnen enthaltenen Reichtum und ihre Genialität im Erfassen des Tatsächlichen zu erkennen. Berichtet doch selbst ein Helmholtz, dass er oft ratlos auf Sätze von Faraday gestarrt und ihren Sinn nicht habe ergründen können. Erst als ein kongenialer Landsmann Faradays, Maxwell, eine Darstellung dieser Ideen in der den Gelehrten gewohnten Sprache gab, fingen sie an, allgemein Eingang zu finden. Den endgültigen Sieg seiner Vorstellungen, den die hertzschen Versuche brachten, hat Faraday nicht mehr erlebt. Die drahtlose Telegrafie, die heutigen Rundfunk- und Fernsehübertragungen und nicht zuletzt das moderne mobile Telefon, die sich alle auf diese berühmten Versuche gründen, sind der denkbar glänzendste Beweis für die Richtigkeit der faradayschen Ideen.

Faradays wissenschaftliche Tätigkeit gehört ganz dem 19-ten Jahrhundert an. Während uns von Newton nun ein Zeitraum von über drei Jahrhunderten trennt, sodass er ganz eine historische Größe geworden ist.

Faraday wurde am 22. September 1791 als Sohn eines Schmieds in Newington Butts geboren, einem Dorf, das heute ganz in dem sich ausdehnenden London aufgegangen ist. Nach einem kümmerlichen Elementarunterricht wurde er zunächst Laufbursche und nach einer einjährigen Probezeit Lehrling bei dem Buchhändler Riebau. Der aufgeweckte Junge ließ sich nicht an dem Binden der Bücher genügen. Ihn fesselte ihr Inhalt, und er las ziemlich wahllos alles, was ihm dabei unter die Hände kam. Doch waren es bald vor allem die Bücher über Physik und Chemie, deren Inhalt ihn förmlich begeisterte. Er machte die einfachsten Grundversuche der Chemie nach und baute sich selbst eine noch heute erhaltene Elektrisiermaschine.

Von entscheidender Bedeutung für sein ganzes Leben war der Besuch einer Anzahl Abendvorlesungen über Naturphilosophie, die der Chemiker Davy in den Jahren 1810 und 1811 hielt. Das Eintrittsgeld erhielt Faraday von seinem Bruder. Von diesen Vorträgen hatte Faraday genaue Ausarbeitungen gemacht. Seine Gedanken waren jetzt nur noch bei der Naturwissenschaft, und als er nun noch das Unglück hatte, als Geselle zu einem rauen heftigen Meister zu kommen, fasste er sich ein Herz und schrieb unter Beilegung seiner Ausarbeitungen an Davy einen Brief mit der Bitte, ihn in seinem Vorhaben, das Handwerk aufzugeben und sich ganz der Naturforschung zu widmen, mit seinem Rat und seiner Hilfe zu unterstützen.

Faradays Herzenswunsch ging auch in Erfüllung. Davy, dem der junge Mann einen guten Eindruck gemacht haben muss, bot ihm die Stelle als Laborant in seinem Laboratorium an, die Faraday natürlich mit tausend Freuden annahm. Formell wurde er von der Royal Institution angestellt, an der Davy als Dozent tätig war. Es ist dies eine höchst eigenartige wissenschaftliche Gesellschaft. Sie wurde 1790 von Graf Rumford als eine Art technische Schule gegründet. Besondere Berühmtheit haben von jeher die Vorlesungen gehabt, die an ihr von verschiedenen namhaften Gelehrten gehalten werden. Sie kann heute als eine Art Universität für Naturwissenschaften gelten, welche Professoren besoldet, die in erster Linie nur die Verpflichtung zur Forschung, in zweiter die Abhaltung öffentlicher Vorlesungen übernehmen. Da das Hauptgewicht auf die Forschung gelegt wird, wofür den Professoren Zeit und Geld in reichem Maß zur Verfügung gestellt werden, sind es ideale Stellungen, gegenüber den Professuren an den eigentlichen Universitäten, die mit einer großen Menge von Verpflichtungen überhäuft sind, die nicht die zu völliger Konzentration auf ein Gebiet notwendige Zeit gewähren.

An dieser Anstalt also wurde Faraday mit 22 Jahren Vorlesungsassistent und hat ihr seine Kräfte sein ganzes Leben hindurch aufs Eifrigste gewidmet. Ihm und Davy verdankt man, dass die Anstalt über die ersten Jahre ihres Bestehens glücklich hinwegkam, in denen sie öfters einzugehen drohte. Faraday befand sich kaum ein halbes Jahr in seiner neuen Stelle, als ihn Davy, der offenbar mit ihm außerordentlich zufrieden gewesen sein muss, als Assistent auf eine größere Reise durch die Hauptstädte Europas bis nach Neapel mitnahm. Faraday, der bisher aus London nicht hinausgekommen war, nahm in seiner ihm eigenen lebhaften temperamentvollen Art mit Entzücken die Eindrücke in sich auf, die auf dieser Reise auf ihn einstürmten. Auf dieser Reise hatte er als ständiger Begleiter Davys das Glück, viele der hervorragendsten Chemiker und Physiker seiner Zeit persönlich kennenzulernen, u. a. Ampère, Arago, Gay-Lussac, Dumas, Volta, Biot, de Saussure; mit manchem von ihnen verknüpfte ihn bald eine dauernde Freundschaft.

Nach der Rückkehr von der etwa ein Jahr dauernden Reise trat er wieder seine frühere Stellung in der Royal Institution an, wo er seine Pflichten aufs Eifrigste erfüllte. Namentlich war er unermüdlich in der Unterstützung bei den Versuchen seines Gönners Davy, der Faraday immer mehr schätzen lernte.

Allmählich fing er auch selbst mit eigenen wissenschaftlichen Forschungen an, und veröffentlichte seit 1816 eine Reihe kleiner Abhandlungen aus den verschiedensten Gebieten der Physik und Chemie; auch begann er nun, öffentliche Vorträge über Chemie zu halten. Wie streng er es hierbei mit seiner Pflicht nahm, erhellt sich daraus, dass er hierfür einen für seine Verhältnisse sehr kostspieligen Kursus in der Rednerkunst nahm, von dem er sich sogar eine ausführliche Niederschrift anfertigte, ein Beispiel der Gründlichkeit, mit der er jede Sache anpackte.

In das Jahr 1821 fällt seine Verheiratung mit Sarah Barnard, der Tochter eines Silberschmiedes, eines der „Ältesten", aus der Gemeinde der Sandmanianer. Es war eine überaus glückliche Ehe. Unter der Zusammenstellung der amtlichen Papiere, Ehrendiplome usw., die Faraday sich angelegt hatte, fand sich ein Zettel von Faradays Hand folgenden Inhalts:

25. Januar 1847. Zwischen alle diese Erinnerungen und Begebenheiten schalte ich hier das Datum eines Ereignisses ein, welches als Quelle von Ehre und Glück für mich alle anderen weit übertrifft. Wir heirateten am 12. Juni 1821. M. Faraday.

Seine Freunde können nicht genug die Innigkeit dieses Ehebunds rühmen und bewundern. Tyndall schreibt darüber: „Nie, glaube ich, gab es eine männlichere, reinere und beständigere Liebe. Gleich einem brennenden

118

Diamanten fuhr sie 46 Jahre lang fort, ihre weiße rauchlose Glut auszustrahlen."

Kurz nach seiner Verheiratung trat Faraday in die Gemeinde der Sandmanianer ein, der seine Frau angehörte, und blieb ihr bis zu seinem Tode ein treues werktätiges Mitglied. Das junge Paar erhielt die Erlaubnis, seine Wohnung in den Räumen der Royal Society aufzuschlagen, die sie dann 46 Jahre lang innehatten.

In dem Jahr seiner Verheiratung beginnt die Reihe der großen Arbeiten, die Faraday zum ersten Physiker seiner Zeit machten. Das Schwergewicht aller seiner Arbeiten und Entdeckungen liegt, sowohl der Ausdehnung wie der inneren Bedeutung nach, auf dem Gebiet der Elektrizität und des Magnetismus. Um diese im Zusammenhang besprechen zu können, wollen wir zuvor einen Blick auf die wichtigsten seiner Arbeiten in den anderen Gebieten der Physik sowie der Chemie werfen. Sie schließen sich zunächst begreiflicherweise an die Untersuchungen an, mit denen er sich als Assistent von Davy zu beschäftigen hatte, und sind wohl meist auf dessen Anregung hin entstanden.

Unter diese ist vor allen Dingen die Verflüssigung des Chlorgases, sowie einige anderer Gase zu rechnen, die man bis dahin als sogenannte permanente Gase bezeichnet hatte, d. h. als Substanzen, zu deren Wesen es gehören sollte, das sie stets als Gase, niemals als Flüssigkeiten, auftreten können. Faraday zeigte, dass eine Reihe dieser sogenannten permanenten Gase durch hohen Druck, der in verschlossenen Röhren entweder durch Erhitzung oder durch Kompression erzeugt werden kann, verflüssigt werden können. Diese für die Ansichten über die Eigenschaften der Materie wichtigen Versuche lehrten vor allen Dingen, dass im Gegensatz zu der damals herrschenden Ansicht die permanenten Gase nicht wesensverschieden sind von Dämpfen von Flüssigkeiten, sondern, dass hier nur ein gradueller, kein wesentlicher Unterschied besteht.

An die erste dieser Verflüssigungen, diejenige des Chlors, die Faraday auf direkte Anregung von Davy vornahm, knüpft sich eine amüsante kleine Erzählung. Ein Freund von Davy, Dr. Paris, war zufällig bei dem ersten Versuch zugegen, bei dem sich das Chlor in der Glasröhre als ölige Flüssigkeit absetzte, und tadelte Faraday, dass er mit unsauberen fettigen Glasröhren arbeite. Faraday stellte noch an demselben Tage fest, dass er es bei seinem Versuch mit flüssigem Chlor zu tun gehabt hatte, und schrieb an Dr. Paris ein lakonisches Billet:

Geehrter Herr! Das Öl, welches Sie gestern bemerkten, war nichts anderes als flüssiges Chlor.

Ihr ergebener M. Faraday.

Kurz darauf machte Faraday eine weitere wichtige Entdeckung, nämlich die Auffindung des Benzols, das in der Folge das Ausgangsmaterial für eine große Reihe der wichtigsten auch praktisch wertvollen chemischen Verbindungen geworden ist.

In den Jahren 1825—1830 war Faraday als Mitglied einer Kommission tätig, die von der Royal Society zur Auffindung neuer für die Zwecke der Optik besonders geeigneter Glassorten eingesetzt war. Außer Faraday gehörten ihr noch Herschel und Dollond an. Faraday, dem hierbei hauptsächlich der chemische Teil zugedacht war, widmete sich dieser Aufgabe mit unermüdlichem Eifer, und trug ein großes Material von wertvollen Beobachtungen und Schmelzmethoden zusammen. Wenn auch der schließlich sichtbare Erfolg nicht im Einklang mit der großen auf diese zeitraubenden Versuche verwendeten Mühe stand, so sind sie doch insofern von unschätzbarem Werte geworden, als er dabei dasjenige Glas herstellte, an dem er später eine seiner glänzendsten Entdeckungen machte, die der magnetischen Drehung der Polarisationsebene des Lichtes.

Bis 1825 war er nominell Assistent von Davy und Brandl. In diesem Jahr wurde er zum Direktor des Laboratoriums der Royal Institution ernannt. In unveränderter Treue widmete er ihr fortan seine Dienste bis an sein Lebensende. Trotz der im Vergleich zu seinen Leistungen geradezu kläglichen Besoldung lehnte er 1827 einen Ruf als Professor der Chemie an der Universität London ab, mit der ausdrücklichen Begründung, dass er seine Tätigkeit weiter der Royal Institution widmen wolle, in dankbarer Erinnerung des Schutzes, den sie ihm bisher in seinem Leben gewährt habe und der Quelle hohen Glückes, die sie ihm geworden sei, indem sie ihm die Zeit und Mittel zur Ausführung seiner wissenschaftlichen Untersuchungen in reichem Maße gewähre. An diesen hing er mit solcher Leidenschaft und Begeisterung, dass er 1830 sogar die Ausführung von Analysen, die er teils im Privatauftrag, teils als Sachverständiger ausführte, und die so ausgezeichnet honoriert wurden, dass er in Kürze dadurch großen Reichtum hätte erwerben können, ganz aufgab, um sich vollständig seinen geliebten Versuchen widmen zu können, wenn er dafür auch weiterhin auf das minimale Jahreseinkommen von 100 Pfund sich beschränkt sah. Mit diesem Jahr beginnt denn auch die glänzende Reihe seiner Experimentaluntersuchungen über Elektrizität, die ihn von Entdeckung zu Entdeckung führten.

Den Ausgangspunkt bildet die Auffindung des engen zwischen Elektrizität und Magnetismus bestehenden Zusammenhanges durch Örstedt im Jahr 1820. Örstedt fand, dass ein Magnetpol, der sich in der Nähe eines elektrischen Stromes befindet, einen Bewegungsantrieb erfährt, und zwar senkrecht zu der durch den Stromleiter und den Pol gehenden Ebene. Durch diese Entdeckung wurde eine innige Wechselbeziehung zwischen zwei

Naturerscheinungen, den elektrischen und den magnetischen, aufgedeckt, die vorher gänzlich zusammenhanglos erschienen. „Sie hat", wie Faraday sagt, „die Tore zu einem wissenschaftlichen Reich gesprengt, das bis dahin in tiefem Dunkel lag, und hat es mit einer Flut von Licht erfüllt."

Setzte die Tatsache der Existenz dieser Kraft schon an und für sich die ganze gelehrte Welt in Erstaunen, so war die eigentümliche Richtung dieser Kraft fast noch merkwürdiger. Gegenüber der Art von Fernwirkungskraft, die man aus dem newtonschen Gravitationsgesetz sowie dem coulombschen Gesetz der Wirkung ruhender Elektrizitäts- bzw. Magnetismusmengen aufeinander gewohnt war, nämlich in Richtung der Verbindungslinie der beiden bestimmenden Stücke, trat hier eine dazu senkrecht gerichtete Kraft auf, für die es nirgends ein Analogon gab.

1821, ein Jahr nach Örstedts Entdeckung der Drehung eines Magnetpols um einen gradlinigen Leiter, gelang ihm der Nachweis des inversen Effekts, der nach dem Prinzip von actio und reactio zu erwarten war, nämlich der Rotation eines Stromleiters um einen feststehenden Magnet.

War dieser Versuch auch wesentlich nur eine andere Seite des örstedtschen Fundamentalversuches, so war doch die Feststellung dieser Umkehrung des Phänomens von großer Wichtigkeit. Eine besondere Bedeutung haben diese Drehungen von Stromleitern im Magnetfeld dadurch erlangt, dass auf dieses Prinzip empfindliche, von äußeren störenden magnetischen Einflüssen unabhängige und viel benutzte Galvanometer konstruiert sind. Doch war diese Entdeckung gewissermaßen nur der Auftakt zu einer noch ungleich bedeutenderen, ja man muss wohl sagen, der glänzendsten, überraschendsten Entdeckung unter den vielen, die wir Faradays Scharfsinn verdanken, die Auffindung der Magnetoinduktion.

Örstedt hatte gezeigt, dass ein elektrischer Strom magnetische Kräfte um sich herum erzeugt. Bis dahin war man zur Erzeugung von magnetischen Kräften auf die in der Natur vorkommenden Magnetsteine angewiesen, oder auf Stahlstücke, die durch Streichen mit einem natürlichen Magneten magnetisiert waren. Nun zeigte sich, dass man zur Erzeugung von Magnetismus nicht auf die natürlichen Magnete allein angewiesen war, sondern dass man auch magnetische Kräfte allein aus Elektrizität gewinnen kann. Von einem wunderbaren Instinkt geleitet sucht nun Faraday nach einer Erscheinung, welche die Umkehrung dieser Erzeugung von Magnetismus durch Elektrizität darstellt. Er war überzeugt, dass es etwas Derartiges geben müsse. Mit eiserner Konsequenz verfolgte er diesen Gedanken. Aber es bedurfte zehnjährigen rastlosen Bemühens, ehe seine Arbeit von Erfolg gekrönt war und er zum ersten Mal einen induzierten elektrischen Strom erhielt. Wir sind durch außerordentlich genaue und ausführliche Notizen in Faradays Tagebüchern sehr eingehend über die

Entstehungsgeschichte dieser denkwürdigen Entdeckung unterrichtet. Faraday hatte die Gewohnheit, gelegentliche Einfälle, auftauchende Probleme und Fragen zu notieren. Und so findet sich schon im Jahr 1822 in seinem Notizbuch die Bemerkung: „Verwandle Magnetismus in Elektrizität".

Man wusste, dass ein von einem elektrischen Strom spiralig umflossener Eisenstab magnetisch wird. Wie kann man das Gegenstück hierzu erreichen? Wie erzeugt man einen elektrischen Strom, wenn ein Magnet gegeben ist?

Auf dieses Problem konzentriert sich nun sein ganzes Denken. Man erzählt, dass er stets ein kleines Modell eines Elektromagneten in der Tasche trug, ein etwa ein Zoll langes Eisenstäbchen von einigen Kupferdrahtwindungen spiralig umgeben; in unbeschäftigten Augenblicken habe er es aus der Tasche genommen und betrachtet. Eine innere Stimme sagte ihm, es müsse ein verwandtes Phänomen geben, bei dem Elektrizität aus Magnetismus erzeugt wird. Immer wieder stellt er neue Versuche dazu an, ersinnt neue Kombinationen, über die in seinen Tagebüchern dann stets mit dem Vermerk: „Kein Erfolg" berichtet wird. Endlich, nach zehnjähriger Mühe, ist die gesuchte Erscheinung gefunden. Im August 1831 erhält er den ersten Induktionsstrom, und es bedurfte nun nur einer Arbeit von 10 Tagen, um alle 10 Jahre lang gesuchten Erscheinungen vollständig einwandfrei experimentell zu erledigen.

Es sind alle die Erscheinungen und Versuche, die auch heute noch als Fundamentalversuche im Unterricht bei der Besprechung der Induktionserscheinungen an die Spitze gestellt werden. Faraday gab den neuen Erscheinungen die auch noch heute vielfach üblichen Bezeichnungen Magnetoinduktion und Volta-Induktion.

In der Tat waren die Erscheinungen, die Faraday stets vorgeschwebt hatten, von ganz eigentümlicher Art, wie sie von vornherein schwer auszudenken oder zu ahnen waren.

Es zeigte sich nämlich erstens, dass ein elektrischer Strom in einem geschlossenen Leitungsdraht entsteht in dem Moment, in dem in einem ihm nahen aber doch von ihm räumlich getrennten zweiten Leitungsdraht ein elektrischer Strom geschlossen oder aber geöffnet wird, oder auch, wenn dieser Strom verstärkt oder geschwächt genähert oder entfernt wird. Und zwar ist der erregte, induzierte Strom dem ersten entgegengesetzt gerichtet, wenn der induzierende Strom geschlossen, verstärkt oder genähert wird; gleichgerichtet in den anderen Fällen.

Dies nannte Faraday Volta-Induktion.

Ihr entsprechen die Erscheinungen der Magnetoinduktion: Nähert oder entfernt man einen Magneten einer geschlossenen Leitung, so entsteht in ihr im Moment der Näherung oder Entfernung ein induzierter Strom, und zwar ist wieder die Richtung des induzierten Stromes beim Nähern des Magneten entgegengesetzt derjenigen beim Entfernen.

Es muss für Faraday ein Augenblick der reinsten Freude, ein erhebender Moment gewesen sein, als ihm das Zucken der Magnetnadel zum ersten Male den Induktionsstrom anzeigte.

An Wichtigkeit für die Erkenntnis sind die Entdeckungen des Elektromagnetismus und der Induktion einander gleichwertig. Diese beiden Erscheinungen sind die Grundpfeiler der Lehre der elektrischen und magnetischen Erscheinungen bis heute. Die enge Verkettung von Magnetismus und Elektrizität wird durch sie dargestellt. Dieser enge Zusammenhang ist uns heute so geläufig, dass er uns nicht mehr als etwas Besonderes erscheint. Zur Zeit ihrer Auffindung musste sie aber notwendig ein Aufsehen machen, wie es etwa heutzutage Versuche machen würden, die einen innigen Zusammenhang von elektrischen Strömen mit den Gravitationserscheinungen aufdecken, die ja bis heute noch vollständig ohne jede Verbindung mit allen anderen Erscheinungen dastehen.

Geschichtlich ist aber die Entdeckung der Induktion durch Faraday gegenüber derjenigen des Elektromagnetismus, die eine zufällige Beobachtung zu danken ist, so interessant, weil sie die Krönung zielbewusster Versuche war.

In den folgenden Jahren baute Faraday seine Entdeckung noch weiter aus. Er zeigte, dass auch der Erdmagnetismus allein genüge, um induzierte Ströme zu erzeugen. Ferner konstruierte er kleine Apparate, durch die mittels Rotation von Stromleitern zwischen festen Magnetpolen fortgesetzt elektrische Ströme hervorgebracht wurden — die ersten Dynamomaschinen. Er zeigte auch, dass der sogenannte Rotationsmagnetismus Aragos ganz eine Folge induzierter Ströme ist. Es ist dies die von Arago 1824 beobachtete merkwürdige Erscheinung, dass eine Magnetnadel in Rotation versetzt wird, wenn sich dicht unter ihr eine Metallscheibe in drehender Bewegung befindet. Arago hatte dies als eine neue Art, magnetische Kräfte hervorzubringen, als Rotationsmagnetismus gedeutet. Faraday konnte nun zeigen, dass hier nur die elektromagnetische Wirkung der durch die Rotation in der Metallscheibe in der Nähe des Magnetpols der induzierten elektrischen Ströme auf die Magnetnadel vorliegt, dass also ein eigentlicher Rotationsmagnetismus nicht existiert.

Auch baute er Apparate, die im Wesentlichen unseren heutigen Induktoren und Transformatoren gleichen, und es gelang ihm zu seiner großen Genugtuung, hiermit glänzende Funken an den einander nahegebrachten Enden der induzierten Spule zu schalten. Nach einigen vergeblichen Bemühungen gelang es ihm auch zu zeigen, dass ein induzierter Strom ebenso wie ein gewöhnlicher einem Element (Batterie) entnommener elektrischer Strom imstande ist, Wasser zu zersetzen. Es war ihm dies besonders wertvoll zur Stützung seiner Behauptung, dass ein Induktionsstrom sich in nichts von einem auf anderem Wege erzeugten elektrischen Strom unterscheide. Diese Versuche führten ihn weiter zu eingehendem Studium der elektrolytischen Erscheinungen. Wie in allem, was er angriff, sollte er auch hier bahnbrechend wirken. Ihm verdankt man zunächst eine präzise Nomenklatur, die so glücklich gewählt war, dass sie bis heute unverändert beibehalten wird. Den Vorgang selbst nennt er Elektrolyse, den zersetzten Stoff Elektrolyt. Die Eintritts- bez. Austrittsfläche des elektrolysierenden Stromes bezeichnet er als Anode, bez. Kathode. Die Teilstücke der Moleküle, die an den Elektroden erscheinen, heißen Ionen (die wandernden), und zwar die an die Anode gehenden Spaltungsstücke Anionen, die an die Kathode wandernden Kationen.

In diesen Namen ist seine Überzeugung ausgedrückt, dass die Spaltungsstücke der Moleküle nicht, wie man bis dahin meist annahm, erst an den Elektroden gebildet werden, sondern dass sie innerhalb des ganzen Elektrolyten vorhanden sind und durch ihn hindurch zu den betreffenden Elektroden „wandern".

Bewährter naturwissenschaftlicher Methode getreu förderte nun Faraday die Kenntnis der Elektrolyse dadurch, dass er in mühevoller Arbeit zunächst das Zahlenmäßige, Quantitative der Erscheinungen, das „Wie" des Vorganges durch genaue Analyse der an den Elektroden sich abscheidenden Produkte nachwies. Diese führten ihn zu den beiden nach ihm benannten Grundgesetzen der Elektrolyse:

1. Die in demselben Elektrolyten abgeschiedenen Mengen sind proportional dem Produkt aus Stromstärke und Zeit des Stromdurchganges, also der insgesamt hindurchgegangenen Elektrizitätsmenge.

2. Die von demselben Strom in verschiedenen Elektrolyten abgeschiedenen Mengen stehen in denselben Gewichtsverhältnissen, in denen sie sich zu chemischen Verbindungen vereinigen.

Diese beiden Gesetze sind das Fundament zu der Lehre von der Elektrolyse, die heute bereits so außerordentlich weit gediehen ist. Wenn auch Faraday nicht das volle Verständnis der Einzelheiten des ganzen Mechanismus der elektrolytischen Stromleitung möglich war, so ist es doch erstaunlich, wie nahe seine Vermutungen den Ansichten kommen, die sich allmählich hierüber entwickelt haben.

So schreibt er: „Wenn wir die Atomtheorie annehmen oder deren Ausdrucksweise annehmen, so haben die Atome von Körpern, welche einander äquivalent in Bezug auf ihre gewöhnliche chemische Wirkung sind, gleiche Mengen von Elektrizität, die von Natur mit ihnen verbunden sind." Man sieht, wie nahe diese Äußerung der heutigen Lehre von den elektrischen Elementarquanten (Elementarladungen) bereits kommt.

Hatte Faraday durch die Entdeckung der Induktion und der Gesetze der Elektrolyse der Wissenschaft neue Gebiete und ungeahnte Tatsachen erschlossen, die sich aber doch noch einigermaßen in dem Rahmen von bereits bekannten Erscheinungen hielten und dem Vorstellungsvermögen trotz der Neuheit ihrer Erscheinungsformen keine erheblichen Schwierigkeiten boten, so ging nun in den folgenden Jahren seine rastlose Fantasie, sein wunderbares Ahnungsvermögen weit über die Köpfe seiner Zeitgenossen hinweg, und bot ihnen sowohl in Spekulation und Hypothesen wie in Tatsachen unerhört Neues, von dem ein großer Teil in seiner vollen Bedeutung erst Jahrzehnte später voll gewürdigt werden konnte.

Diese neuen faradayschen Vorstellungen knüpfen zunächst an die Entdeckung der induzierten Ströme an, als Faraday sich bemühte, das quantitative Gesetz der neuen Erscheinung der Magneto- und der Volta-Induktion anzugeben, und ferner noch weiterhin das Wesen dieser Erscheinung einzudringen. Ihm dienten hierbei die magnetischen „Kraftlinien" als wesentliches Hilfsmittel, jene Linien, die einen Magnetpol umgeben und deren Gestalt in bekannter Weise sichtbar gemacht werden kann, wenn man auf ein Papier, auf dem der Magnet liegt, Eisenfeilspäne aufstreut. Faraday zeigte, dass für die Größe der in einer Drahtschleife bei ihrer Bewegung in der Nähe des Magneten induzierten elektromotorischen Kraft maßgebend ist, mit welcher Geschwindigkeit sich bei der Bewegung die Anzahl der die Fläche des Leiters durchsetzenden Kraftlinien ändert. Fand diese Fassung des Induktionsgesetzes, die heute noch die präziseste und zugleich anschaulichste genannt werden muss, schon an und für sich viele Gegner, weil diese Anzahl nicht genau angegeben werden konnte, ein Mangel, der allerdings zunächst bestand, aber später leicht beseitigt wurde, so fand Faraday nicht das geringste Verständnis, als er nun dazu überging, den Kraftlinien, die bis dahin nichts als fiktive für die Rechnung und Anschauung leidlich brauchbare Gebilde waren, eine ganz besondere Bedeutung beizumessen, indem er ihnen reale Existenz zuschrieb. Faraday war zu der Erkenntnis gelangt, dass längs ihrer Bahn das einen Magneten oder eine Stromspule umgebende Medium sich in einem von dem normalen gänzlich abweichenden Zustand befinde, dessen Bestehen das Wesentliche an dem Magneten bez. der Stromspule sein sollte. Ebenso sollte auch ein elektrisierter Körper in seiner ganzen Umgebung einen eigentümlichen Zwangszustand hervorrufen. Das umgebende Medium sollte nicht, wie man früher annahm, bei den elektrischen und magnetischen Erscheinungen gänzlich unbeteiligt sein, sondern der veränderte Zustand, in den es gelangt ist, soll die wesentliche Rolle spielen, namentlich z. B. bei den Kräften, mit denen sich zwei elektrische Körper oder zwei Magnete gegenseitig beeinflussen, oder mit der ein elektrischer Strom einen Magneten ablenkt. In Analogie zu der Gravitation war man gewohnt, diese Kräfte als reine Fernkräfte aufzufassen, die unvermittelt von einem Körper durch den umgebenden Raum hindurch auf den zweiten wirkten. Faraday war die Vorstellung einer solchen Fernkraft etwas durchaus Unsympathisches, unmöglich Scheinendes. Er konnte sich nicht anders denken, als dass diese Kräfte durch Vermittlung des Zwischenmediums von einem Körper auf den andern übertragen würden vermöge einer Zustandsänderung, die dieses erleidet.

Wie richtig seine feste Vermutung von dem großen Einfluss des Zwischenmediums war, zeigte er sehr bald (1837) durch eine Entdeckung, die der Auffindung der Induktionsströme durchaus ebenbürtig war, wenn sie äußerlich auch nicht direkt so glänzend erschien und ihr eine praktische Verwendbarkeit abging. Er wies nämlich nach, dass ein aus zwei konzentrischen Kugelschalen bestehender elektrischer Kondensator ganz verschieden großer elektrischer Ladungen bedarf, um zu derselben Spannung geladen zu werden, je nach dem Medium, mit dem man den Zwischenraum ausfüllt. Das Verhältnis der beiden Ladungen, einmal bei dem betreffenden Medium, einmal mit Luft, nannte er spezifische Induktionskapazität; heute als Dielektrizitätskonstante bezeichnet. Um auszudrücken, wie wesentlich das einen elektrischen Körper umgebende Medium ist, bezeichnet er es als Dielektrikum und man nennt den Zwangszustand, in dem es sich befindet, wenn es einen elektrischen Körper umgibt, dielektrische Polarisation. Analoges gilt für die Umgebung eines Magneten oder eines elektrischen Stromes.

Nach einigen Jahren, die teils der Ruhe gewidmet waren, deren er nach den intensiven Anstrengungen dringend bedurfte, teils mit öffentlichen Vorträgen, Arbeiten für Leuchttürme und dergleichen ausgefüllt waren, überraschte er 1847 die Welt mit einer neuen Entdeckung, die vielleicht den weitesten Vorstoß darstellt, den Faraday in der Aufdeckung des Zusammenhanges der Naturerscheinungen miteinander gemacht hat. Es ist bekannt, dass das Licht in Transversalschwingungen des Äthers (= hypothetisches Medium für die Ausbreitung des Lichts im Vakuum) besteht. Die Schwingungen erfolgen immer senkrecht zum Strahl, aber für gewöhnlich in dieser Ebene in allen möglichen Richtungen in unregelmäßiger Weise. Durch besondere Mittel kann man es erreichen, dass die Schwingungen nicht unregelmäßig in allen möglichen Richtungen erfolgen, sondern nur in einer ganz bestimmten durch den Strahl gelegten

126

Ebene. Solches Licht heißt polarisiert. Faraday fand nun die wunderbare Tatsache, dass diese Ebene ihre Richtung ändert, gedreht wird, wenn das polarisierte Licht längs magnetischer Kraftlinien, also etwa in der Längsdurchbohrung eines Elektromagneten sich fortpflanzt.

Es ist dies einer der merkwürdigsten Versuche, die jemals angestellt sind. Jemand, der nicht die erstaunliche ans wunderbare grenzende Divinationsgabe Faradays besaß, wäre wohl niemals auch nur flüchtig auf den Gedanken eines solchen Versuches gekommen, geschweige denn zu dem Mute, ihn wirklich auszuführen.

Für Faraday war aber das Gelingen dieses Versuches nur die Bestätigung eines innigen Zusammenhanges von Licht und elektromagnetischen Vorgängen, den er schon lange geahnt, zu dessen Annahme ihn seine intensive langjährige Beschäftigung mit den Erscheinungen der Elektrizität geführt hatte. Schon am 10. September 1821 trägt er Folgendes in sein Notizbuch ein: „Ich polarisierte einen Strahl von Lampenlicht durch Reflexion und strebte danach, mich zu vergewissern, ob irgendeine depolarisierende Wirkung auf den Strahl durch Wasser ausgeübt würde, welches sich zwischen den Polen einer Voltabatterie ... befand." Es ergab sich kein Erfolg. Die tiefere Erklärung der von Faraday gefundenen Drehung der Polarisationsebene des Lichtes im Magnetfeld konnte erst lange nach seinem Tode gegeben werden. Umso bewundernswerter ist die Kühnheit und Sicherheit der faradayschen Vorstellungen und Ahnungen von Zusammenhängen zwischen scheinbar ganz getrennten Naturerscheinungen. Es ist unzweifelhaft, dass er eine Vorahnung von der Gedankenreihe gehabt, die heute als Schlussstein des Gebäudes dasteht, zu dem Faraday die Fundamente gelegt hat, der von Maxwell begründeten elektromagnetischen Lichttheorie.

Diese Vorahnungen der elektromagnetischen Lichttheorie, die behauptet, dass Lichtstrahlen nichts anderes sind, als wellenförmig sich ausbreitende elektrische und magnetische Schwingungen, sind enthalten in einer kurzen Abhandlung vom Jahr 1846: „Gedanken über Strahlenschwingungen."

Bemerkenswert ist, wie schon angegeben, dass die Substanz, an der Faraday die magnetische Drehung der Polarisationsebene fand, eines jener Gläser war, deren Herstellung er in staatlichem Auftrag so viele Jahre hindurch seine kostbare Zeit ohne nennenswerten Erfolg geopfert hatte. So hatte doch am Ende diese Mühe kostbare Früchte gezeitigt.

Es vergingen kaum drei Monate nach der Entdeckung der magnetischen Drehung der Polarisationsebene, als Faraday noch Ende des Jahres 1845 von einer neuen wichtigen Entdeckung berichten konnte, nämlich des Diamagnetismus. Er fand, dass es eine ganze Reihe von Substanzen gibt, die, in Stabform zwischen die Pole eines kräftigen Elektromagneten gehängt, nicht wie Eisen sich in die Richtung der Verbindungslinie der beiden Pole, sondern senkrecht dazu einstellen. Als besonders kräftig diamagnetisch erwies sich Wismut. Es tut der Größe von Faradays Entdeckung keinen Abbruch, dass sich herausstellte, dass diese Eigenschaft bei Wismut gelegentlich schon früher bemerkt war. Es bleibt Faradays Verdienst, gezeigt zu haben, dass alle Substanzen in die beiden großen Klassen der paramagnetischen und der diamagnetischen Körper eingeteilt werden können: Die Ersteren stellen sich in die Richtung der Verbindungslinie der Pole eines Magneten, die Letzteren senkrecht dazu.

Noch manches Jahr war Faraday seitdem wissenschaftlich tätig; doch kommt das, was er seit jener Zeit noch geschaffen und gefunden hat, an Bedeutung nicht mehr seinen geschilderten großen Entdeckungen gleich, so interessant und geistvoll auch manches davon ist.

Seine glänzenden Entdeckungen brachten ihm Ehren über Ehren ein. Die gelehrten Gesellschaften fast aller Länder ernannten ihn zu ihrem Ehrenmitglied; man wetteiferte darin, ihm die allgemeine Verehrung der ganzen wissenschaftlichen Welt zu zeigen. Ja, die größte Ehrenbezeigung, die überhaupt einem Gelehrten zuteilwerden konnte, wollte man ihm erweisen. Man wählte ihn 1857 zum Präsidenten der Royal Society, auf den Platz, den einst Newton innehatte. Er fühlte sich aber den Verpflichtungen, die mit diesem Amt verbunden waren, körperlich nicht mehr gewachsen, und lehnte ab.

Die großen geistigen Anstrengungen, denen er sich unterzogen hatte, machten sich fühlbar. Es traten Zeiten großer Schwäche und Abspannung auf, die er durch längere Reisen wieder zu heben versuchte. Doch die Anfälle wiederholten sich. Immer längere Erholungspausen musste sich der tatkräftige, nur in seiner Arbeit lebende, Mann auferlegen. Ein Amt nach dem andern musste er allmählich aufgeben. 1861 legte er, 70 Jahre alt, seine Professur nieder.

Am 20. Juni 1862 hielt er zum letzten Male seine berühmte Freitag-Abendvorlesung in der Royal Institution. In den folgenden Jahren schwanden die Kräfte immer mehr. Langsam trat der gänzliche Verfall seines Körpers ein. Am 26. August 1867 verschied er schmerzlos. Wie es die Sitte seiner religiösen Gemeinde vorschrieb, erfolgte die Beerdigung in aller Stille.

Er hatte nie nach äußeren Ehren gestrebt; sein größtes Glück fand er in der stillen Arbeit an dem Fortschritt der Wissenschaft. Sie erfüllte sein Leben ganz und gar. Für die Fülle seiner Lebensarbeit haben wir das beste Zeugnis in seinem sorgfältigen, von ihm selbst gebundenen ausführlichen Laboratoriumstagebuch, das mehrere Bände umfasst und in fortlaufende Paragrafen abgeteilt ist.

Faraday hält seine berühmte Freitag-Abendvorlesung.

Unter diesen sind die mit negativem Erfolg ausgeführten zum Teil ebenso interessant als diejenigen, die ihn zu seinen großen Entdeckungen führten. So hat er eine große Menge von Versuchen angestellt, die das Ziel hatten, eine gegenseitige Beeinflussung von Schwerkraft und Elektrizität aufzufinden, an deren Vorhandensein er felsenfest glaubt. Am Schluss der Aufzählung dieser Versuche sagt er:

„Hier enden vorläufig meine Versuche. Die Resultate sind negativ. Sie erschüttern aber das starke Gefühl in mir nicht, dass eine Beziehung zwischen Schwerkraft und Elektrizität vorhanden ist, obgleich die Experimente bis jetzt nicht bewiesen haben, dass es so ist." Bis heute hat ein solcher Zusammenhang nicht nachgewiesen werden können — und doch hat wohl im Stillen jeder Physiker die Hoffnung, dass Faraday einst recht behalten wird!

Von ganz besonderem Interesse unter allen diesen negativen Experimenten ist der allerletzte Versuch, der in Faradays Notizbuch verzeichnet ist. Er ist am 12. März 1862 angestellt. Faraday brachte einen Lichtstrahl zwischen die Pole eines Elektromagneten und untersuchte mit einem Spektroskop das Licht daraufhin, ob sich seine spektrale Zusammensetzung bei Erregung des Magneten änderte. „Nicht die leiseste Wirkung auf den polarisierten oder depolarisierten Strahl wurde wahrgenommen".

Derselbe Versuch wurde mit den vollkommeneren Hilfsmitteln, die dem Forscher in späteren Jahrzehnten zur Verfügung stehen, 1897 von Zeeman mit vollem Erfolg wiederholt, und Faradays Ahnung glänzend bestätigt. Dieser Versuch ist nächst den hertzschen Versuchen wohl der schönste, den gegenwärtig die Physik zum Nachweis der engen Beziehungen zwischen Optik und Elektrizität kennt.

Zu der Verehrung, die ihm die wissenschaftliche Welt darbrachte, gesellte sich eine innige Zuneigung aller, die das Glück hatten, mit ihm in nähere Berührung zu kommen. Es muss von seiner Persönlichkeit ein ganz eigenartiger Zauber ausgegangen sein. Alle, die ihn persönlich kennen lernten, sind entzückt von der Einfachheit seines Auftretens, der Herzlichkeit und Freundlichkeit, die er im Umgang mit anderen entfaltete. Helmholtz berichtet von seinem ersten Zusammentreffen mit ihm: „Das waren für mich große und angenehme Augenblicke. Er ist einfach, liebenswürdig und anspruchslos wie ein Kind; ein so herzgewinnendes Wesen habe ich in einem Mann noch nie gesehen".

Im Gegensatz zu seinem großen Landsmann Newton, der sich stets mit einer gewissen zurückhaltenden Würde umgab, die ihm etwas Unnahbares verlieh, gab sich Faraday stets vollkommen natürlich, und riss mit der Lebhaftigkeit seines Körpers und Geistes seine Zuhörer mit sich fort, sie begeisternd für die Erscheinungen, deren Studium er sein ganzes Leben widmete. Die Raschheit und das Ungestüm seiner Bewegungen gaben ihm bis ins Alter etwas Jugendliches, Jungenhaftes. Dazu kam eine natürliche und ungekünstelte, stets klare und wohldisponierte Ausdruckweise, die ihn zu einem Meister der Vortragskunst machte. Seine öffentlichen Vorträge wurden als ideal in jeder Beziehung gerühmt. Er verstand es, sich ganz dem Bildungs- und Verständnisgrad seiner Zuhörer anzupassen, sei es, dass er vor einer gelehrten Gesellschaft vortrug, oder eine jener berühmt gewordenen Vorlesungen vor Kindern hielt, die ihm eine Quelle ganz besonderer Freude waren und das beste Zeichen für sein kindlich liebenswürdiges heiteres Gemüt sind. Eine jener Vorlesungen Faradays vor Kindern ist veröffentlicht unter dem Titel: „Naturgeschichte einer Kerze".

Faradays Werk wurde in würdiger Weise in seinem Heimatland von Maxwell fortgesetzt, der die neuen Vorstellungen, die Faraday in die Lehre vom Magnetismus und der Elektrizität einführte, in die den Fachleuten geläufige mathematische Formelsprache brachte und damit dem allgemeinen Verständnis erschloss. Nur zögernd allerdings und oft fast widerwillig wurden die neuen Lehren und Vorstellungen aufgenommen, namentlich auf dem Kontinent. Aber gerade von hier aus, von Deutschland, gingen aus den Händen des genialen Hertz die Versuche hervor, die endgültig die Entscheidung zugunsten der neuen Faraday-Maxwellschen Anschauung gegeben haben. Weder Faraday noch Maxwell selbst haben freilich diesen Triumph noch erleben dürfen. Die moderne Elektrizitätslehre ruht ganz auf dem Fundament, das Faradays Genie errichtet hat. In der Geschichte der Elektrizitätslehre wird sein Name stets als einer ihrer größten Förderer mit Ehrfurcht genannt werden.

Robert Mayer

VIII. Robert Mayer

In der Physik ist die Zahl alles.

R. Mayer.

Die Bestrebungen, die Natur als eine Einheit, als ein schön geordnetes Ganzes, als Kosmos zu begreifen und sich und anderen verständlich zu machen, reichen bis in die Kindheitsgeschichte der Wissenschaft zurück. In den alten Sagen von Weltenschöpfungen fanden sie ihren frühesten, poesieumwobenen Ausdruck. Ihre erste wissenschaftliche Fassung erhielten sie durch die ionischen Naturphilosophen Thales, Anaximander und Anaximenes, die das Wasser, das Unbegrenzte oder die Luft als den Urstoff bezeichneten, aus dem alles Sein abzuleiten sei, wie es in ihn auch wieder zurückkehren müsse. Noch abstrakter wurde die Fassung des Einheitsgedankens in der Atomlehre Demokrits, die in den Händen der Chemie zu einer bedeutungsvollen Veränderung des Begriffes der Elemente und einem ersten umfassenden Naturgesetz führte. Erde, Wasser, Luft und Feuer waren in der Naturwissenschaft des Altertums und Mittelalters mehr Bezeichnungen von Eigenschaften oder Kräften als von Stoffen; das Wasser tauscht Kälte gegen Wärme ein und wird dadurch zu Luft oder Trockenheit gegen Feuchte und wird dadurch zu Erde. Die Atome und Elemente der Chemie dagegen sind Mischungsbestandteile, aus denen sich jede Materie in bestimmten Zahlen- und Gewichtsverhältnissen zusammensetzt. Erst an dieser Auffassung ließ sich ein unzweideutiger Sinn des Gesetzes von der Erhaltung des Stoffes gewinnen, das als dunkle Ahnung schon bei den Griechen das Denken über die Natur beherrschte. Nachdem Lavoisier auch für den Verbrennungsvorgang, der nach dem Sinnenschein jenem Gesetz am stärksten widerspricht, die Unveränderlichkeit des Gewichtes der bei der Oxidation beteiligten Stoffmengen nachgewiesen hatte, war an der Erhaltung der, das Gewicht bestimmenden Masse nicht mehr zu zweifeln, und das erste große Naturgesetz gefunden.

Durch eine eigentümliche Verkettung von Umständen verknüpft sich die erste ziffernmäßige Begründung des zweiten Erhaltungsgesetzes der Naturwissenschaft, des Gesetzes von der Konstanz der Energie im Weltall, gleichfalls mit Untersuchungen von Lavoisier. Wir haben schon gehört, dass die Idee der Kraftverwandlung seit den dreißiger Jahren des 18-ten Jahrhunderts infolge zahlreicher Versuchsergebnisse unter den Physikern weite Verbreitung gefunden hatte. Aber eine mathematische Formulierung der Beziehungen zwischen den einzelnen Naturkräften war noch nicht entdeckt. Noch war die Aufstellung des Satzes von den lebendigen Kräften, d. h. der Gleichheit zwischen einer bestimmten lebendigen Kraft (=Energie) und einer gewissen Arbeit, z. B. zwischen der lebendigen Kraft einer aus der Höhe h gefallenen Masse m, die durch den Fall die Endgeschwindigkeit v erlangt hat und der Arbeit, die zum Hinaufschaffen des Gewichtes p auf die Höhe h erforderlich ist. Ein Maß aber für die bei nicht rein mechanischen Kraftverwandlungen umgesetzte Größe fehlte. Selbst in der rein qualitativen Anwendung des Satzes von der Unzerstörbarkeit der Energie verfuhr man durchaus nicht mit voller Strenge. Dass Kraft als Ausdruck von Energie nie und nirgends aus nichts entstehen könne, wurde allerdings bei allen physikalischen Untersuchungen vorausgesetzt, dass aber ihr Verschwinden ebenso unbedingt ausgeschlossen sei, galt keineswegs als unverbrüchliches Axiom. Die Unmöglichkeit eines Perpetuum mobile wurde von keinem Physiker mehr bestritten; hatte die Pariser Akademie doch schon 1775 beschlossen, vermeintliche Lösungen dieses Problems nicht mehr anzunehmen. Ernstliche Nachforschungen nach dem Verbleib der bei Reibung oder Stoß verschwindenden lebendigen Kräfte der Bewegung waren dagegen noch kaum angestellt; selbst einem Newton hatte ihr anscheinendes Verschwinden keine Bedenken erregt. Rumford gelang es allerdings 1798, durch Drehung eines stumpfen Bohrers, der durch schwere Gewichte gegen den Boden einer aus Kanonenmetall hergestellten Form gepresst wurde, mittelst Pferdekraft eine beträchtliche Menge Wasser bis zur Siedehitze zu erwärmen, und Davy brachte 1799 unter dem Rezipienten einer Luftpumpe zwei Eisstücke durch gegenseitige Reibung zum Schmelzen. In beiden Fällen stammte die auftretende Wärme nachweislich weder aus der Umgebung noch aus den beim Vorgang unmittelbar beteiligten Körpern; zur Erklärung ihrer Herkunft blieb nur die aufgewendete Bewegung übrig. Auch die bei der Absorption von Lichtstrahlen und bei dem Durchgang elektrischer Ströme durch Leiter hervortretenden Temperaturerhöhungen wiesen unwidersprechlich auf die Möglichkeit der Erzeugung von Wärme hin. Aber so entschieden auch diese Feststellungen gegen die Auffassung der Wärme als eines materiellen Agens sprachen, einen sicheren Beweis für die Umsetzbarkeit von Bewegung oder anderer Energiearten in Wärme brachten sie nicht bei. Ein solcher konnte nur durch das Aufzeigen einer Maßbeziehung zwischen der verschwundenen oder verbrauchten und der neu auftretenden Energieform geliefert werden. Das Verdienst, eine solche Zahlenbestimmung aus einwandfreien Überlegungen zuerst abgeleitet zu haben, fällt Robert Mayer zu (geb. 1814, gest. 1878 in Heilbronn).

In der Schrift von 1850 „Bemerkungen über das mechanische Äquivalent der Wärme" berichtet R. Mayer selbst über den Anlass zu seiner Entdeckung Folgendes:

> *„Im Sommer 1840 machte ich bei Aderlässen, die ich auf*
> *Java an neu angekommenen Europäern vornahm, die*

Beobachtung, dass das aus der Armvene genommene Blut fast ohne Ausnahme eine überraschend hellrote Färbung zeigte. Diese Erscheinung fesselte meine volle Aufmerksamkeit. Von der Theorie Lavoisiers ausgehend, nach welcher die animalische Wärme das Resultat eines Verbrennungsprozesses ist, betrachtete ich die doppelte Farbenveränderung, welche das Blut in den Haargefäßen des kleinen und großen Kreislaufes erleidet, als ein sinnlich wahrnehmbares Zeichen, als den sichtbaren Reflex einer mit dem Blut vor sich gehenden Oxidation. Zur Erhaltung einer gleichförmigen Temperatur des menschlichen Körpers muss die Wärmeentwicklung in demselben mit seinem Wärmeverlust, also auch mit der Temperatur des umgebenden Mediums notwendig in einer Größenbeziehung stehen und es muss daher sowohl die Wärmeproduktion und der Oxidationsprozess als auch der Farbenunterschied beider Blutarten im Ganzen in der heißen Zone geringer sein, als in kälteren Gegenden. "

Nun geht die physiologische Verbrennungstheorie von dem Grundsätze aus, dass die durch Verbrennung einer bestimmten Menge Materie gelieferte Wärmemenge eine durchaus unveränderliche Größe ist, also auch durch die Lebensvorgänge nicht beeinflusst wird. Sie fügt dem hinzu, dass die im Organismus direkt entwickelte und beständiger Abgabe an die kältere Umgebung unterliegende Wärme einzig und allein von dem im Körper verbrannten Material herrührt, niemals aber aus Nichts erzeugt wird. Der Organismus vermag aber auch auf indirektem Weg Wärme hervorzubringen, nämlich auf mechanischem Weg, durch Reibung und dgl. mithilfe seiner Bewegungswerkzeuge. Soll an der Unmöglichkeit der Erschaffung von Wärme aus dem Nichts festgehalten werden, so bleibt nur übrig, auch die mechanisch entwickelten Wärmemengen jenem Verbrennungsvorgang im Körper in Rechnung zu stellen. Diese Mengen müssen dann aber ebenfalls unabhängig von dem Bau und der Wirkungsart der, ihrer Gewinnung dienenden, mechanischen Vorrichtungen sein, da man ja sonst bei gleichbleibendem organischem Verbrennungsprozess verschieden große Wärmemengen produzieren könnte. Es folgt also, „dass die vom lebenden Körper erzeugte mechanische Wärme mit der dazu verbrauchten Arbeit in einem unveränderlichen Größenverhältnis stehen muss", und da zwischen der mechanischen Leistung des Tierkörpers und zwischen anderen, anorganischen Arbeitsarten kein wesentlicher Unterschied besteht, so ist „eine unveränderliche Größenbeziehung zwischen der Wärme und der Arbeit ein Postulat der physiologischen Verbrennungstheorie".

Es galt nun weiter an einem geeigneten, möglichst einfachen und übersichtlichen Vorgang diese Beziehung zu ermitteln. R. Mayer wählte ein Gedankenexperiment, d. h. eine in die Form eines Versuchs gekleidete Kette von Schlussfolgerungen aus sicher festgestellten Tatsachen. Er berechnete die Wärmemenge, die „latent" oder aufgewendet wird, wenn sich ein Gas unter gleichbleibendem Druck ausdehnt. Gang und Ergebnis der Rechnung sind in der ersten Veröffentlichung Mayers zu diesem Gegenstand, den „Bemerkungen über die Kräfte der unbelebten Natur" (Annalen der Chemie und Pharmazie von Wähler und Liebig, 1842, Bd. XI.II) nur ganz kurz angedeutet; die Erwärmung eines Gewichtsteils Wasser von 0° auf 1° wird hier als entsprechend der Arbeitsleistung bei dem Herabsinken eines gleichen Gewichtsteils aus etwa 365 m Höhe gefunden. Genauere Angaben und zugleich eine richtigere Zahl, nämlich 425 m, bringt die zweite Abhandlung von 1845: „Die organische Bewegung in ihrem Zusammenhangs mit dem Stoffwechsel. Ein Beitrag zur Naturkunde." Die dort mitgeteilte Berechnung ist in der Mehrzahl der physikalischen Lehrbücher zu finden und kann daher als bekannt vorausgesetzt werden.

Die Genialität der Leistung R. Mayers tritt erst dann in vollem Glanz hervor, wenn man sich vergegenwärtigt, dass er zunächst ermitteln musste, was für einer Art von mechanischer Größe eine Wärmemenge gleichartig zu setzen ist. Die Physiker seiner Zeit waren zwar von der Möglichkeit der Umwandlung aller Kräfte (hier: Energiearten)[14] ineinander vollkommen überzeugt, sie sahen, wie sich Bewegungsvorgänge in magnetische Erscheinungen umsetzten, diese wieder in elektrische Ströme, die Ströme in chemische und in Licht- und Wärmewirkungen, und umgekehrt. Aber wie war die verschwundene Bewegung zu messen, und was entsprach ihr in ihrer neuen Erscheinungsform? An der genauen begrifflichen Erfassung des senkrecht aufwärtsgerichteten Wurfs klärte sich R. Mayers Gedankengang und gelangte zu seiner entscheidendsten Wendung in der Erkenntnis, dass Bewegung nicht die einzige Form der mechanischen Kräftebetätigung sei (nach E. Dühring). Auch Gewichtserhebung ist Kraft. Durch die Kraft der

---

14 Zu Robert Mayers Lebenszeit wurde noch nicht so genau zwischen Kraft und Energie unterschieden, wie man das heute macht. 1. In der klassischen Physik nennen wir die Ursache der Bewegungs- und Spannungserscheinungen oder Veränderungen Kraft. Lebendige Kraft ist die Wucht eines bewegten Körpers, treffender gesagt: Es ist die Energie der Bewegung (= Bewegungsenergie). Was insbesondere die Bewegungserscheinungen betrifft, so wird eine dauernde Beschleunigung als Wirkung einer dauernden Kraft aufgefasst. Der „Satz von der Erhaltung der Kraft", wird richtiger als „Satz von der Erhaltung der Energie" bezeichnet. Dieser Satz wurde von Robert Mayer und von Helmholtz aufgestellt. Seine Entstehung wird hier im weiteren Text besprochen 2. Im Allgemeinen wird Kraft häufig als Synonym für Wechselwirkung verwendet. (vgl. Sedlacek: *Kleines Wörterbuch der Natur-Philosophie*, Norderstedt (2016), S. 70).

Bewegung steigt eine Masse aufwärts; war ihr eine Anfangsgeschwindigkeit von 9,8 m pro Sekunde erteilt, so legt sie einen Weg von 4,9 m zurück und kommt schon nach 1 Sekunde zur Ruhe. Aber ebenso wie die Erschaffung, liegt die „Vernichtung einer Kraft außerhalb der Bereiche menschlichen Denkens und Wirkens". Jene Kraft der Bewegung ist jetzt nur verwandelt, gewissermaßen latent, sie ist zu Fallkraft geworden, die nun wieder Bewegung erzeugen kann. Die gehobene Last kann wieder eine Kraft freisetzen; allgemeiner: „Räumliche Differenz ponderabler Objekte ist Energie, die eine Kraft freisetzen kann". Wenn aber in dem betrachteten besonderen Beispiele latente bewegende Kraft gleich Fallkraft gesetzt werden darf, so wird die Größe dieser Fallkraft auch das zutreffende Maß der bei anderen Vorgängen verschwindenden Bewegung abgeben. Sie also ist das mechanische Äquivalent der bei Reibung, Stoß u. dgl. auftretenden Wärmemenge, die ihrerseits in bekannter Weise nach Kalorien[15] bestimmt werden kann. So ungefähr stellt sich uns die Ideenfolge dar, die ihren äußeren Abschluss in der numerischen Bestimmung des Wärmeäquivalents, in der Gleichung gefunden hat: „1 Kalorie ist äquivalent der Arbeit von 427 Meterkilogrammen.[16]"

Der Satz von den lebendigen Kräften berechtigt natürlich ohne Weiteres dazu, diese Äquivalenzbeziehung zwischen einer Wärmemenge und einer Arbeitsgröße auch als eine solche zwischen Wärme und der durch eine Fallbewegung erlangten lebendigen Kraft auszudrücken; es ergibt sich dann eine Kalorie als gleichwertig mit der lebendigen Kraft einer Kilogrammmasse, die eine Endgeschwindigkeit v von rund 91 m je Sekunde erlangt hat, da zwischen v und der Fallstrecke s eine bekannte feste Beziehung besteht.

Bemerkenswert ist es, dass R. Mayer aus der Umsetzbarkeit von Bewegung in Wärme keineswegs den heutzutage fast als selbstverständlich betrachteten Schluss gezogen hat, dass die Wärme selbst in einem Bewegungsvorgang bestehe. Nur bei der Entstehung von Wärme durch Strahlung ließ er die Beteiligung von Schwingungen des Äthers (einem

---

15 **Kalorie** (Einheitenzeichen cal) ist eine frühere Maßeinheit der Wärmemenge bzw. was gleichbedeutend ist, der Energiemenge. Heute wird die Kalorie als Einheit der Wärmemenge zugunsten der Einheit Joule abgelöst. Eine Kalorie entspricht ca. 4,1868 Joule (1 kcal = 4,1868 kJ) und ein Joule ca. 0,239 Kalorien.

16 Zu Robert Mayers Wirkungszeit hat man noch nicht zwischen dem Kilopond als Einheit der Kraft und dem Kilogramm als Einheit der Masse unterschieden. Richtig müsste es Meterkilopond heißen statt Meterkilogramm. Allerdings ist das Kilopond per Gesetz seit 1. Januar 1978 in Deutschland für die Angabe der Kraft unzulässig und wurde durch die Einheit Newton ersetzt. Robert Mayers grundsätzliche Überlegungen bleiben von der Umbenennung der Einheiten jedoch unberührt. Mit allgemein bekannten Umrechnungsformeln lassen sich Robert Mayers Ergebnisse in die heute üblichen Maßeinheiten umrechnen.

hypothetischen, das Vakuum ausfüllenden Medium) gelten. Im Übrigen verhielt er sich der kinetischen Wärmetheorie gegenüber geradezu ablehnend. Selbst für jenen Fall aber war er der Meinung, „dass, um zu Wärme werden zu können, die Bewegung — sei sie eine einfache oder eine vibrierende, wie das Licht, die strahlende Wärme usw. — aufhören müsse, Bewegung zu sein,“ eine Ansicht, die sich mit der von Chwolson in seinem prächtigen Lehrbuch der Physik aufgestellten einigermaßen berührt, dass strahlende Energie in keinem Fall schon Wärme sei. Die Vorsicht Mayers in diesem Punkt, die wohl mit seiner Abneigung gegen Hypothesenbildung zusammenhängt, hat eine gewisse Rechtfertigung durch den später geführten Nachweis erlangt, dass sich die ganze mathematische Wärmetheorie, auch ohne die Vorstellung von der mechanischen Natur der Wärme, entwickeln lässt, „wenn man sich nur an die Annahme hält, dass Wärme unter gewissen Bedingungen in Bewegung umgewandelt werden kann“ (Planck: Das Prinzip der Erhaltung der Energie, S. 27).

Anderseits ist nicht zu verkennen, dass R. Mayers Vorstellungen über Kraft und Kraftverwandlung die Auffassung aller Naturerscheinungen als Bewegungsvorgänge stark begünstigen. Wie Faraday, so betrachtet auch er die Kraft, oder wie wir zur Verhütung von Missverständnissen lieber mit Th. Young sagen wollen, die Energie als eine Substanz. Aus der Erfahrungstatsache, dass die verschiedenen Kräfte sich ineinander verwandeln lassen, schließt er: „Es gibt in Wahrheit nur eine einzige Kraft. In ewigem Wechsel kreist dieselbe in der toten wie in der lebenden Natur.“ Die Kräfte sind ihm „wandelbare, unzerstörbare und — zum Unterschied von den Materien — imponderable Objekte.“ Man könnte sich ja nun allerdings damit bescheiden, dass der eigentliche Träger der Umwandlungen, ihre unzerstörbare Unterlage ihrem Wesen nach unbekannt bleiben und es dem Physiker genügen müsse, dieses Substrat als mathematische Größe darzustellen und als „quantitas vis“, als Kraftgröße zu kennzeichnen. Aber dem forschenden Geist ist ein solcher Verzicht auf die Dauer nicht möglich. Der Mathematiker begnügt sich wohl mit dem Abstraktum, der Naturforscher muss seine Gegenstände mit sinnlichen Eigenschaften bekleiden. Bewegung und Bewegungsübertragung ist eine der alltäglichsten Erscheinungen, dem tiefer Blickenden freilich mit unlösbaren Rätseln umgeben, aber in ihrer Tatsächlichkeit doch jedermann vollkommen geläufig. Es liegt deshalb nahe, sich jeden Umsatz von Energie unter dem Bild einer Bewegungsmitteilung vorzustellen, was natürlich nur dann möglich ist, wenn man die Wärmeerscheinungen, die elektrischen und magnetischen Vorgänge auch als Bewegungen, sei es der materiellen Körperteilchen, sei es des alles durchdringenden Äthers auffasst. Eine eigentliche Erklärung ist mit solcher Auflösung alles Geschehens in

138

Bewegung zwar nicht gewonnen, aber sie befriedigt das Einheitsbedürfnis menschlichen Denkens und führt viele Geheimnisse auf eins zurück.

Ob freilich die substanzielle Deutung des Energiebegriffs überhaupt zulässig ist, steht auf einem andern Blatt. Die Definition der Energie als Fähigkeit einer Arbeitsleistung schließt jedenfalls eine solche Auffassung aus und zweifellos fehlt uns die Fähigkeit, eine Substanz anders als materiell vorzustellen. Doch mit solchen Erwägungen verlieren wir uns in das Gebiet der Metaphysik.

R. Mayer hat seinen Satz von der Unzerstörbarkeit der Kraft auf alle bekannten Energieformen ausgedehnt, wenn es ihm auch nicht gelang, außer dem Wärmeäquivalent noch weitere Zahlenbeziehungen aufzustellen. Eingehend behandelt er in der 2. Abhandlung die Vorgänge am Elektrophor[17]. Der Deckel sei durch ein Gegengewicht, das mit ihm durch einen über eine Rolle geführten Faden verbunden gedacht werden kann, ausbalanciert. Er befinde sich in der Höhe h über dem Kuchen außerhalb dessen Wirkungsbereichs und besitze das Gewicht P. Dann kommt ihm die Fallkraft (potenzielle Energie) Ph zu, d. h., er vermag durch seine Senkung durch die Höhe h das Gegengewicht P um die gleiche Höhe zu heben. Ist der Kuchen elektrisch, so erfährt der Deckel eine Anziehung. Entzieht man dem auf dem negativen Kuchen liegenden Deckel die abgestoßene, freie negative Elektrizität, so wird er noch stärker angezogen. Diese Anziehung ist gleichbedeutend mit einer Vermehrung der Fallkraft des Deckels oder der Arbeitsleistung, die zu seiner Zurückführung auf die Höhe h erforderlich ist. Durch diese Zurückführung wird aber der Deckel aus dem Wirkungsbereiche des Kuchens gebracht, sodass man ihm nun die vorher gebundene positive Elektrizität entziehen kann. Der Unterschied zwischen der bei der Senkung des Deckels auf den geladenen Kuchen gewonnenen Arbeitsleistung und der größeren bei seiner Hebung verbrauchten Arbeit muss gleich der Summe der beiden erhaltenen „elektrischen Effekte" sein. „Der Schluss ist einfach. Aus Nichts wird Nichts. Die Elektrizität des Harzkuchens kann, da sie sich unvermindert erhalten hat, die fortlaufende Summe elektrischer Effekte nicht hervorgebracht haben; der bei jedem Turnus verschwundene mechanische Effekt kann nicht zu null geworden sein. Was bleibt übrig, wenn man sich nicht in einem doppelten Paradoxon gefällt? Nichts, als auszusprechen: Der mechanische Effekt ist in Elektrizität verwandelt worden." Ähnlich wird die Reibungselektrizität

---

17 Ein **Elektrophor** ist eine historische Influenzmaschine im Aussehen ähnlich einem Kondensator. Es dient zur Trennung elektrischer Ladungen und zur Erzeugung hoher elektrischer Spannungen mithilfe der Influenz. Das Elektrophor besteht aus zwei Teilen: einer runden Metallplatte mit isoliertem Griff, und einem sogenannten Kuchen, welcher elektrisch nicht leitend ist und aus einer Harz-Mixtur besteht. Dieser Kuchen liegt auf einer geerdeten, metallenen Grundplatte.

durch Aufwand von mechanischer Arbeit erzeugt, während umgekehrt die Mitteilung von Elektrizität im Hervorbringen eines mechanischen Effekts unter Aufwand von elektrischer Kraft besteht.

Auch „die chemische Differenz der Materie ist eine Kraft". Die nähere Entfaltung dieses Gedankens vollzieht R. Mayer mithilfe einer eigenartigen Vorstellung von der Fallkraft, d. h. der durch den räumlichen Abstand einer Masse von der Erde oder einem anderen Himmelskörper in ihr aufgespeicherten Fähigkeit zur Arbeitsleistung. Bei der Ausdehnung eines Körpers wird im Allgemeinen Wärme verbraucht, die bei seiner Zusammenziehung wieder zum Vorschein kommt. Das Heben und Entfernen eines Körpers vom Mittelpunkt der Erde ist gleichbedeutend mit einer Raumvergrößerung des Erdkörpers, wird diese Vergrößerung durch den Fall des Körpers rückgängig gemacht, so tritt Wärme auf. Die hier von Mayer gebrauchte Analogie ist zwar unzulässig, aber sie erweist sich doch als nützlich. Entsprechende Verhältnisse nämlich liegen bei den chemischen Elementen vor. Ihre Verbindung besteht in der Aufhebung ihrer räumlichen Trennung und das Ergebnis ist bekanntlich das Auftreten ganz erheblicher Wärmemengen.

Will man die Wärmewirkung jener „mechanischen Verbindung" eines fallenden Körpers mit der Erde und die einer chemischen Verbindung miteinander vergleichen, so hat man zu berücksichtigen, dass der chemische Vorgang erst dann beginnt, wenn ein Atom in den Anziehungsbereich eines andern tritt. Entsprechend muss man zunächst untersuchen, mit welcher Wucht oder lebendigen Kraft ein Körper auf der Erdoberfläche beim freien Fall aus einer Entfernung anlangt, in der er von der Erde nur noch eine verschwindend kleine Anziehung erfährt; es ist demnach zunächst die Endgeschwindigkeit v für eine vergleichsweise unendlich große Fallstrecke s zu ermitteln. Dieses v wird natürlich wegen der mit wachsendem Abstand von der Erdoberfläche abnehmenden Fallbeschleunigung nicht unendlich groß, vielmehr ergibt sich nach einer kleinen Rechnung mit bekannten Formeln, die hier in unserer allgemeinen Betrachtung nicht angegeben werden sollen, einen Wert von v=11.180 m/sec. Da nun, wie wir sahen, der Endgeschwindigkeit von 91 m/sec einer Kilogrammmasse gerade 1 Kalorie entspricht, so bekommt man 15.000 Kalorien, d. h. eine Wärmemenge, die ausreichen würde, die Temperatur von 15 Tonnen Wasser um einen 1° C zu erhöhen. Der Sturz der Masse von einem halben Gramm aus unendlicher Entfernung auf die Erde erzeugt hiernach annähernd die gleiche Wärmemenge wie die Verbrennung von 1 Gramm Kohlenstoff, bei der 8000 Kalorien entwickelt werden!

R. Mayer hat auf astronomischem Gebiete aber auch sehr ernsthafte Folgerungen aus seiner Äquivalenzzahl gezogen. Sie sind ausführlich dargestellt in der Abhandlung von 1848 „Beiträge zur Dynamik des

140

Himmels in populärer Darstellung". R. Mayer versucht sich mit diesem „Sesam, öffne dich" vor allen Dingen an die Lösung des Problems vom Ursprung oder vielmehr von der Erhaltung der hohen Sonnentemperatur. Aus der Angabe Pouillets, dass jedes Quadratzentimeter der Erdoberfläche in der Minute 0,4408 kleine Kalorien Wärme von der Sonne empfängt, erhält er für den ganzen strahlenden Effekt der Sonne in einer Minute 12 650 Millionen Große Kalorien, wo eine Groß-Kalorie die Wärmemenge bedeutet, durch die eine Kubikmeile Wasser von 7420 m Kantenlänge um 1°C erwärmt wird. Chemische Vorgänge auf dem Sonnenball oder seine Reibung bei der Achsendrehung an einem umgebenden Medium reichen bei Weitem nicht aus, einen solch ungeheuren Wärmeverlust zu decken. Recht wohl aber kann man sich den Ersatz durch Asteroiden beschafft denken, die beständig in die Sonne hineinstürzen. Die Geschwindigkeit eines aus vergleichsweise unendlicher Entfernung auf die Sonne treffenden Körpers ergibt sich zu 445.000—630.400 m/sec; beim Aufprallen wird daher eine Wärmemenge erzeugt, die 4000—8000 mal so groß ist, als beim Verbrennen einer dem Asteroiden gleichen Masse an Steinkohlen. 1 kg Asteroidenmasse liefert also hierbei 24—48 Millionen Kalorien. Die Wärmeausgabe der Sonne wird mit ihrer Einnahme daher balancieren, wenn in jeder Minute 100.000—200.000 Billionen kg kosmische Masse auf sie niederstürzen. R. Mayer bemüht sich, diese ungeheuren Zahlen einigermaßen annehmbar zu machen, indem er daran erinnert, dass unser kleiner Erdmond mit seiner Masse von $7 \cdot 10^{22}$ kg den Verbrauch der Sonne 1 bis 2 Jahre lang zu decken vermöchte, die Erdmasse aber 50 bis 100 Jahre lang die nötige Nahrung für die Sonnenstrahlung abgeben könnte. Durch ein von Herschel eingeführtes Bild versinnlicht er weiter die gewaltigen Räume zwischen den Körpern unseres Planetensystems. „Als Sonne stelle man sich eine Kugel von 1 m Durchmesser vor. In einer Entfernung von 40 m befindet sich der nächste Planet, Merkur, in der Größe eines Pfefferkorns von 3 ½ mm Dicke. 78 und 107 m von der Sonne entfernt bewegen sich Venus und Erde, beide 9 mm dick oder etwas mehr als erbsengroß. Von der Erde nicht viel über ¼ m entfernt ist der Mond ein Senfkorn von 2 ½ mm Durchmesser. Mars hat in einer Entfernung von 160 m etwa den halben Durchmesser der Erde und die kleinen Planeten Vesta, Hebe, Asträa, Juno, Pallas, Ceres usw. gleichen Senfkörnern, in einer Entfernung von 250—300 m von der Sonne. Jupiter und Saturn, in Entfernungen von 560 und 1000 m, gleichen Orangen von 10 und 9 cm Dicke. Uranus, mit einem Durchmesser von 4 cm, einer Baumnuss ähnlich, ist 2000 m und der einem Apfel von 6 cm Durchmesser vergleichbare Neptun nahe doppelt so viel oder etwa ½ geografische Meile[18] weit von der Sonne entfernt. Von da an aber hätte man

---

18 Eine geografische Meile bzw. eine deutsche Landmeile ist ein früher häufig verwendetes Längenmaß (7532,5 Meter).

noch einen Raum von mehr als 2000 Meilen bis zum nächsten Fixstern zurückzulegen."

Denkt man sich nun diese weiten Räume mit einer fein verteilten, nach der Sonne sich hinziehenden und dort schließlich niederfallenden Materie erfüllt, so braucht man offenbar nicht zu befürchten, dass das Budget der Sonne in absehbaren Zeiten in Unordnung geraten könne.

Eine merkliche Volumenzunahme der Sonne würde durch dieses fortwährende Herabhageln kosmischer Stoffe erst in 28.500—57.000 Jahren eintreten, wäre also von uns zunächst nicht festzustellen. Wohl aber müsste die Massenvermehrung schon in einem Jahr eine merkliche Verkürzung des siderischen Jahres zur Folge haben, weil sich die Umlaufsgeschwindigkeiten der Planeten bei gleichbleibender mittlerer Entfernung wie die Quadratwurzeln aus den Massenzahlen des Zentralkörpers verhalten. Da eine solche Längenabnahme des siderischen Jahres nicht stattfindet, bleibt nur die Annahme übrig, „dass die Sonne, dem Weltmeere ähnlich, in einem beständigen Wechsel von Zu- und Abfluss sich unverändert erhält".

Die vorstehend skizzierte Theorie R. Mayers hatte lange Zeit Bestand. Waterson und W. Thomson haben unmittelbar an sie angeknüpft. Helmholtz versuchte dagegen, unter Bezugnahme auf die Kant-Laplace'sche Theorie, den Ersatz für die Wärmeausstrahlung der Sonne aus ihrer allmählichen Zusammenziehung aus einem Nebelfleck abzuleiten; es würden dann die eigenen Teile der Sonne sein, die noch immer nach ihrem Mittelpunkt hinfallen und durch die lebendige Kraft ihrer Bewegung Wärme erzeugen. Die unantastbare Grundlage aller dieser Annahmen aber bildet das mechanische Wärmeäquivalent. William Siemens hat allerdings in den 80er Jahren des 19ten Jahrhunderts eine bemerkenswerte Hypothese aufgestellt, nach der die Deckung der Wärmeausgabe der Sonne durch chemische Vorgänge wenigstens nicht völlig von der Hand zu weisen ist. Er nimmt aufgrund von Beobachtungen über den Gasgehalt von Meteoriten und die Zusammensetzung der Kometen sowie sonstiger physikalischer Tatsachen an, dass der Raum unseres Sonnensystems außerhalb der Planetenatmosphären von Gasen, hauptsächlich brennbaren, wie Wasserstoff, erfüllt sei. Durch ihre mächtige Zentrifugalkraft am Äquator schleudert die Sonne fortwährend verbrannte Gasmassen in den Raum hinaus, als Ersatz strömen an den Polen unverbrannte Gasmassen herzu und liefern durch ihre Verbindung mit Sauerstoff oder anderen Stoffen auf der Sonne Wärme. Die abgeschleuderten Gase werden nach der Meinung von Siemens durch die Sonnenstrahlen selbst wieder reduziert und dadurch zu erneuter Verbrennung befähigt. Auf diese Weise wird die Sonne die scheinbar nutzlos in den Raum ausgestrahlte Energie voll zurückerhalten können und nur die geringe von den Planeten absorbierte Wärmemenge, d. h. nur den 2000 millionsten Teil ihrer gesamten Energie verlieren.

Erst seit neuerer Zeit wissen wir Folgendes über die Sonne: Sie hat – wie das Sonnensystem insgesamt – ein Alter von etwa 4,57 Milliarden Jahren. In dieser Zeit hat sie in ihrem Kern rund 14.000 Erdmassen Wasserstoff durch Kernfusion in Helium verwandelt, wobei die ungeheure Menge von 90 Erdmassen an Energie frei wurde. Der Wasserstoff wird nicht mehr ersetzt. Das bedeutet, dass die Sonne eines Tages aufhören wird zu strahlen. Zunächst jedoch wird durch Ansammlung von Helium im dieser immer kompakter, wodurch Leuchtkraft und Durchmesser der Sonne langsam zunehmen. In etwa 7 Milliarden Jahren wird dann allerdings die Sonne relativ schnell zum schwächer werdenden Roten Riesen. Rote Riesen sind „alternde" Sterne, in deren Kern das „Wasserstoffbrennen" zu Helium mangels Nachschub erloschen ist. Sie dehnen sich auf etwa das Hundertfache aus und im noch heißer gewordenen Kern fusioniert nun Helium zu Kohlenstoff. Nach weiteren Jahrmillionen enden sie – je nach Restmasse – etwa als sogenannter Weißer Zwerg. Auch wenn Robert Mayers Theorie über die Sonne nicht richtig war, so bleibt das von ihm gefundene mechanische Wärmeäquivalent eine Leistung, die ihn für immer in den Rang eines großen Physikers erhebt.

Eine andere wichtige Frage, deren Lösung R. Mayer in Angriff nahm, betrifft den Einfluss von Ebbe und Flut auf die tägliche Erdrotation. Es scheint einleuchtend, dass die von West nach Ost gerichtete Drehung der Erde durch die entgegengesetzt verlaufende Gezeitenströmung verzögert werden muss, und doch ist eine solche Verzögerung nicht festzustellen. R. Mayer erinnert aber daran, dass eine aufgrund anderer Tatsachen zu erwartende Vermehrung der Rotationsgeschwindigkeit der Erde ebenso wenig beobachtet werden konnte. Zahlreiche Erscheinungen deuten auf einen ehemaligen feurig-flüssigen Zustand der Erdmasse hin; ihre allmähliche Abkühlung von der Oberfläche aus muss mit einer Volumenverminderung und diese mit einer Zunahme der Umdrehungsgeschwindigkeit, die an einer Verkürzung der Tageslänge erkennbar ist, verbunden sein.

Laplace hat jedoch gefunden, dass im Laufe von 25 Jahrhunderten die Umdrehungszeit der Erde sich nicht um den fünfhundertsten Teil einer Sexagesimalsekunde verändert hat. Wollte man aber hieraus auf eine nur unmerkliche Zusammenziehung des Erdkörpers in diesem langen Zeitraum schließen, so würde die Erklärung der vulkanischen Erscheinungen erhebliche Schwierigkeiten darbieten. Auch eine annähernde Schätzung des Wärmeverlustes der Erde in 2500 Jahren widerspricht einer solchen Annahme. Die Lösung des Rätsels ergibt sich, wenn man in Anschlag bringt, dass der aus der Abkühlung der Erde resultierenden

Rotationsbeschleunigung durch die gerade entgegengesetzte Wirkung der Gezeiten sehr wohl, wenigstens eine Zeit lang, die Waage gehalten werden kann. In den frühesten Zeiten der Abkühlung musste allerdings eine Zunahme der Umdrehungsgeschwindigkeit eintreten. Da jedoch die Abkühlung nach Bildung der festen Erdrinde immer langsamer vor sich geht, muss allmählich der Druck der Gezeiten immer mehr zur Geltung kommen und eine Verminderung der Umdrehungsgeschwindigkeit bewirken. „Zwischen der Zunahme und der Abnahme liegt aber eine Periode des Stillstandes oder des Gleichgewichtes der entgegengesetzten Einwirkungen." Während in den Beiträgen zur Dynamik des Himmels R. Mayer noch glaubte, dass wir in der mittleren dieser Perioden leben, schloss er in einem 22 Jahre später gehaltenen Vortrage „Über Erdbeben" aus einer 1860 von Adams angestellten Berechnung, der zufolge der Sterntag in einem Jahrtausend um 1/100 Sekunde wächst, dass wir uns zu Anfang der dritten Periode befinden, in welcher der verzögernde Einfluss der Ebbe und Flut beginnt, über den beschleunigenden Einfluss der Abkühlung das Übergewicht zu bekommen.

Für R. Mayer als Arzt lag es nahe, der Äquivalenz zwischen Wärme und Arbeit auch in der belebten Natur näher nachzugehen, deren aufmerksame Betrachtung sein Nachdenken ja zuerst in diese Richtung gelenkt hatte; die umfangreichste seiner Schriften „Die organische Bewegung in ihrem Zusammenhang mit dem Stoffwechsel" ist zu einem großen Teile dieser Untersuchung gewidmet. Dabei leitet ihn die Überzeugung, „dass während des Lebensprozesses nur eine Umwandlung, sowohl der Materie, wie der Kraft, niemals aber eine Erschaffung der einen oder der anderen vor sich gehe". Wer die organischen Erscheinungen auf eine besondere Lebenskraft zurückführt, schneidet jede weitere Forschung ab und macht die Anwendung der Gesetze exakter Wissenschaften auf die Lebensvorgänge unmöglich. — Durch Reduktion der Kohlensäure der atmosphärischen Luft erzeugen die Pflanzen eine chemische Differenz, also Energie. Sie vermögen diese Tätigkeit nur im Sonnenlicht auszuführen. Die Aufnahme von Sonnenlicht ist der zur Leistung jener Reduktion erforderliche Aufwand. Die Pflanzen fangen die flüchtigen Sonnenstrahlen ein, fixieren sie und speichern ihre Kraft zu künftigem Gebrauch auf.

Die Verwandlung chemischer Differenz in individuell nutzbaren mechanischen Effekt ist das charakteristische Merkmal des Tierlebens. Fortwährend eignet sich das Tier durch Raub den von den Pflanzen aufgespeicherten Vorrat an und verbindet die aufgenommenen brennbaren Stoffe wieder mit dem Sauerstoff der Luft. Die dabei auftretende Verbindungswärme erfüllt einen doppelten Zweck; sie erhält die Temperatur des Körpers trotz beständiger Wärmeabgabe an die Umgebung auf annähernd gleichbleibender Höhe und sie liefert das Mittel zu mechanischen Leistungen. R. Mayer rechnet zunächst die Menge Kohlenstoff aus, durch deren Oxidation eine Pferdekraft hergegeben wird. Legen wir die jetzt angenommenen Zahlen zugrunde, so ergibt sich Folgendes: Eine Pferdekraft vermag in einer Sekunde 75 kg einen Meter hochzuheben, also in einer Minute 4.500 kg, in einer Stunde 27. 000 kg und in einem achtstündigen Arbeitstag 2.160.000 kg. Durch die Verbrennung von 1 kg Kohlenstoff werden 8.000 Kalorien gewonnen, und da 1 Kalorie 427 Meterkilogrammen äquivalent ist, sind 8.000 Kalorien gleichwertig mit 3.416.000 Meterkilogrammen. Das Pferd muss daher an einem Arbeitstag nur zur Aufbringung seiner Arbeitsleistung so viel Mal 1 Kilogramm Kohle verbrennen, als 3.416.000 in 2.160.000 enthalten ist, also 632 g, in 1 Arbeitsstunde 79 g, in 1 Minute 1,3 g, in 1 Sekunde 0,02 g. Schätzt man die Leistungen eines starken Arbeiters auf 1/7 Pferdekraft, so vermag er in einem Arbeitstag rund 310.000 kg 1 m hoch zu schaffen und muss dazu 90 g Kohlenstoff verwenden. Ein Mann von 72 kg Gewicht verbraucht beim Besteigen eines 3000 m hohen Berges, den bei jedem Tritt durch unelastischen Stoß verloren gehenden mechanischen Effekt ungerechnet, für seine Arbeitsleistung von 216.000 Meterkilogrammen 63 g Kohlenstoff.

Die beständige Wärmeerzeugung im Tierkörper erfordert aber einen weiteren Kohlenstoffverbrauch. Dabei ist noch besonders in Betracht zu ziehen, dass der tätige Organismus mehr freie Wärme bildet, als der ruhende, „da schon die verstärkte Respiration einen verstärkten Wärmeverlust bedingt, der durch eine vermehrte Erzeugung gedeckt werden muss". Starke Tätigkeit erhöht die Erzeugung freier Wärme und setzt dadurch den für mechanische Arbeitsleistungen verfügbaren Energievorrat herab; es besteht zwischen beiden Produktionen ein gewisser Widerstreit, den nur ein „Eile mit Weile" einigermaßen schlichten kann. Die Ruhe und Gemessenheit, mit der Handarbeiter ihre Arbeit zu verrichten pflegen, erscheint hiernach als physiologisch durchaus notwendig; wer solcher Tätigkeit ungewohnt ist, sieht seine Kraft nach kurzem, hastigem Anlauf schnell erschöpft. Der arbeitende Organismus braucht also aus doppeltem Grund mehr Nahrungsstoff als der ruhende, einmal zur Erzeugung der mechanischen Leistungen und zweitens wegen der größeren Wärmeproduktion. R. Mayer weist nach, dass jedenfalls der Mehraufwand an verzehrten Nahrungsmitteln bei tätigen Individuen vollkommen ausreicht, um die Hervorbringung aller mechanischen Wirkungen durchaus natürlich, ohne das Heranziehen einer Lebenskraft, zu erklären. Zugleich ergibt sich, dass der für diese Wirkungen aufgewendete Kohlenstoff nur ungefähr 1/5 des Gesamtaufwandes von Kohlenstoff beträgt und die übrigen 4/5 lediglich zur Wärmebildung verbraucht werden. Die Gefangenen im Arresthaus zu Gießen, denen jede Bewegung mangelte, erhielten damals täglich 266 g Kohlenstoff. Rechnet man, dass 4% des eingeführten Kohlenstoffes unverbrannt wieder ausgeschieden werden, so bleiben 255 g für die Verbrennung übrig. Ein kasernierter Soldat genoss täglich 453 g Kohlenstoff und bei angestrengtem Dienst 563 g, behielt also bei 4% ungenutzter Ausscheidungen 540 g zur Verbrennung. Davon kommen nach dem früher behandelten Beispiel auf mechanische Arbeitsleistung 90 g. Also verhält sich der mechanische Effekt zum Gesamtverbrauch wie 90 : 540 = 0,17. Weiter hat der Soldat 285 g mehr verbraucht als der untätige Gefangene; die mechanische Leistung verhält sich zu diesem Mehrverbrauch wie 90 : 285 = 0,3. Endlich steht die Wärmeentwicklung in der Ruhe zu der in der Arbeit im Verhältnis von 255 : 540 – 90 = 0,5, ist also in jenem Fall nur halb so groß als in diesem. Selbstverständlich sollen diese Beispiele nur ein ganz allgemein gehaltenes Schema der Vorgänge geben, da sonst die beträchtliche, vom verbrannten Wasserstoff gelieferte Wärme auch noch zu berücksichtigen wäre. Zur Begründung der oben aufgestellten Sätze reichen sie indessen aus.

An die Untersuchung der Abhängigkeit der mechanischen Arbeitsleistung des Organismus von seiner Nahrungsaufnahme knüpft R. Mayer weiter den Nachweis, dass der Muskel nur das Werkzeug zu diesem Kraftumsatz ist, eine Art Hebel, nicht der zur Hervorbringung der Leistung umgesetzte Stoff. Setzt man z. B. die von der linken Herzkammer bei jeder Zusammenziehung geförderte Blutmenge zu 150 cm^3 und den hydrostatischen Druck des Blutes in den Arterien gleich dem Druck einer Quecksilbersäule von 16 cm Höhe, also 16•13,6 g auf den Quadratzentimeter Grundfläche, so hebt die linke Herzkammer bei jeder Zusammenziehung ein Gewicht von 217 g 150 cm hoch, die mechanische Arbeitsleistung beträgt daher 325,6 g auf 1 m. Da eine kleine Kalorie äquivalent mit der Hebung von 427 g auf 1 m ist, entsprechen jener Arbeitsleistung 0,762 Kalorien, d. h. das Ergebnis der Verbrennung von 0,095 mg Kohlenstoff. Erfolgen in einer Minute 70, an einem Tag also 100.800 Pulsschläge, so ist der mechanische Effekt der linken Herzkammer an einem Tag rund 32.820 kg·m oder 76.863 Kalorien, was der Verbrennungswärme von etwa 9,6 g Kohlenstoff entspricht. Nimmt man an, dass die Leistung der rechten Herzkammer etwa die Hälfte von der linken ist, so ist der mechanische Effekt beider Kammern an einem Tage 49.230 kg·m oder 115.295 Kalorien oder gleich der Verbrennungswärme von 14,4 g Kohlenstoff. „Das Gewicht des ganzen Herzens zu 500 g angenommen, und hiervon 77 % Wasser abgezogen, bleiben 115 g trockene brennbare Materie." Wäre diese reiner Kohlenstoff, so müsste das ganze Herz, wenn es den Stoff zu seiner Leistung selbst abgeben sollte, in etwa 8 Tagen oxidiert sein und die beiden Herzkammern allein, die nur 202 g wiegen, gar schon in der Hälfte dieser Zeit. Da eine so rasche Verbrennung und

146

Neubildung der normal tätigen Muskelfasern mit physiologischen Tatsachen und mikroskopischen Forschungen in offenbarem Widerspruch steht, kann also ein erheblicher Teil des zur Leistung verbrauchten Brennstoffes von der Muskelfaser selbst nicht herrühren. Der ganze Oxidationsprozess erfolgt vielmehr wesentlich innerhalb der Gefäßwandungen im Blut.

Bei schweren Erkrankungen kann der mechanische Nutzeffekt des chemischen Aufwandes auf den Wert null sinken; der ganze chemische Effekt wird im Fieber zur Wärmebildung verwendet. Die Anpassung an die sich nach den äußeren Verhältnissen richtenden Bedürfnisse des Organismus ist im Fieber wesentlich gestört. Wir sehen, dass R. Mayer, der in seinem Vortrag auf der allgemeinen Versammlung der Naturforscher zu Innsbruck 1869 „über notwendige Konsequenzen und Inkonsequenzen der Wärmemechanik" erklärte: „In der Physik ist die Zahl alles, in der Physiologie ist sie wenig, in der Metaphysik ist sie nichts", doch an seinem Teil dazu beigetragen hat, mithilfe seines Äquivalenzprinzips den zweiten Teil dieses Satzes erheblich einzuschränken.

Von dem öden Materialismus eines Vogt aber wollte er nichts wissen. Es gibt nicht nur Materie und Kraft, sondern auch Geist. Die materiellen Vorgänge im Gehirn gehen wohl der geistigen Tätigkeit parallel, sind aber nicht mit ihr identisch, so wenig, wie sich der Inhalt einer Depesche als Funktion der elektrochemischen Wirkung betrachten lässt. Der Geist ist kein Gegenstand der Untersuchung für den Physiker und Anatomen; hier ist die Zahl in der Tat nicht das Wesentliche.

Die sichere Überzeugung vom Bestehen einer zahlenmäßig ausdrückbaren Äquivalenz zwischen Wärme und Arbeit hatte R. Mayer aus dem Prinzip der Gleichheit von Ursache und Wirkung, aus dem Satz *„causa aequat effectum"* (lat. „die Ursache entspricht der Wirkung") geschöpft. Aber der schwächste Funke, der in ein Pulverfass fällt, ruft eine zerschmetternde Explosion hervor, der Flügelschlag eines Vogels vermag eine Wälder und Häuser nieder-reißende Lawine in Bewegung zu setzen. Widersprechen diese unter dem Namen der „Auslösung" bekannten Vorgänge nicht jenem Satz? Schon Kant hat bemerkt, dass in solchen Fällen nur schlummernde Kräfte geweckt, nicht aber hervorgebracht werden (nova dilucidation, Ausgabe von Hartenstein Bd. 1, S. 391). „So liegt derjenige Donner, den die Kunst zum Verderben erfand, in dem Zeughaus eines Fürsten aufbehalten zu einem künftigen Krieg in drohender Stille, bis, wenn ein verräterischer Zunder ihn berührt, er im Blitz auffährt und um sich her alles verwüstet. Die Spannfedern, die unaufhörlich bereit waren, aufzuspringen, lagen in ihm durch mächtige Anziehung gebunden und erwarteten den Reiz eines Feuerfunkens, um sich zu befreien" (Kant, „Versuch, den Begriff der negativen Größen in die Weltweisheit einzuführen", S. 101). Auch R. Mayer ist in seiner letzten Veröffentlichung von 1876 „Über Auslösung" der Frage näher getreten. Er erwähnt die mechanische Verbindung von Knallgas, die Einleitung beliebig großer Verbrennungsprozesse durch ein brennendes Streichholz, die Gärungsvorgänge, das Hervorbringen willkürlicher Bewegungen. „Der Mensch ist seiner Natur nach so beschaffen, dass er gerne mit Aufwendung geringer Mittel möglichst große Erfolge erzielt", wie die Freude am Abfeuern von Schusswaffen, dem Rosselenken beim Reiten und Fahren usw., aber auch Attentate auf Menschen und Eisenbahnzüge und Brandstiftungen beweisen. Immer ist hier die sogenannte Ursache nur der „Anstoß" oder die „Veranlassung" zum „Erfolg", und es besteht zwischen Veranlassung und Erfolg überhaupt keine quantitative Beziehung. Wenn R. Mayer behauptet, die Auslösung sei kein Gegenstand mehr für die Mathematik, so kennzeichnet er damit ganz treffend die Tatsache, „dass auslösende und ausgelöste Kraft voneinander unabhängig, durch kein Gesetz verknüpft sind," wenn auch selbstverständlich jede auslösende Kraft einen ganz bestimmten Mindestwert besitzen muss, um überhaupt die Auslösung herbeiführen zu können (vgl. E. Du Bois-Rey-mond, „Die sieben Welträtsel", 1884, S. 100-101).

R. Mayers erste Schrift vom Jahre 1842 hat ihm zwar in der Geschichte der Wissenschaft die Priorität der Entdeckung des mechanischen Wärmeäquivalents gesichert, aber zunächst gar keine Beachtung gefunden. Für E. Dühring, einen scharfsinnigen und geistreichen, aber völlig verbitterten Gelehrten, ist das vielleicht eine nicht unwillkommene Veranlassung gewesen, die ganze Schale seines Zornes über die deutschen Universitätsprofessoren auszugießen. Seine Schrift „Robert Mayer, der Galilei des 19. Jahrhunderts" strotzt von den gröbsten Anklagen und Schmähungen gegen die bedeutendsten Physiker Deutschlands und Englands derart, dass ihre Lektüre geradezu physisches Unbehagen erregt. Mit Recht wird sie in F. Rosenbergers Geschichte der Physik als ein unwissenschaftliches Pamphlet gekennzeichnet. Die mayersche Berechnung war für die Physik seiner Zeit etwas vollkommen Neues, ihre Darstellung in der ersten Abhandlung aber nur skizzenhaft und außerdem mit metaphysischen Erörterungen verbunden, die infolge von Schellings und Hegels naturphilosophischen Seiltänzerkünsten in größtem Misskredit standen. Auch ist die erste mayersche Abhandlung insofern unglücklich disponiert, als ihr wichtigstes Ergebnis erst ganz am Schluss in Form „einer praktischen Folgerung" aus den vorangestellten allgemeinen Thesen zum Vorschein kommt, also an einer Stelle, bis zu der die meisten Leser wahrscheinlich gar nicht vorgedrungen sind, weil ihnen der Eingang kein besonderes Interesse abzugewinnen vermochte. Ihr Titel verrät ebenfalls nichts vom wesentlichen Inhalt. Man mag daraus die Lehre ziehen, dass es notwendig ist, sofort die Aufmerksamkeit auf das Neue zu lenken, das man

148

mitzuteilen gedenkt, weil andernfalls ein Aufsatz bei der Hochflut von Veröffentlichungen, von denen die Vertreter der Wissenschaft ständig Kenntnis zu nehmen haben, Gefahr läuft, als der Beachtung unwert beiseitegeschoben zu werden.

Die ausführlichen Abhandlungen R. Mayers von 1845, 1848 und 1850 waren von den Mängeln der ersten frei. Die deduktive Begründung blieb zwar bestehen, aber eine Fülle von Folgerungen aus dem Äquivalenzsatz, die sich an der Erfahrung prüfen ließen, wusste die vorgesetzte Kost selbst den eifrigsten Anhängern der induktiven Methode schmackhaft zu machen. Leider aber kamen diese Schriften zu spät, um sofort die verdiente Würdigung zu finden. Denn mit dem 24. Januar 1843 begann die Bekanntgabe der klassischen experimentellen Bestimmungen des mechanischen Wärmeäquivalents durch Joule, der durch Untersuchungen über den Zusammenhang zwischen den thermischen und chemischen Wirkungen des galvanischen Stromes zu ähnlichen Ideen wie R. Mayer gelangt war. Zwar blieben auch seine ersten Arbeiten zunächst ziemlich unbeachtet, aber allmählich errang seine Ausdauer und seine Geschicklichkeit, die aus immer neuen Versuchsanordnungen stets annähernd das gleiche Ergebnis erhielt, den Sieg über die Gleichgültigkeit der Fachgenossen, zumal da auch der dänische Ingenieur Kolding und C. Holtzmann mit ähnlichen Resultaten vor die Öffentlichkeit traten. 1845 verwirklichte Joule das Gedankenexperiment R. Mayers, indem „er die bei der Kompression von Luft aufgewendete mechanische Arbeit mit der dabei eintretenden Temperaturerhöhung" verglich. Dass eine bloße Volumenänderung der Luft ohne äußere Arbeitsleistung keine Temperaturänderung an ihr zu bewirken vermag, zeigte er ergänzend durch einen besondcren Versuch, bei dem bis zu 22 Atmosphären komprimierte Luft in einen luftleeren Raum strömte; nach Eintritt des Gleichgewichts war keine Temperaturabnahme festzustellen. „Ließ er dagegen verdichtete Luft in die freie Atmosphäre ausströmen, so ergab sich eine Temperaturabnahme, proportional der durch die Überwindung des Widerstandes geleisteten Arbeit" (nach M. Planck, dessen Angabe, R. Mayer habe „stillschweigend angenommen, dass bei Volumenänderungen der Luft keine innere Arbeit geleistet wird", aber unzutreffend ist, da R. Mayer in der Schrift „Die organische Bewegung" S. 26 ausdrücklich auf Gay-Lussacs Experiment hinweist, die jene Tatsache feststellt). Es ist jedenfalls begreiflich, dass für die, aller Naturphilosophie feindlich gegenüberstehenden Physiker der damaligen Zeit die Arbeiten R. Mayers durch die experimentellen Forschungen Joules völlig in den Schatten gestellt, ja geradezu verdeckt wurden.

Immerhin bleibt es ein merkwürdiger Umstand, dass erst ein Engländer, I. Tyndall, R. Mayers Verdienste zur Anerkennung brachte. In dem Buch „Die

Wärme, betrachtet als eine Art der Bewegung" (1867) hat er in treffenden Worten die Bedeutung R. Mayers und Joules für die neue physikalische Erkenntnis abgewogen und charakterisiert: „Mayers Arbeiten tragen gewissermaßen den Stempel einer tiefsinnigen Anschauung, welche jedoch in des Verfassers Geist die Kraft unzweifelhafter Überzeugung gewonnen hatte. Joules Arbeiten sind im Gegenteil experimentelle Beweise. Mayer vollendete seine Theorie geistig und führte sie zu ihrer großartigsten Anwendung. Joule arbeitete sich seine Theorie heraus und gab ihr die Sicherheit einer Naturwahrheit. Treu dem spekulativen Instinkt seines Landes zog Mayer große und wichtige Schlüsse aus seinen Vordersätzen, während der Engländer vor allem darauf bedacht war, Tatsachen unwiderruflich festzustellen. Der künftige Historiograf der Wissenschaft wird, denke ich, diese Männer nicht als Widersacher hinstellen."

Hermann von Helmholtz

IX. Hermann von Helmholtz

*„Wer aus Lust an der Sache arbeitet und demzufolge strebt, die Sache zu
fördern, der wird durch die Arbeit veredelt, welche es auch sein mag."*
Helmholtz.

Die Entdeckung des mechanischen Wärmeäquivalents durch R. Mayer
lässt sich mit dem Erreichen eines unbekannten Erdteils vergleichen. Das
Aufsuchen möglichst zahlreicher Wege dahin entspricht den Experimenten
Joules, die den wichtigen Nachweis lieferten, dass immer die gleiche
Äquivalentzahl gefunden wird, wie auch mechanische Arbeit in Wärme
verwandelt werden mag. Ein genialer Gedankenblitz erhellte dem ersten
Entdecker die dunkle Ferne und zeigte ihm die Bahn durch die Weite
unbekannter Ozeane zu dem innerlich geschauten Ziel. Umsicht, Ausdauer
und reiche Mittel ermöglichten dem zweiten die Herstellung gesicherter
Verbindungen zwischen dem neuen Lande und der alten Kulturwelt. Aber
noch fehlte die klare und scharfe kartografische Umgrenzung, die
gründliche topografische Aufnahme des gewonnenen Gebietes, durch die
erst die volle Bedeutung des Zuwachses für jedermann ins Licht zu setzen
war. Das vermochte nur ein mit gründlichen und tiefen Kenntnissen
ausgerüsteter Fachmann von weitem, umfassendem Blick und geschärftem,
sicherem Urteil zu leisten. In solchem Sinne gebührt das Verdienst, das
Gesetz von der Erhaltung der Energie zum unverlierbaren Besitz der
Wissenschaft erhoben zu haben, dem großen deutschen Naturforscher
Hermann Helmholtz (geb. am 31. August 1821 in Potsdam, gest. am 8.
September 1894 in Charlottenburg).

Helmholtz besaß ein Wissen von seltenem und geradezu erstaunlichem
Umfang. Unter dem Zwang äußerer Verhältnisse musste er zunächst den
praktischen ärztlichen Beruf ergreifen. Aber von vornherein fesselten ihn
vorzugsweise die Hilfswissenschaften der Medizin, die einer wirklich
exakten Behandlung zugänglich erschienen, Physiologie, Anatomie,
Chemie, Physik; die Art, wie sich experimentelle und theoretische Physik
zur Lösung der physikalischen Probleme verbinden, war ihm das ideale
Vorbild für die Methode der Naturwissenschaft überhaupt. Die Physik selbst
wurde immer mehr seine Lieblingswissenschaft. Nirgends fand er ein
Genügen darin, sich nur die bereits vorhandenen Kenntnisse zu eigen zu
machen; überall wurden ihm diese zusprudelnden Quellen eigener neuer
Erkenntnisse. Das von der Vor- und Mitwelt überkommene geistige
Besitztum erwarb er in rastloser, nie ermüdender Arbeit, die ihm, dank
seiner hervorragenden Begabung, sich die verborgensten und verwickeltsten

153

Beziehungen mit sinnlicher Klarheit vorzustellen, dank auch seiner großen experimentellen Geschicklichkeit reichhaltig Frucht trug. Eine gründliche Beherrschung der Mathematik gewährte ihm die Möglichkeit, die in Angriff genommenen Aufgaben und den Weg ihrer Lösung mit größter Schärfe zu formulieren und darzustellen. Sie war ihm vor allen Dingen auch das willkommene Werkzeug, mit dessen Hilfe er in systematischer Weise die Mannigfaltigkeit der ewig wechselnden Erscheinungen auf bleibende Gesetze zurückzuführen, in ihrer Flucht den ruhenden Pol zu entdecken wusste. Die Überzeugung aber von der Möglichkeit solcher Entdeckung gewann er aus einer tiefen philosophischen Bildung, deren Keime im Vaterhaus gelegt worden waren, und zugleich aus einer von der frühesten Jugend bis ins späte Greisenalter festgehaltenen warmen Liebe zur Kunst, die in ihren höchsten Formen stets auf die Schöpfung eines in sich geschlossenen und aus sich selbst verständlichen Ganzen ausgeht.

Aus dieser philosophisch-künstlerischen Anschauung heraus mag Helmholtz den ersten Antrieb zu der Gedankenentwicklung erhalten haben, deren Ergebnisse er der wissenschaftlichen Welt in der berühmten Abhandlung von 1847 „Über die Erhaltung der Kraft" vorlegte mit einer Einleitung, die sein Freund du Bois-Reymond enthusiastisch als „ein wissenschaftliches Dokument großer wissenschaftlicher Konzeption für alle Zeiten" bezeichnete. Bei der Ausführung erkannte er die Möglichkeit der Begründung des Gesetzes von zwei scheinbar verschiedenen Ausgangspunkten her, deren Gleichberechtigung zu erweisen war. Den einen Ausgangspunkt bildet die Annahme der Unmöglichkeit eines Perpetuum mobile zweiter Art, d. h. einer Vorrichtung, die sich dauernd selbst gegenüber allen Bewegungshindernissen in Bewegung erhalten und dabei auch noch nach außen nutzbare Arbeit abgeben könnte. Helmholtz erzählt in einem populär-wissenschaftlichen Vortrag „Über die Wechselwirkung der Naturkräfte" (1854), wie noch vor wenigen Jahren ein spekulativer Amerikaner die industrielle Welt Europas durch Bekanntgabe einer angeblichen Erfindung dieser Art in Aufregung versetzt habe. Durch schnelle Umdrehung des Magneten einer magnetelektrischen Maschine wollte er kräftige elektrische Ströme gewinnen, durch diese Wasser zersetzen, den erhaltenen Wasserstoff und Sauerstoff zum Betrieb eines Knallgasgebläses, dieses zur Erzeugung von Drummondschen Kalklicht[19] benutzen; er behauptete, bei der Verbrennung der beiden Gasarten hinreichende Wärme erhalten zu haben, um eine kleine Dampfmaschine damit zu heizen, welche ihm wiederum seine magnetelektrische Maschine

---

19 Das **Drummondsche Kalklicht** von 1826 war eine Knallgasflamme, die auf ein Stück Kalkstein gerichtet, dieses zu intensivem Leuchten bringt.

treibe, das Wasser zersetze und sich so ihr eigenes Brennmaterial fortdauernd selbst bereite. Helmholtz fügt humorvoll hinzu: „Dies wäre allerdings die herrlichste Erfindung von der Welt gewesen, ein Perpetuum mobile, welches neben der Triebkraft auch noch sonnenähnliches Licht erzeugte und die Zimmer erwärmte." — Da die Unmöglichkeit, auf rein mechanischem Wege, durch bloß bewegende Kräfte, Arbeit ohne einen genau entsprechenden Arbeitsaufwand zu gewinnen, bereits mittelst unanfechtbarer mathematischer Schlussfolgerungen festgestellt war, und es hiernach höchst unwahrscheinlich schien, dass die Einschiebung anderer Naturkräfte wie Wärme, Licht, Elektrizität, Magnetismus oder chemischer Verwandtschaftskräfte in irgendeinen Prozess ein abweichendes Ergebnis liefern könne, lag es nahe, an die Stelle aussichtsloser Kombinationen zur Konstruktion eines Perpetuum mobile die neue Einsichten versprechende Frage zu stellen: „Wenn ein Perpetuum mobile unmöglich sein soll, welche Beziehungen müssen dann zwischen den Naturkräften bestehen, und bestehen diese Beziehungen tatsächlich?" — Dies war der eine Weg, auf dem Helmholtz vorging, ohne etwas von den Veröffentlichungen R. Mayers und Koldings zu wissen, während er mit Joules Versuchen wenigstens gegen das Ende seiner Arbeit bekannt wurde. Er zeigte, dass der Satz von der Unmöglichkeit eines Perpetuum mobile in mathematischer Formulierung das Prinzip der lebendigen Kraft ist. „Dies Prinzip in Verbindung mit der Annahme, dass alle Kräfte sich auflösen lassen in solche, die nur von Punkt zu Punkt wirken, führt dann mithilfe der newtonschen Axiome zu der Folgerung, dass die Elementarkräfte Zentralkräfte sind, d. h. anziehend oder abstoßend wirken mit einer Intensität, die nur von der Entfernung abhängt." Überall also, wo sich die Naturerscheinungen auf solche Kräfte zurückführen lassen, gilt das Gesetz von der Erhaltung der Kraft[20].

Man kann aber auch umgekehrt das Prinzip von der Erhaltung der lebendigen Kraft aus der Annahme herleiten, dass die Elementarkräfte Zentralkräfte sind. Helmholtz sucht die Zulässigkeit dieser Voraussetzung folgendermaßen zu begründen. Die Beschaffenheit unseres Erkenntnisvermögens zwingt uns, jeden Vorgang als Wirkung einer Ursache aufzufassen. Legen wir unserer Forschung die Überzeugung von der Begreiflichkeit der Natur zugrunde, so müssen wir an der Möglichkeit festhalten, zu letzten Ursachen zu gelangen, die unveränderlich und beharrend und insofern einer naturwissenschaftlichen Erklärung weder

---

20 Wie weiter oben erläutert (Fußnote auf S.136), spricht man heute besser von der „Erhaltung der Energie", obwohl die Betrachtungsweise von Helmholtz nach wie vor auch richtig ist.

bedürftig noch zugänglich sind. Die Beharrlichkeit in diesem Sinne kommt zunächst der Materie zu. An sich ist sie wirkungs- und eigenschaftslos, Eigenschaften und Wirkungsfähigkeit erhält sie erst durch ihre in den Naturgesetzen sich entfaltenden Kräfte. Es muss also auch zeitlich unveränderliche Grundkräfte geben. Die chemischen Elemente mit ihren konstanten Qualitäten sind ihre Träger. Für sie bleibt nur noch die Möglichkeit einer einzigen Art der Veränderung bestehen, die räumliche der Bewegung. Die Aufgabe der Naturwissenschaft ist daher die Zurückführung der Naturerscheinungen auf Bewegungen von Materien mit unveränderlichen Bewegungskräften, die nur von den räumlichen Verhältnissen abhängig sind. Änderung der räumlichen Verhältnisse ist aber nur zwischen mindestens zwei Körpern möglich, Bewegungskraft lässt sich erklären als Ursache der gegenseitigen Lagenänderung von zwei Körpern. Geht man nun, wie üblich, bei der Beschreibung der Erscheinungen auf die Betrachtung von Punkten des von Materie erfüllten Raumes, also von sogenannten materiellen Punkten, zurück, so reduziert sich schließlich die Frage auf die nach den Bestimmungsstücken der Lage von zwei Punkten zueinander. Diese ist durch Richtung und Größe ihrer geraden Verbindungslinie gegeben. Die Kräfte, die zwei materielle Punkte aufeinander ausüben, werden daher in der Richtung dieser Linie wirken und in ihrer Größe durch den Abstand der Punkte bestimmt sein müssen, das heißt aber, alle Naturerscheinungen sind auf Zentralkräfte der oben gekennzeichneten Art zurückzuführen. Aus dieser Annahme lässt sich dann mithilfe der newtonschen Axiome das Prinzip der lebendigen Kraft herleiten. Es ist daher in der Tat einerlei, ob man beim Beweis des Gesetzes von der Erhaltung der Kraft von der Unmöglichkeit eines Perpetuum mobile oder von der Zurückführung der Naturvorgänge auf Zentralkräfte ausgeht.

Beide Betrachtungsweisen bringen eine durchaus kinetische Auffassung alles physikalischen Geschehens zur Geltung. Das beständige Anwachsen der Erfahrungen, aus denen die Unhaltbarkeit der Lehre von den Imponderabilien unwiderleglich folgte, die gehäuften Entdeckungen über die Wechselwirkung aller Naturkräfte und das Bedürfnis nach einer einheitlichen Grundlage der Darstellung drängten fast unwiderstehlich dazu, die ganze Physik in Mechanik zu verwandeln. Als metaphysische Forderung war eine solche Auffassung des Geschehens ja uralt und bereits von Demokrit (geb. um 460 v. Chr.) mit voller Klarheit aufgestellt. Aber diese Idee zerflatterte wie eine schaumgeborene Göttin in den Lüften. Sie aus festem, irdischen Stoff aufs Neue dauernd zu bilden, ihr Lebenskraft und Lebensodem einzuhauchen, und sie zu einer zuverlässigen Führerin der Naturwissenschaft zu erheben, gelang erst der beharrlichen Arbeit von mehr als zwei Jahrtausenden, und selbst ihre Ergebnisse können noch keineswegs als unanfechtbare Bestätigung der Richtigkeit des Gedankens von Demokrit gelten. Zwar ist für die meisten Naturkräfte festgestellt, dass zur Verbreitung ihrer Wirkung von Körper zu Körper Zeit gehört, aber für die Gravitation ist selbst dieser Nachweis, der für jede Ausbreitung einer Bewegung unbedingt geführt werden können muss, erst in neuester Zeit erbracht. Noch viel mehr aber fehlt daran, dass an den Körpern selbst alle Kraftäußerungen mit Sicherheit als Bewegungsvorgänge erfasst sind. Es ist höchst merkwürdig, dass das von Helmholtz aufgrund einer rein mechanischen Auffassung alles Naturgeschehens zur Geltung und allgemeinen Anerkennung gebrachte Gesetz von der Erhaltung der Energie in der weiteren Entwicklung der Physik wiederholt dazu benutzt worden ist, jenen Schwierigkeiten aus dem Wege zu gehen, indem man sich damit begnügte, bei allen Vorgängen die Gültigkeit des Erhaltungsgesetzes aufzuzeigen, auf eine nähere Beschreibung der Art seiner Betätigung aber verzichtete. Helmholtz, der im Übrigen eine möglichst hypothesenfreie Beschreibung der Wirklichkeit in ähnlicher Weise wie Gustav Kirchhoff (1824 – 1887) anstrebte, konnte an eine solche Verwendung des Energiegesetzes als Palliativ nicht denken, weil ihm die Zurückführbarkeit aller Erscheinungen auf Bewegungsvorgänge grundsätzlich feststand, mindestens als eine der bestbegründeten Hypothesen erschien. Vielmehr ergab es sich ihm gerade erst aus der kinetischen Auffassung als Verallgemeinerung des Satzes von der Erhaltung der lebendigen Kraft. Umgekehrt lässt sich keineswegs aus dem Energiegesetz die Notwendigkeit einer kinetischen Betrachtungsweise des Naturgeschehens herleiten, wie R. Mayer durchaus richtig erkannt hat. Diese legt also einen weiteren Begriff zugrunde als jenes, und Helmholtz hat eben gerade festzustellen gesucht, durch welche näheren Bestimmungen der umfassendere Begriff auf den engeren eingeschränkt wird.

Helmholtz hat aber nicht nur eine Begründung des Gesetzes von der Erhaltung der Kraft geleistet. Eine solche war ja auch schon von R. Mayer gegeben worden, wenn auch in einer für Physiker wenig schmackhaften Weise. Wichtiger ist die Form, in die Helmholtz den Satz gegossen, und durch die er zu seiner Überführung in das allgemeine wissenschaftliche Bewusstsein ganz erheblich beigetragen hat. R. Mayer legt den Nachdruck auf die allgemeine Umwandlungsmöglichkeit aller Kräfte ineinander; so wenig wie Kraft aus nichts entsteht, so wenig verschwindet sie in nichts, nur die Art ihrer Betätigung ist dem Wechsel unterworfen und eine irgendwo scheinbar verschwundene Kraftgröße muss stets an irgendeiner Stelle in unverändertem Betrag, wenn auch in veränderter Weise der Betätigung wieder zum Vorschein kommen. Erst bei Helmholtz kommt das Prinzip der Erhaltung zur Geltung. Ein

Beispiel möge den Unterschied erläutern. Eine Masse von beiläufig 2 kg in Form eines handelsüblichen Gewichts sei 20 m hochgehoben worden. Fällt das Gewicht zunächst 10 m, so erlangt es eine lebendige Kraft, deren Betrag gleich der Arbeitsleistung ist, durch die es 10 m hochgehoben wird. Diese Seite der Erscheinung betont R. Mayer. Helmholtz aber hebt hervor, dass das 10 m herabgefallene Gewicht neben jenem Betrag an lebendiger Kraft noch ein Quantum „Spannkraft", nämlich die Fähigkeit besitzt, weitere Arbeit zu leisten[21], da es ja nicht nur 10 m, sondern 20 m hochgehoben wurde. Vermöge seiner Auffassung aller Naturerscheinungen als Bewegungsvorgänge ist er in der Lage, diese Auffassung ohne Weiteres zu verallgemeinern und jedem Körpersystem einen bestimmten Vorrat an lebendiger und an Spannkraft zuzuschreiben. Durch eine einfache Umformung des Satzes von der lebendigen Kraft ergibt sich ihm, dass die Summe aus der Quantität der lebendigen und der Spannkräfte eines Systems weder vermehrt noch vermindert werden kann. Gibt man beiden Kraftarten den gemeinsamen Namen Energie und unterscheidet sie als kinetische und potenzielle Energie, so drückt dieser Satz die Konstanz der Energie eines allen äußeren Einflüssen entzogenen Körpersystems aus. Er gilt unbedingt für unser Planetensystem, insofern eine merkliche Einwirkung der Fixsterne auf dieses zurzeit jedenfalls nicht nachweisbar ist. W. Planck hat darauf hingewiesen, dass die von Helmholtz vollzogene, scheinbar geringfügige Umdeutung das Prinzip der Erhaltung der Kraft in Parallele „mit dem uns schon lange vertrauten und sozusagen in den Instinkt übergegangenen Prinzip der Erhaltung der Materie" gesetzt und seine allgemeine Verwendbarkeit auf allen Gebieten der Physik unmittelbar anschaulich gemacht hat. So wenig wie die verschiedensten physikalischen und chemischen Umwandlungen einer gegebenen Quantität Materie diese Menge abändern können, so wenig lässt sich durch irgendwelche Prozesse die Summe aller in einem Körpersystem aufgespeicherten Kraftvorräte verändern; immer erfolgt nur eine Überführung der verschiedenen Kraftformen ineinander, wobei übrigens nicht notwendig gerade lebendige Kraft in Spannkraft oder Spannkraft in lebendige Kraft verwandelt zu werden braucht, sondern auch eine Form der lebendigen Kraft in eine andere, eine Form der Spannkraft in eine andere übergehen kann, wie man sofort übersieht, wenn man an sichtbare Bewegung, Licht, Wärme, strömende Elektrizität einerseits, an ein gehobenes Gewicht, eine gespannte Feder, den Druck von Flüssigkeiten und Gasen, elektrische Spannungen oder chemische Unterschiede andrerseits denkt.

---

21 „Die Fähigkeit Arbeit zu leisten" ist gleichzeitig auch die Definition von Energie.

Helmholtz unterzog sich nun der weiteren Aufgabe, die Gültigkeit des Gesetzes von der Erhaltung der Energie unter den hierfür von ihm aufgestellten Bedingungen in den wichtigsten Zweigen der Physik nachzuweisen und damit zugleich seinen Ausgangspunkt zu sichern. Hierbei war eine Frage zu klären. Welche von den in einem System auftretenden Erscheinungen sind als besondere Kraftarten aufzufassen, also in die Summe aus den lebendigen und Spannkräften des Systems aufzunehmen? Und damit eng zusammenhängend: Welches ist das mechanische Äquivalent jeder Kraftart? Helmholtz hat z. B. bei der Anwendung des Prinzips auf die Wechselwirkung zweier Ströme eine Kraftart übersehen und infolgedessen hier eine unrichtige Aquivalentzahl erhalten. Wir können auf die speziellen Untersuchungen von ihm, die namentlich für die Magnetik und Elektrik weittragende Bedeutung erlangten, hier nicht näher eingehen, da ihr Verständnis gründliche Kenntnisse der theoretischen Physik voraussetzt.

Wie man sich bei der Durchführung des Prinzips in konkreten Einzelfällen vor Irrtümern schützen kann, hat W. Planck ausgeführt. Aufgrund der Erfahrung muss man sich gewisse Vorstellungen über die Natur der zu untersuchenden Erscheinungen verschaffen, die sich umso einfacher gestalten dürfen, je geringere, die umso verwickelter werden müssen, je größere Ansprüche man an die zu erlangenden Ergebnisse stellt. Jedenfalls aber sind die einmal eingeführten Vorstellungen bei den weiteren Betrachtungen dann auch festzuhalten. So mag es z. B. im einfachsten Falle genügen, für eine tropfbare Flüssigkeit nur die Eigenschaft der Inkompressibilität in Betracht zu ziehen. Genauere Ergebnisse erhält man, wenn man sich die im Innern der Flüssigkeit wirkenden Kräfte durch Veränderungen der Dichte hervorgerufen denkt. Auf einer weiteren Stufe wird zu diesen Druckkräften noch die aus der sogenannten Zähigkeit der Flüssigkeit entspringende „Reibung" hinzugenommen. Endlich kann man die Vorstellung der Flüssigkeit als eines Kontinuums aufgeben und muss dann noch die zwischen den kleinsten Teilchen wirkenden Molekularkräfte in Betracht ziehen. „Jeder dieser verschiedenen genannten Vorstellungen entspricht eine besondere Form der Energiearten und also eine verschiedene Anwendung des Prinzips der Erhaltung der Energie" (Planck, S. 164), und es ergibt sich hieraus zugleich, dass diese Anwendung wesentlich von dem Wechsel in den herrschenden physikalischen Anschauungen beeinflusst werden muss, während die unveränderliche Geltung des Prinzips selbst für alle Zeiten wohl kaum noch einem Zweifel unterliegt. — Helmholtz schließt seine Arbeit „Über die Erhaltung der Kraft" mit den Sätzen: „Ich glaube durch das Angeführte bewiesen zu haben, dass das besprochene Gesetz keiner der bisher bekannten Tatsachen der Naturwissenschaften widerspricht, von einer großen Zahl derselben aber in einer auffallenden Weise bestätigt wird. Ich habe mich bemüht, die Folgerungen möglichst vollständig aufzustellen, welche aus der Kombination desselben mit den bisher bekannten Gesetzen der Naturerscheinungen sich ergeben, und welche ihre Bestätigung durch das Experiment noch erwarten müssen. Der Zweck dieser Untersuchung, der mich zugleich wegen der hypothetischen Teile derselben entschuldigen mag, war, den Physikern in möglichster Vollständigkeit die theoretische, praktische und heuristische Wichtigkeit dieses Gesetzes darzulegen, dessen vollständige Bestätigung wohl als eine der Hauptaufgaben der nächsten Zukunft der Physik betrachtet werden muss."

Das Gesetz von der Erhaltung der Energie gewährt einen wichtigen Einblick in die Art des Geschehens, wenn etwas geschieht. Es klärt aber nicht im Geringsten darüber auf, unter welchen Bedingungen Umformung von Energie eintritt und auf welchen Wegen sich die Umwandlung vollzieht. Es gleicht einer Eisenbahnkarte ohne Kursbuch. Man erkannte aber sehr bald, dass sich auch über die Umwandlungsmöglichkeit von Energie gewisse allgemeine Sätze aufstellen lassen. Clausius ging von dem Axiom aus, dass Wärme nicht von selbst aus einem Körper von niederer Temperatur in einen solchen von höherer Temperatur übergehen könne und leitete daraus im Anschluss an eine Untersuchung von Carnot den sogenannten zweiten Hauptsatz der mechanischen Wärmetheorie ab, dass alle in der Natur vorkommenden Verwandlungen in einem gewissen Sinne, dem sogenannten positiven, von selbst, d. h. ohne Kompensation, geschehen, dass sie aber im entgegengesetzten, also negativen Sinne, nur unter Kompensation durch gleichzeitige positive Verwandlungen stattfinden können. Beispiele positiver Verwandlungen sind Übergang von Wärme aus einem wärmeren in einen kälteren Körper, Verwandlungen lebendiger Kraft oder von Energie der Lage, also auch elektrischer Energie in Wärme, negativ sind die entgegengesetzt gerichteten, die „nur auf Umwegen, d. h. durch Zuhilfenahme vermittelnder Kräfte, die hierbei selbst positive Verwandlungen erfahren, bewirkt werden" können; so wird in der Dampfmaschine Wärme in Arbeit nur unter dem gleichzeitigen Übergang von Wärme in den Kondensator oder in die Atmosphäre verwandelt. W. Thomson ging von der Annahme aus, dass es unmöglich sei, „mithilfe unbeseelter Körper irgendwelche mechanische Leistung durch irgendeine Substanz zu erzielen, wenn ihre Temperatur niedriger ist, als die tiefste aller sie umgebenden Körper" und wies darauf hin, „dass nicht alle Energieformen trotz gleicher Größe auch von gleicher Umwandlungsfähigkeit seien und dass z. B. eine Transformation der Wärme unter Umständen überhaupt nicht mehr möglich sein könne". Eine

160

Verallgemeinerung dieser an die besondere Energieform der Wärme anknüpfenden Betrachtungen wurde durch die mechanische Wärmetheorie nahe gelegt. Nach dieser ist die Wärme eines Körpers ja Bewegungsenergie seiner Moleküle und die Axiome von Clausius und Thomson müssen sich daher als Theoreme über reine Bewegungsvorgänge verständlich machen lassen. In der Tat ist die Gültigkeit des folgenden, mit dem zweiten Hauptsatz verwandten Satzes leicht ersichtlich: „Wenn in einem isolierten, materiellen System die Bewegungen der einzelnen Teile sich so ausgeglichen haben, dass alle Geschwindigkeiten gleich groß und gleich gerichtet sind, so ist trotz einer beliebigen Größe der absoluten Energie die nutzbare Energie des Systems doch gleich null" (Rosenberger). Die mechanische Umdeutung des zweiten Hauptsatzes, die ihn zu einem Prinzip aller Energieumwandlungen und damit zu einem nicht nur die Wärmelehre, sondern das ganze Gebiet der Physik beherrschenden Satz erhob, ist zuerst von Boltzmann in Angriff genommen worden. In ähnlicher Richtung ist nun auch Helmholtz in der zweiten Hälfte seines Lebens tätig gewesen. Wie Boltzmann wurde er dabei auf das Prinzip der kleinsten Wirkung als das eigentlich zentrale, alle physikalischen Vorgänge umfassende Gesetz geführt. Ausgesprochen wurde das *principe de la moindre quantité d'action* zuerst von Maupertuis 1747, und zwar betrachtete er als Maß der Wirkung das Produkt m · v · s aus Masse m, Geschwindigkeit v und Weg s eines Körpers, eine Größe, die schon Leibniz als die Leistung des Beharrungsvermögens bezeichnet hatte, durch die sich der mit Masse erfüllte, vom rein geometrischen Raum, unterscheidet. Von der unklaren, halb mystischen Verwendung des Prinzips durch seinen Urheber wollte indessen Helmholtz nichts wissen. Metaphysische Spekulationen wie die von Maupertuis, dass sich die Natur bei allen ihren Verrichtungen der einfachsten Mittel bediene und bei jedem Vorgang demnach eine bestimmte Größe ein Minimum werden müsse, dessen Ermittlung dem Forscher zugleich verrate, wo die Natur spare und damit einen Einblick in den Plan des Weltenschöpfers gewähre, können die Wissenschaft nur in die Irre führen. Helmholtz setzte an ihre Stelle überall bestimmte, mathematisch formulierte Begriffe und streng analytische Entwicklungen und hob hervor, dass der theoretische Wert des Prinzips wesentlich darauf beruhe, dass in ihm „nur noch die Rede ist von den beiden Hauptformen der Energie, deren Gesamtwert unveränderlich und ewig ist, die aber in den mannigfaltigsten Erscheinungsformen in den Naturkörpern hin und her wallt. Den Verlauf dieses Hin- und Herwallens der Energie bringt dieses Prinzip unter eine kurze, aber alles umfassende Regel, und damit macht es alles Geschehen in der Welt ganz allein und vollständig abhängig von der aktuellen Verteilung der Energie." Fast bis zu seinem Tod ist Helmholtz immer wieder auf diesen

Gedanken zurückgekommen; aber ein völlig abschließendes Ergebnis blieb ihm hier versagt.

Schon in seiner physikalischen Erstlingsschrift „Über die Erhaltung der Kraft" hat Helmholtz seine besondere Aufmerksamkeit den elektrischen und magnetischen Vorgängen zugewandt. Auch ein großer Teil seiner späteren Lebensarbeit war diesem Gebiet gewidmet. Neben dem unmittelbaren Interesse an den hierher gehörigen Erscheinungen war dabei wohl die Überzeugung für ihn ein treibendes Motiv, dass der Streit zwischen den auf Newtons Autorität sich stützenden Anhängern einer unmittelbaren Fernwirkung und den Faradays Spuren folgenden Vertretern einer Vermittlung aller Kraftwirkungen durch das zwischen den aufeinander wirkenden Körpern liegende Medium hier eine unanfechtbare Entscheidung erhoffen lasse, die für das ganze Gebiet der Physik von grundsätzlicher Bedeutung werden musste. Irgendwelche Instanzen gegen die faradayschen Anschauungen waren freilich nicht aufgefunden worden; aber solange man meinte, mit der älteren Auffassung allen Tatsachen gerecht werden zu können, lag offenbar keine Veranlassung vor, für die bewährten Vorstellungen die schwierigen neuen Begriffe einzutauschen. Helmholtz selbst erzählt in seiner Faradayvorlesung „Die neuere Entwicklung von Faradays Ideen über Elektrizität", die er am 5. April 1881 vor der Chemischen Gesellschaft zu London hielt, wie er oft „gesessen habe, hoffnungslos auf eine seiner (Faradays) Beschreibungen von Kraftlinien und von deren Zahl und Spannung starrend, oder den Sinn von Sätzen suchend, wo der galvanische Strom als eine Achse der Kraft bezeichnet wird und Ähnliches mehr". Kein Wunder, dass man sich solchen Schwierigkeiten gegenüber ablehnend verhielt, solange es irgend ging. Das kritische Gebiet, auf dem der Kampf ausgefochten werden musste, war die Theorie der elektrischen Ströme. Der faraday-maxwellschen Lehre standen hier zwei Hypothesen gegenüber. Die eine wurde hauptsächlich von W. Weber, Riemann und Clausius verfochten. Diese Männer versuchten „die elektrodynamischen Erscheinungen aus der Annahme von Fernkräften herzuleiten, die zwischen je zwei Quanten[22] der hypothetischen elektrischen Fluida wirken sollten, deren Intensität aber nicht allein von deren Entfernung, sondern auch von deren Geschwindigkeiten und Beschleunigungen abhängen sollte". Die Phänomene geschlossener Ströme lassen sich in der Tat auf diesem Wege zutreffend ableiten. Bei der Anwendung auf ungeschlossene Ströme aber kommt man in Widerspruch,

---

22 Von Quantis, lat. „Was auch immer" abgeleitet. Seit der von Max Planck begründeten Quantenphysik wird der Begriff „Quanten" für die kleinsten unteilbaren Energiepakete verwendet.

sei es mit dem Gesetz von der Konstanz der Energie, sei es mit dem Axiom der Gleichheit von Aktion und Reaktion, sei es mit beiden. Die andere Hypothese wurde zuerst von Ampère aufgestellt, später von F. E. Neumann als Potenzialgesetz umfassend mathematisch formuliert und von Helmholtz noch etwas weiter verallgemeinert. Hier werden die anziehenden und abstoßenden Fernkräfte nicht zwischen je zwei Punkten, sondern zwischen kleinsten Längenelementen der Leiter angenommen, sie erscheinen als Funktionen des Winkels zwischen den beiden Elementen selbst und der Winkel zwischen diesen Elementen und der Richtung ihrer Verbindungslinie. Helmholtz konnte nachweisen, dass das neumannsche Potenzialgesetz sämtliche Erscheinungen geschlossener Ströme qualitativ richtig und quantitativ genau darstelle und sich auch auf die wenigen bekannten, meist außerordentlich schwachen elektrodynamischen Wirkungen ungeschlossener Ströme anwenden lasse, ohne zu Widersprüchen mit den Axiomen der Mechanik zu führen.

Während also jene erste Hypothese unbedingt abzuweisen war, blieb dieser zweiten zunächst der Schein der Berechtigung. Helmholtz ging nun aber sogleich darauf aus, durch seine mathematischen Überlegungen auch die Richtung zu finden, in der Versuche zur Entscheidung zwischen den verschiedenen möglichen Theorien anzustellen seien. Es gelang ihm, „einen solchen Versuch über die Elektrizität, die sich an der Oberfläche eines im magnetischen Felde rotierenden Leiters sammelt, auszuführen". Nach den gewöhnlichen Induktionsgesetzen muss nämlich in einem solchen um die Achse eines Magneten sich drehenden Leiter eine elektromotorische Kraft induziert werden, während dies nach dem neumannschen Potenzialgesetz allein nicht der Fall wäre. Der Versuch führte nur dann auf keinen Widerspruch, „wenn man die Existenz des Potenzialgesetzes mit der faradayschen Annahme vereinigte, dass die in den Isolatoren zwischen zwei sich ladenden Leitern zustande kommende dielektrische Polarisation eine „elektrische Bewegung ist, die dem jene Leiterstücke ladenden Strom äquivalente Intensität und äquivalente elektrodynamische Wirkung hat". So ergab sich schließlich für Helmholtz Faradays Annahme als „die einzige, die mit allen beobachteten Tatsachen zusammenstimmt und die durch keine ihrer Folgerungen in Widerspruch mit den allgemeinen Grundsätzen der Dynamik tritt", und er fand auch die aus ihr für ungeschlossene Ströme gezogenen Schlüsse durch Versuche bestätigt. Lässt man in den Hypothesen von E. F. Neumann, Weber, Clausius die dielektrische Polarisation in allen zwischen den Leiterstücken liegenden Isolatoren zur Geltung kommen, und zwar in solcher Stärke, dass die mit der Herstellung dieses Zustandes verbundene Bewegung der Elektrizitäten als eine gleichwertige Fortsetzung des die Leiter ladenden elektrischen Stroms erscheint, so verschwinden auch hier alle Unstimmigkeiten; es gibt dann nur noch geschlossene Ströme, und für solche hatte sich ja jede der besprochenen Hypothesen als gültige Beschreibung erwiesen. Anderseits aber spielen bei dieser Annahme unmittelbare Fernkräfte keine Rolle mehr gegenüber den dielektrischen und magnetischen Spannungen in den Isolatoren, beziehentlich in einem hypothetischen raumfüllenden Äther.

Immerhin fehlte in dieser Beweiskette für die faraday-maxwellsche Theorie noch ein wichtiges Glied, um dessen Beschaffung sich schon Faraday vergeblich bemüht hatte. Sind alle Induktionswirkungen tatsächlich im wesentlichen Vorgänge im Dielektrikum, die an den begrenzenden Leitern nur deutlich in die Erscheinung treten, ähnlich wie die Spannkraft des Dampfes in dem Zylinder einer Dampfmaschine sich in den Bewegungen des Kolbens offenbart, so ist zu ihrer Ausbreitung Zeit nötig. Durch das Experiment musste diese Zeit ermittelt und zugleich der Nachweis erbracht werden, dass das Entstehen und Vergehen dielektrischer Polarisation in einem Isolator dieselben elektrodynamischen Wirkungen in der Umgebung hervorbringt, wie ein gewöhnlicher galvanischer Strom. Helmholtz erkannte richtig die Anfänge des Weges, der hier zum Ziel zu führen versprach, und er wusste unter seinen Schülern den Mann, der die Fähigkeit besaß, ihn erfolgreich bis ans Ende zu gehen. Er machte das Problem zu einer Preisfrage der Berliner Akademie der Wissenschaften in der gewissen Überzeugung, dass Heinrich Hertz die Lösung finden werde, und er sah sich nicht getäuscht. Durch die berühmten Versuche des genialen, leider allzu früh verstorbenen Physikers wurde die Geschwindigkeit der Fortpflanzung der elektrischen Kraft zu 310.000 km in der Sekunde, also gleich der Lichtgeschwindigkeit gefunden und damit eine der wesentlichsten theoretischen Folgerungen der faraday-maxwellschen Anschauungen experimentell bestätigt. Ist die Annahme eines Äthers zur Erklärung der ungeheuren Lichtgeschwindigkeit erforderlich, so muss er nun offenbar auch die Ausbreitung der elektrodynamischen Induktionswirkungen vermitteln. Die Experimente von Hertz bewiesen aber noch mehr; sie zeigten, dass diese Ausbreitung genau den gleichen periodischen Charakter wie die Wellenbewegung des Lichts und der strahlenden Wärme besitzt und nur ein Unterschied in den Wellenlängen bzw. der Dauer der Schwingungen besteht.

Helmholtz hat aber nicht nur durch seinen Einfluss auf die großen Entdeckungen von Hertz seinen Namen mit der Entwicklung der Elektrizitätslehre verknüpft. Auch die Ionentheorie verdankt ihm die klare und bestimmte Ausarbeitung ihres Grundbegriffes. Helmholtz geht hierbei von dem Faradayschen Gesetz der festen elektrolytischen Wirkung aus. Er sieht die in ihm ausgedrückten Tatsachen vom Standpunkt der chemischen Valenztheorie[23] an, nach der die Atome verschiedener Elemente, je nach ihrem Valenzwerte, entweder einem, oder zweien, dreien oder vier Atomen Wasserstoff äquivalent sind. Das faradaysche Gesetz behauptet dann, „dass dieselbe Menge Elektrizität, wenn sie durch irgendeinen Elektrolyten fließt, immer dieselbe Menge von Valenzwerten an beiden Elektroden entweder freimacht oder in andere Verbindungen überführt". Das Erscheinen der Zersetzungsprodukte an den Elektroden setzt aber Bewegungen der den Elektrolyten zusammensetzenden chemischen Elemente, der „Ionen", längs der ganzen Strombahn voraus. Der Gesamtbetrag der chemischen Bewegung in jedem Querschnitt der Flüssigkeit kann durch die Summe der hindurchgegangenen Ionen, Anionen und Kationen dargestellt werden, gerade so, wie nach der dualistischen Theorie der Elektrizität die durch einen Querschnitt des Leiters fließende Elektrizität sich aus der hindurchgehenden positiven und negativen Elektrizität zusammensetzt. „Wir können nun", sagt Helmholtz in seiner Faradayvorlesung, „Faradays Gesetz so aussprechen, dass durch jeden Querschnitt eines elektrischen Leiters wir immer äquivalente elektrische und chemische Bewegung haben. Genau dieselbe bestimmte Menge, sei es positiver, sei es negativer Elektrizität bewegt sich mit jedem einwertigen Ion, oder mit jedem Valenzwert eines mehrwertigen Ion, und begleitet es unzertrennlich bei allen Bewegungen, die dasselbe durch die Flüssigkeit macht. Diese Quantität können wir die elektrische Ladung des Ions nennen." Dieser Ausdruck der tatsächlich vorliegenden Erfahrungen führt im Zusammenhang mit der chemischen Atomtheorie Helmholtz zu der wichtigen, den Keim der Elektronentheorie enthaltenden Schlussfolgerung, „dass auch die Elektrizität, positive sowohl wie negative, in bestimmte elementare Quanten geteilt ist, die sich wie Atome der Elektrizität verhalten". Jedes Ion ist während seiner Bewegung im Elektrolyten für jeden seiner Valenzwerte mit je einem elektrischen Äquivalent verkettet; eine Trennung kann nur an den Elektroden eintreten, wenn dort hinreichend große elektromotorische Kräfte wirken.

Helmholtz macht daraus aufmerksam, wie es beim ersten Anblick überraschend erscheinen muss, dass die schwachen Anziehungen der Pole einer Batterie, beispielsweise von zwei Daniellelementen die gewaltigen chemischen Anziehungskräfte zu überwinden und z. B. Wasser zu zersetzen vermögen. Des Rätsels Lösung ergibt sich aber, wenn man beachtet, dass

---

23 Mehr zur chemischen Valenztheorie, auch „Wertigkeitstheorie" genannt, in Lassar-Cohn, Löb, Sedlacek: *Durchblick Chemie, Praktische Grundlagen und Einführung in die anorganische, organische und Biochemie*; Norderstedt (2016)

nach dem Coulombschen Gesetz die Gesamtkraft, die ein elektrischer Körper auf einen anderen ausübt, proportional sowohl der Elektrizitätsmenge des anziehenden, als auch der des angezogenen Körpers ist. Die Ladungen der Atome selbst sind eben von einer ganz gewaltigen Größe, wie sich aus Versuchen von R. Bunsen, W. Weber und Cl. Maxwell ergeben hat. „Wir finden, dass Wasserstoff und Sauerstoff des Wassers, wenn sie, ohne ihre elektrischen Ladungen zu verlieren, voneinander getrennt werden könnten, eine Anziehung aufeinander ausüben würden, gleich der Gravitation von Massen, die ihnen 400.000-Billionenmal an Gewicht überlegen wären."

Weiter sucht nun Helmholtz aufgrund fremder und eigener Untersuchungen die Frage zu beantworten, welche Kräfte nötig sind, um die Ionen in Bereinigung mit ihren elektrischen Ladungen durch das Innere der Flüssigkeit fortzutreiben und welche zur Trennung des Ions von seiner Ladung und seinen bisherigen chemischen Verbindungen gebraucht werden. Er findet durch Beobachtung der Polarisationsvorgänge in einem selbst konstruierten Voltameter, einem Glasgefäß, das angesäuertes Wasser enthält und nach möglichster Befreiung von allen Gasen zugeschmolzen worden ist, dass sich keine untere Grenze für die elektromotorischen Kräfte angeben lässt, die die Loslösung der Ionen voneinander und ihre Wanderung verursachen. Er schließt daraus, dass der Zusammenhalt in jedem Paar eines Anion und Kation nur von der gegenseitigen Anziehung ihrer elektrischen Ladungen herrührt, nicht aber daneben noch durch irgendeine besondere chemische Kraft bedingt ist; denn eine solche würde doch irgendeinen kleinen Aufwand von Arbeit zu ihrer Überwindung erfordern.

Im Gegensatz zu diesen Vorgängen erfordert die Trennung eines Ions von seiner elektrischen Ladung eine erhebliche Arbeitsleistung. Diese kann eine rein mechanische sein, so, wenn die in die Elektroden der Zersetzungszelle eingetriebenen Elektrizitäten durch Bewegung einer gewöhnlichen Reibungs- oder einer Influenzelektrisiermaschine oder durch eine Dynamomaschine erzeugt werden. Wird die Arbeit durch eine galvanische Batterie verrichtet, so finden in ihr chemische Arbeitsprozesse statt, deren Größe wenigstens angenähert aus der Wärmemenge berechnet werden kann, die bei der Verbindung der in Wirksamkeit tretenden chemischen Elemente auftreten würde.

„Erst wenn man die Potenzialdifferenz der Elektroden so weit steigert, dass sie die elektrischen Ladungen der Ionen hinreichend kräftig anziehen, um sie zu sich hinüber zu reißen, werden die Ionen selbst frei, um anderen mechanischen Kräften zu folgen und die Elektroden zu verlassen,

166

beziehentlich sich als Gase zu entwickeln." Wäre der wägbare Teil der Ionen der Anziehung der Elektroden unterworfen, so müssten jene an diesen auch nach ihrer Entladung fest haften. Da dies nicht geschieht, ist zu schließen, dass die Ionen „nur, weil und solange sie elektrisch geladen sind, zur entgegengesetzt geladenen Elektrode gezogen werden."

Helmholtz betrachtet jede Elektrode als die eine, die unmittelbar an ihr haftende Ionenschicht als die andere Platte eines Kondensators. Die Anziehungskraft, die in einem solchen auf die Einheit des elektrischen Quantums wirkt, das an der Innenseite einer der Ladungsschichten liegt, ist dem Abstand der geladenen beiden Grenzflächen umgekehrt proportional. Helmholtz berechnet diesen Abstand für den vorliegenden Fall in annähernder Übereinstimmung mit Kohlrausch auf den zehnmillionsten Teil eines Millimeters, d. h. auf den ungefähren Betrag des Wirkungskreises der Molekularkräfte. Daraus folgt, dass hier die Anziehungskraft 10 Millionen Mal größer ist, als bei einem Abstand der Kondensatorplatten von 1 mm. Es ist wohl begreiflich, „dass unter diesen Umständen selbst eine mäßige elektromotorische Kraft den mächtigen chemischen Kräften den Rang ablaufen kann, die jedes Atom mit seiner elektrischen Ladung verbinden und die Atome in der Flüssigkeit festhalten".

Wenn sich übrigens Helmholtz in der Faradayvorlesung an das Bild der dualistischen Elektrizitätshypothese hält, so geschieht dies wohl mehr mit Rücksicht auf die leichtere Verständlichkeit als aus Überzeugung von der Richtigkeit dieser Anschauung. In einer kurzen Aufzeichnung „Nachträgliche Betrachtungen zur Faradaylektüre" betont er, dass jene Theorie eine überflüssig große Zahl von Hypothesen und hypothetischen Apparaten nur zu dem Zweck in Bewegung setzt, eine vollkommene Analogie für die Wirkungen positiver und negativer Elektrizitäten zu bewahren, und macht einen Versuch, wie weit man mit der unitarischen Hypothese gelangen kann. In einer zweiten Aufzeichnung „Zur elektrodynamischen Theorie optischer Erscheinungen" skizziert er noch einmal die Hauptpunkte seiner elektrochemischen Ansichten: Jede Valenz des Ions einer elektrolytisch zerlegbaren chemischen Verbindung ist mit einem Äquivalent entweder positiver oder negativer Elektrizität verbunden, solange der Elektrolyt noch nicht zerlegt ist; die Valenzen verschiedener Elemente, möglichenfalls auch die verschiedenen Valenzen desselben Atoms üben verschiedene Anziehungskräfte gegen die Äquivalente der beiden Elektrizitäten aus; diese Anziehungen und die der gleichnamigen Elektrizitäten untereinander machen den wesentlichsten Teil der chemischen Verwandtschaftskräfte aus. Im Anschluss hieran betont er, dass sich alle diese Annahmen auch in Beziehung zur maxwellschen Darstellungsweise bringen lassen. Man braucht zu diesem Zwecke nur die Valenzstellen eines Atoms als Orte aufzufassen, die Spannungszentra des (hypothetischen) Äthers sind, und hat die Möglichkeit festzuhalten, dass bei chemischen Zersetzungen ein solches Spannungszentrum auf ein anderes Atom hinübergleite, und dass verschiedene chemische Elemente verschiedene Anziehung zu dem positiven und negativen Ende der Kraftlinien haben, sodass verhältnismäßig große Arbeitsbeträge durch eine solche Auswechslung des positiven mit dem negativen Ende des Kraftlinienbündels geleistet werden können.

* * *

Die Studienzeit und die Anfänge selbstständiger wissenschaftlicher Forschung von Helmholtz fielen in eine Epoche, in der unter der Führung des berühmten Berliner Physiologen Johannes Müller, zu dessen Schülern sich Helmholtz mit du Bois-Reymond, Brücke, Ludwig zählen durfte, die Physiologie in neue Bahnen lenkte. Ihre Loslösung von der Metaphysik und ihre exakte Begründung durch die Physik war das Ziel, das mit Genialität und ausdauerndem Fleiß von jenen Männern verfolgt wurde. Welche Widerstände es dabei zu überwinden galt, lässt die Äußerung eines Physiologen erkennen, der auf die Aufforderung von Helmholtz, sich gewisse Bilder im Auge anzusehen, erwiderte, ein Physiologe habe nichts mit Versuchen zu tun, die seien gut für den Physiker; nicht minder der Rat eines medizinischen Professors an Helmholtz, auf der Hochschule den eigentlichen gedanklichen Teil der Physiologie selbst vorzutragen, die „niedere" experimentelle Seite einem Kollegen zu überlassen. Helmholtz sah hier also noch viel jungfräulichen Boden vor sich. Seine Leistungen auf diesem Gebiet haben nicht nur seinen wissenschaftlichen Ruhm zuerst begründet, sondern ihm auch eine ungewöhnliche Popularität in allen gebildeten Kreisen verschafft.

Seine Doktordissertation von 1842 stellte für wirbellose Tiere die wichtige Tatsache fest, dass die Nervenfasern aus den von Ehrenberg 1833 entdeckten Ganglienzellen entspringen, und gab damit den Nachweis für die zentrale Natur dieser Zellen. 1850 folgten die „Messungen über den zeitlichen Verlauf der Zuckungen animalischer Muskeln und die Fortpflanzungsgeschwindigkeit der Reizungen in den Nerven" und verwandte Abhandlungen, deren Material er aus äußerst feinen Versuchen mit Hilfe von zum großen Teil selbst erfundenen sinnreichen Apparaten gewann. Noch wenige Jahre vorher hatte Johannes Müller die Möglichkeit, jemals die Geschwindigkeit der Nervenwirkung festzustellen, ernstlich bezweifelt, weil er sie für außerordentlich groß hielt. Diese Ansicht ergab

168

sich ihm und anderen Physiologen aus dem Glauben, dass die Ausbreitung der Nebenwirkungen durch ein imponderables Mittel oder ein psychisches Prinzip erfolge. Helmholtz dagegen war durch Untersuchungen von du Bois-Reymond zu der Überzeugung gelangt, dass die Fortleitung einer Nervenreizung wesentlich durch eine veränderte Anordnung der Moleküle der Nerven bedingt sei, ihre Geschwindigkeit mäßig und daher durchaus messbar sein müsse. Er fand sie in der Tat über zehnmal kleiner als die Schallgeschwindigkeit in der Luft und konnte daraus rückwärts auf die Unzulässigkeit jener älteren physiologischen Auffassung des Nerven-Agens als eines imponderablen Prinzips schließen. „Glücklicherweise", sagt er, „sind die Strecken kurz, welche unsere Sinneswahrnehmungen zu durchlaufen haben, ehe sie zum Gehirn kommen, sonst würden wir mit unserem Bewusstsein weit hinter der Gegenwart und selbst hinter den Schallwahrnehmungen hinterherhinken."

Ende 1850 erfand Helmholtz den Augenspiegel und schuf dadurch eine neue Grundlage für die Lehre vom Auge und die Augenheilkunde, auf der namentlich der berühmte Ophthalmologe Gräfe weiter gebaut hat. Nach seiner Angabe ist er auf die Erfindung durch Brückes Theorie des Augenleuchtens, die er bei der Vorbereitung auf eine Vorlesung gründlich durchdachte, geführt worden. Er stieß dabei auf die Frage, „welchem optischen Bild die aus dem leuchtenden Auge zurückkommenden Strahlen angehörten". Brücke hatte nämlich in Verfolgung der Angabe von Johannes Müller, dass die sogenannten leuchtenden Augen nur Licht reflektieren, festgestellt, „dass man die Augen der Tiere am besten leuchten sieht, wenn man in einem dunklen Raum eine Blendlaterne auf das zu beobachtende Auge richtet und an dieser vorbei in das Auge blickt". Helmholtz stellte nun durch mathematische Überlegung und durch experimentelle Untersuchungen vermittelst einer *Camera obscura* fest, dass das von einem leuchtenden Punkt außerhalb eines Auges in dieses eindringende Licht, nach seiner Zurückwerfung am Hintergrund des Auges und Brechung in dessen verschiedenen Medien, schließlich wieder vollständig zu seinem Ausgangspunkt zurückkehrt. In die Augenpupille des Beobachters eines fremden Auges kann daher unter gewöhnlichen Umständen nur Licht gelangen, das von ihr selbst ausgegangen ist; es wird ihr nur diejenige Netzhautstelle sichtbar, auf der ihr eigenes dunkles Bild sich abbildet; alles, was wir vom Hintergrund eines unverletzten Auges erblicken, erscheint völlig dunkel; höchstens vermag ein Beobachter, der sich, wie bei Brückes Versuch, der Richtungslinie des einfallenden Lichtes möglichst annähert, einen Teil des austretenden Lichtes wahrzunehmen. Lässt man aber das Licht einer zur Seite des beobachtenden Auges stehenden hellen Lichtquelle zunächst auf drei aufeinandergelegte parallele Glasplatten und von da in das zu untersuchende Auge fallen, so wird nur ein Teil davon nach dem Verlassen des Auges durch Spiegelung an den Glasplatten wieder zur Lichtquelle zurückgeworfen, ein anderer Teil kann durch die Glasplatten hindurch zum Auge des Beobachters geleitet werden. Zur Erzielung eines ausreichend großen Gesichtsfeldes ist dabei zugleich möglichste Annäherung der beiden Augen aneinander und infolgedessen wiederum zur Herstellung ausreichender Divergenz der abbildenden Strahlen das Anbringen einer Konkavlinse zwischen Spiegel und beobachtendem Auge erforderlich. Helmholtz selbst hat die Erfindung des Augenspiegels immer nur als einen glücklichen Fund bezeichnet. „Sie lag eigentlich so auf der Hand", schrieb er an seinen Vater, „erforderte weiter keine Kenntnisse, als was ich auf dem Gymnasium von Optik gelernt hatte, dass es mir jetzt lächerlich vorkommt, wie andere Leute und ich selbst so vernagelt sein konnten, sie nicht zu finden." Man sieht aber schon aus den Überlegungen, die zu dem glücklichen Ergebnis führten, dass sich die Sache doch nicht so ganz einfach ergab. Auch war das erste Instrument, das sich Helmholtz aus Brillengläsern und Deckgläschen für mikroskopische Objekte zusammenkittete, so mühsam zu gebrauchen, dass er später erzählte: „Ohne die gesicherte theoretische Überzeugung, dass es gehen müsste, hätte ich vielleicht nicht ausgeharrt. Aber nach etwa acht Tagen hatte ich die große Freude, der Erste zu sein, der eine lebende menschliche Netzhaut klar vor sich liegen sah." Die junge ophthalmologische Gesellschaft in Heidelberg erwies ihm daher 1858 bei seiner Übersiedelung an die Universität der Neckarstadt durch Überreichung eines Pokals mit der Inschrift: „Dem Schöpfer der neuen Wissenschaft, dem Wohltäter der Menschheit in dankbarer Erinnerung an die Erfindung des Augenspiegels" eine wohlverdiente Ehrung.

Helmholtz schenkte der Augenkunde auch einen wichtigen Messapparat, das Ophthalmometer. Die Aufgabe, am lebenden Auge die Krümmung der brechenden Flächen, wie der vorderen Hornhautfläche oder der beiden Begrenzungsflächen der Kristalllinse zu messen, ist dadurch lösbar, dass man die Größe der von diesen Flächen durch Spiegelung erzeugten Bildchen äußerer Objekte misst, da zwischen der Bildgröße und dem Krümmungsradius einer konvexen spiegelnden Fläche eine bestimmte mathematische Beziehung besteht. Die fortwährenden Bewegungen des Auges machen aber eine unmittelbare Messung der ständig hin- und herschwankenden Bildchen unmöglich. Die Schwierigkeit ist die gleiche, wie sie sich der exakten Bestimmung des Durchmessers der bewegten Sonnenscheibe oder des Abstandes von zwei nahe benachbarten Fixsternen infolge der scheinbaren Drehung des Himmelsgewölbes entgegenstellt. Durch das von Bouguer 1748 erfundene und von Dollond verbesserte

170

Heliometer wurde in der Astronomie dieses Hindernis glücklich besiegt. Ein diametraler Schnitt zerlegt das Objektiv eines Fernrohres in zwei gleiche Hälften, deren eine mit dem Tubus fest verbunden ist, während sich die andere durch eine Mikrometerschraube längs der Schnittfläche verschieben lässt. Ein solches Instrument erzeugt z.B. von der Sonnenscheibe zwei Bilder, die sich vollkommen decken, solange sich die beiden Hälften des Objektivs längs der ganzen Schnittfläche berühren, sich aber bei einer Verschiebung der beweglichen Objektivhälfte voneinander trennen. Erzeugt man durch Drehung der Schraube zwei Bilder der Sonnenscheibe, die sich gerade berühren, wobei die beide Bilder gleichmäßig betreffende Bewegung der Sonne selbstverständlich einflusslos ist, so hat man die Schraube um einen Betrag gedreht, der ein genaues Maß der Verschiebung des zweiten Bildes gerade um die Größe des scheinbaren Durchmessers der Sonne ist. Indem man nun das Instrument zunächst auf einen schwarz umrahmten weißen Kreis richtet, dessen Durchmesser direkt gemessen werden kann und der sich in großer, aber genau bekannter Entfernung befindet, sodass sich auch sein scheinbarer Durchmesser in diesem Abstand ermitteln lässt, und die Schraube dreht, bis man zwei sich berührende weiße Kreise sieht, findet man vermittelst Division des scheinbaren Durchmessers durch die Anzahl der erforderlich gewesenen Umdrehungen die einer Schraubenumdrehung entsprechende scheinbare Verschiebung des beweglichen Bildes. Damit aber ist das Instrument graduiert und gebrauchsfertig. Dieses Prinzip des Heliometers hat nun Helmholtz bei der Konstruktion seines Ophthalmometers verwertet. Die Teilung des Objektivs vermeidet er aber dadurch, dass er vor dieses schräg gegen die Achse des Instruments zwei planparallele Glasplatten in gekreuzter Stellung anbringt. Da uns durch eine solche schräg gegen die Gesichtslinie gestellte Platte jedes Objekt umso mehr seitlich verschoben erscheint, je schiefer die Lichtstrahlen auf die Platte fallen, so lässt sich aus der Größe der Drehung der beiden Platten, die erforderlich ist, um die beiden von ihnen erzeugten Bilder zur Berührung zu bringen, auch hier die Größe des beobachteten Gegenstandes berechnen.

Mithilfe des Ophthalmometers konnte nun Helmholtz nicht nur die bereits vor ihm von Kramer gefundene Erklärung der Akkommodation zahlenmäßig bestätigen, dass nämlich bei der Anpassung auf das Sehen in der Nähe „sich die vordere Fläche der Linse stärker wölbt, ihr Krümmungshalbmesser also kleiner wird, und ihr Scheitel sich nach vorn bewegt", sondern überhaupt den ganzen optischen Apparat des Auges mit größter Schärfe messend durchforschen. Es ergab sich dabei, dass die vordere Hornhautfläche keineswegs eine Kugelkappe, sondern ein Stück eines Ellipsoids ist, „welches durch Umdrehung einer Ellipse um ihre größere Achse erzeugt ist, sodass die Basis der Hornhaut eine auf der großen Achse der Ellipse senkrechte Ebene bildet und ein Scheitelpunkt der Ellipse mit dem Scheitel der Hornhaut zusammenfällt", dass aber außerdem die Hornhaut meist in ihren verschiedenen Meridianen noch verschieden gekrümmt ist; auch, dass bei der Akkommodation nicht die geringste Krümmungsänderung der Hornhaut stattfindet. Ferner entdeckte er, dass nicht alle brechenden Flächen des Auges eine gemeinsame Mittelpunktsachse haben, die Zentrierung vielmehr eine ungenaue ist; der infolge hiervon und wegen der Gestalt der brechenden Flächen auftretende Astigmatismus des Auges bewirkt, dass wir in gleicher Entfernung befindliche horizontale und vertikale Linien nicht gleichzeitig deutlich sehen können. Nimmt man hierzu noch die Tatsache, dass das Auge keineswegs achromatisch ist, und dass es von punktförmigen leuchtenden Objekten, wie Sternen, infolge der eigentümlichen Struktur der Kristalllinse strahlige Bilder gibt — deren achtstrahliger (nicht sechsstrahliger, wie Helmholtz annimmt) Charakter übrigens erst später von Gullstrand in Upsala völlig geklärt worden ist —, so kann man verstehen, wenn Helmholtz in seinen Vorlesungen über „Die neueren Fortschritte in der Theorie des Sehens" humoristisch erklärt, dass er sich einem Optiker gegenüber, der ihm ein Instrument mit solchen Fehlern verkaufen wollte, „vollkommen berechtigt glauben würde, die härtesten Ausdrücke über die Nachlässigkeit seiner Arbeit zu gebrauchen, und ihm sein Instrument mit Protest zurückzugeben. In Bezug auf meine Augen", fügt er hinzu, „werde ich freilich Letzteres nicht tun, sondern im Gegenteil froh sein, sie mit ihren Fehlern möglichst lange behalten zu dürfen. Aber der Umstand, dass sie mir trotz dieser Fehler unersetzlich sind, verringert offenbar, wenn wir uns einmal auf den freilich einseitigen aber berechtigten Standpunkt des Optikers stellen, doch die Größe dieser Fehler nicht." Vom entwicklungsgeschichtlichen Standpunkt aus wird man übrigens hervorheben müssen, dass das Auge allen Anforderungen, die im gewöhnlichen normalen Gebrauche an es zu stellen sind, in vorzüglicher Weise angepasst ist, und alle jene optischen Mängel nur bei besonderer Aufmerksamkeit bemerklich werden.

Die 1856 beginnende Herausgabe eines großen Handbuchs der physiologischen Optik veranlasste Helmholtz schon seit etwa 1851 nicht nur zu umfassenden historischen Studien und einer gründlichen Durchmusterung der Literatur, sondern auch zu selbstständiger Nachprüfung und Begründung aller wesentlichen Punkte durch eigene Beobachtungen und Versuche. Aus der Fülle der neuen Anschauungen, Entdeckungen und Erfindungen, die sich dabei ergaben, kann hier nur Einzelnes herausgehoben werden. Bereits in der Habilitationsschrift von

1852 wendet er sich der Untersuchung der zusammengesetzten Farben zu. Gegen eine auf Newtons Autorität hin festgehaltene, aber völlig ungeprüfte Meinung führt er den Nachweis, dass die Mischung von Farbstoffen mit der Zusammensetzung farbiger Lichter durchaus nicht in Vergleich zu stellen ist. Die Mischung eines gelben und blauen Farbstoffes ergibt Grün, die Übereinanderlagerung von indigoblauem und gelbem oder zyanblauem und goldgelbem Licht aber ebenso gut Weiß, wie die der übrigen Paare von Komplementärfarben Violett und grünlich Gelb, grünlich Blau und Rot. Er zeigte dies durch einen Versuch, bei dem er die einzelnen Farben zweier Spektra der Reihe nach zur Deckung brachte. Mit diesen Feststellungen war ein wesentlicher Einwand gegen die youngsche Farbentheorie beseitigt, nach der alle Farbenempfindungen auf die drei Grundempfindungen von Rot, Grün und Violett zurückzuführen sind, denn durch sie wurde einerseits die Deutung des Grüns als einer Mischempfindung ausgeschlossen und andrerseits die Annahme der drei Grundfarben Rot, Gelb, Blau unmöglich gemacht. Helmholtz stellte sich demzufolge bei seinen weiteren Untersuchungen zur Farbenlehre im Wesentlichen auf den Standpunkt von Thomas Young und übernahm auch mit gewissen Einschränkungen dessen Hypothese, dass die Oberflächenelemente der Netzhaut eigentümlicher Schwingungen fähig sind, dass an jeder Stelle Teilchen von dreierlei verschiedener Schwingungsdauer sich nebeneinander vorfinden, entsprechend den Oszillationsgeschwindigkeiten der drei Grundfarben, und dass durch gleichzeitige Erregung der verschiedenen Nervenenden die gemischten Empfindungen hervorgebracht werden. Einen bindenden Beweis für die Berechtigung dieser Umdeutung physikalischer Farbenmischungen in physiologische Vorgänge hat er allerdings nicht erbracht. Auch vermag, wie Wundt hervorgehoben hat, die Dreifarbentheorie zwar die Erscheinungen der Rotblindheit und der Grünblindheit durch den Mangel der roten oder der grünen Grundempfindung, nicht aber die der totalen Farbenblindheit zu erklären, und endlich widerstreiten ihr „die unzweifelhaft vorkommenden Fälle, in denen vorzugsweise solche Teile des Spektrums, die keiner der drei angenommenen Grundfarben entsprechen, farblos gesehen werden" (Wundt, Grundriß der Psychologie, 3. Aufl. 1898, S. 87). Nach v. Kries vermitteln nur die Zapfen der Netzhaut Farbenempfindungen, die Stäbchen die Empfindung farbloser Helligkeit.

Großes Aufsehen unter den zeitgenössischen Physikern wie im gebildeten Laienpublikum erregte eine dem Interesse der damaligen Zeit an stereoskopischen Instrumenten entgegenkommende optische Konstruktion, die Helmholtz im Juni 1857 dem Niederrheinischen Verein für Natur- und Heilkunde mitteilte. Helmholtz selbst bezeichnet die Erfindung des

„Telestereoskops", d. h. eines Stereoskops für die ferneren Teile der Landschaft, die sich übrigens als eine Nacherfindung ergeben hat, insofern sie bereits 1853 von W. Hardie in England gemacht und veröffentlicht worden war, in einem Brief an du Bois-Reymond als eine optische Spielerei. Die Tiefenwahrnehmung beim beidäugigen Sehen ist bekanntlich durch die Verschiedenheit der von einem Objekt erzeugten beiden Netzhautbilder bedingt. Dieser Unterschied hängt vom Abstand der Augen des Beobachters, genauer der Augendrehungspunkte, ab, d. h. der Punkte, um die sich die Augäpfel bei Betrachtung größerer Gegenstände in ihren Höhlen drehen, und außerdem von der Entfernung der Gegenstände sowie von der Sehschärfe. Nimmt man eine halbe Bogenminute als die normale Größe des Winkels an, den der Seitenabstand zweier vertikaler Striche dem Auge bieten muss, wenn der eine nicht als Verlängerung des anderen erscheinen soll, so ergibt sich nach M. von Rohr als Entfernung der Vertikalen, die sich beim beidäugigen Sehen noch eben von einem unendlich fernen Hintergrund abhebt, etwa 344—495 m, wenn der Abstand der Augendrehungspunkte bei verschiedenen Individuen zwischen 50 mm und 72 mm variieren kann (M. von Rohr, Die binokularen Instrumente. Berlin 1907, S. 10). Für größere Entfernungen verschwindet also das Relief der Landschaft. Das Telestereoskop zeigt nun dem Beschauer zwei Bilder der Landschaft stereoskopisch vereinigt, wie sie bei einem wesentlich vergrößerten Augenabstand erhalten werden würden. Es ist ein Wheatstonesches Spiegelstereoskop, in dem man aber nicht physische Bilder, sondern Spiegelbilder der Landschaft selbst betrachtet. Die Objektivstrahlen treffen zunächst auf ein Paar Spiegel von verhältnismäßig großem Abstand, deren Ebenen miteinander einen rechten Winkel bilden, und die mit ihren spiegelnden Flächen den eigentlichen Stereoskopspiegeln parallel gegenübergestellt sind. Nach der Zurückwerfung am ersten Spiegelpaar trifft das Licht auf das zweite und wird von diesem so in die beiden Augen reflektiert, dass wie beim gewöhnlichen Stereoflop ein einheitlicher Eindruck entsteht. In einer zweiten Konstruktion verband Helmholtz das Telestereoskop mit einem Doppelfernrohr, eine Idee, die später im Relieffernrohr der Firma Zeiss in Jena eine handlichere Ausführung gefunden hat. E. Abbe und C. Pulfrich bildeten dann weiter das Instrument durch Anbringen einer stereoskopischen Messvorrichtung zu einem stereoskopischen Entfernungsmesser, dem Stereo-Telemeter der Zeisswerkstätten aus und verliehen dadurch der „Spielerei" eine ungeahnte praktische Bedeutung.

Das Handbuch der physiologischen Optik wurde 1866 abgeschlossen. Aber das Interesse von Helmholtz an der Optik war damit nicht erloschen. Seine Untersuchungen führten ihn noch zu einer außerordentlich wichtigen

Bereicherung der Theorie des Mikroskops, die er 1873 in einer Abhandlung „Über die Grenzen der Leistungsfähigkeit der Mikroskope" und 1874 ausführlicher in dem Jubelband von Poggendorfs Annalen durch den Aufsatz „Die theoretische Grenze für die Leistungsfähigkeit der Mikroskope" bekannt gab. Hier zerstörte er den herrschenden Glauben an eine ins Unbegrenzte fortsetzbare Verbesserung der Mikroskope durch den Nachweis, dass der Abstand von zwei hellen Linien höchstens gleich der halben Wellenlänge des benutzten Lichtes sein darf, wenn die Linien noch als getrennt erkannt werden sollen. Das Ergebnis stimmte vollkommen mit dem Resultat einer gleichzeitig veröffentlichten Arbeit von E. Abbe, „des größten Meisters in diesem Zweig der Optik", überein, dem Helmholtz jedoch in der Bekanntgabe der theoretischen Begründung durch die Lehre von den Beugungserscheinungen zuvorkam. Helmholtz bemerkte, dass demnach die Anwendung von blauem Licht zur Beleuchtung des mikroskopischen Objekts infolge der kleineren Wellenlänge eine stärkere Vergrößerung gestatte, als bei weißem Lichte zu erreichen sei. Abbe hob die Möglichkeit hervor, noch weiter durch die fotografische Aufnahme mikroskopischer Bilder mithilfe der kurzwelligen chemisch wirksamen ultravioletten Strahlen zu gelangen, wodurch die mikroskopische Fotografie eine mächtige Anregung erhielt. Hierüber hinaus aber ist eine optische Abbildung durch das Mikroskop nicht mehr erreichbar. Durch Anwendung der sogenannten Dunkelfeldbeleuchtung, bei der nur das von vereinzelten kleinsten Objektteilen im Gesichtsfeld abgebeugte Licht in das Objektiv eintritt, sodass sie sich hell auf dunklem Grund abheben, ist es indessen H. Siedentopf in Jena gelungen, wenigstens das Vorhandensein solcher Teilchen sichtbar zu machen. Durch sein Ultramikroskop lassen sich noch Teilchen nachweisen, „deren Dimensionen auf sehr kleine Bruchteile der Wellenlänge des Lichts (bis zu 0,004 μ) herabgehen" (M. von Rohr, Die optischen Instrumente. Aus Natur und Geisteswelt. 88. Bändchen. Leipzig 1906. S. 83).

Mit geradezu erstaunlicher Arbeitsfreudigkeit und Schaffenskraft brachte Helmholtz gleichzeitig mit der Herausgabe des Handbuchs der physiologischen Optik noch ein anderes großes Werk als Frucht achtjähriger Studien zu Ende: „Die Lehre von den Tonempfindungen, als physiologische Grundlage für die Theorie der Musik" (1863). Ähnlich wie er dort die Lehre von den Gesichtsempfindungen in drei Abschnitte teilte, „die Lehre von den Wegen des Lichtes im Auge, von den Empfindungen des Sehnervenapparates und von dem Verständnis der Gesichtsempfindungen oder von den Gesichtswahrnehmungen" behandelt er hier in einem physikalischen Teil die Leitung des Schalls im Ohr bis zum Gehörnerven, in einem physiologischen Teil die Erregungen der Nerven selbst und in einem psychologischen Teil die Entstehung der Gehörwahrnehmungen aus den Empfindungen. Die Grundlage der wichtigsten Ergebnisse des Buches bildet eine umfassende Analyse der Klangfarbe. Die Abhängigkeit dieser eigentümlichen Eigenschaft, durch die sich bei gleicher Höhe und Stärke die Töne der verschiedenen musikalischen Instrumente sehr merklich voneinander unterscheiden von den, einen vorwaltenden Grundton begleitenden, Obertönen war bereits 1843 von G. S. Ohm ausgesprochen worden. Seine Behauptung, dass man in jedem Fall Grundton und alle Obertöne auch mit dem Gehör unterscheiden könne, bedurfte indessen einer genaueren Fassung. Helmholtz wies schon in einem populär-wissenschaftlichen Vortrag „Über die physiologischen Ursachen der musikalischen Harmonie" in Bonn 1857 darauf hin, dass man beim Vorgang des Hörens gewissermaßen zwischen dem körperlichen und geistigen Ohr unterscheiden müsse, nämlich zwischen der Empfindung im Hörnerven, wie sie sich ohne Einmischung geistiger Tätigkeit entwickelt, und der Vorstellung, die wir infolge dieser Empfindung uns bilden. In der Empfindung wird jede zusammengesetzte Tonwelle, die von irgendeinem musikalischen Instrument erzeugt ist, in ihre einzelnen einfachen Wellen zerlegt. Was Fourier als eine mögliche mathematische Darstellungsart jeder Wellenform nachgewiesen hat, ihre Zusammensetzbarkeit aus einer Anzahl einfacher Wellen von verschiedener Länge, das verwandelt das körperliche Ohr durch eine tatsächliche Analyse der es treffenden Tonwellen in eine Wirklichkeit. Da wir aber unsere Sinnesempfindungen nur soweit zu beachten pflegen, als sie für das Erkennen der äußeren Objekte von Bedeutung sind, so bleiben für unsere bewusste Wahrnehmung die einen Klang zusammensetzenden Töne in der, die verschiedenen Instrumente der Tonerzeugung für jenen Zweck ausreichend charakterisierenden, Klangfarbe latent. Unser geistiges Ohr übt sich, die Eigentümlichkeiten der Töne einer Violine oder Flöte, eines Menschen oder Hundes genau zu unterscheiden; es ist uns aber für das praktische Leben gleichgültig, durch welche Mittel wir diese Unterscheidung vollziehen.

Den Beweis für die Richtigkeit dieser Behauptungen erbrachte Helmholtz durch die von ihm konstruierten Resonatoren, kugelige oder zylindrische, auf einen bekannten Ton abgestimmte Glasgefäße, die mit einer engeren Ansatzöffnung in den Gehörgang eingesetzt werden können, während die weitere Öffnung der Tonquelle zugekehrt ist. Mit ihrer Hilfe vermochte auch ein ungeübter Beobachter aus jedem musikalischen Ton, richtiger Klänge, die charakteristischen Obertöne herauszuhören, weil er nun gezwungen war, ihnen seine Aufmerksamkeit zuzuwenden. Sie mussten demnach auch schon vorher vorhanden gewesen sein und den Gehörnerven erregt haben. Zugleich war damit eine objektive, von der Wahrnehmung

176

Resonator von Helmholtz

durch ein Ohr ganz unabhängige Existenz der Obertöne nachgewiesen. Jeder Oberton übt ja eine besondere, nur ihm eigentümlich zukommende Wirkung auf den entsprechenden Resonator aus; physikalisch wirken kann aber nur etwas, was wirklich da ist.

Die Benutzung der Resonatoren ermöglichte Helmholtz eine ins Einzelne gehende Untersuchung des näheren Zusammenhanges zwischen Klangfarbe und Obertönen. Er vermochte eine durchaus physikalische Erklärung für den weichen, für den vollen und prächtigen, für den hohlen, den näselnden, den scharfen und rauen Charakter eines Tones zu geben. So sind z. B. bei der näselnden Klarinette nur die ungeradzahligen Obertöne, und zwar in großer Anzahl, beim klangvollen Fortepiano nur die niederen Obertöne etwa bis zum sechsten hinauf in mäßiger Stärke vorhanden. Besonderes Aufsehen erregte die Synthese der Vokalklänge, die unserm Forscher aufgrund seiner Theorie der Klangfarbe gelang. Auf elektrischem Weg setzte er Reihen abgestimmter Stimmgabeln in fortdauernde Schwingungen und machte ihre Töne durch Resonatoren in beliebig abzuändernden Kombinationen hörbar; dann ergab eine gewisse Zusammenfassung von Tönen ein dumpfes H, eine andere O, A, E. Allgemein zeigte sich, dass der besondere Klang jedes Vokals aus der Verstärkung zu erklären ist, die gewisse Obertöne eines

177

gesungenen oder gesprochenen Tones durch die Resonanz der Mundhöhle erfahren.

Die Fähigkeit des Ohres, die zusammengesetzten Schwingungen, von denen es getroffen wird, wieder in ihre Teile zu zerlegen, also die einzelnen einen Klang bildenden Töne zu empfinden und dadurch auch bei gehöriger Aufmerksamkeit wahrnehmbar zu machen, führt Helmholtz vermutungsweise auf das Vorhandensein elastischer Anhängsel der Enden des Gehörnerven im Vorhof und vor allen Dingen auf den Bau des cortischen Organs in der Schnecke des Ohres zurück; es besteht aus unzähligen, mikroskopisch kleinen Plättchen, „welche wie die Tasten eines Klaviers regelmäßig nebeneinanderliegen, an ihrem einen Ende mit den Fasern des Hörnervens in Verbindung stehen, am anderen einer aufgespannten Membran anhängen". Ist jeder Bogen dieses Organs und jedes jener Anhängsel, ähnlich den Saiten eines Klaviers, auf einen Ton abgestimmt, so kann das betreffende Gebilde nur schwingen und die zugehörige Nervenfaser nur dann empfinden, wenn dieser Ton erklingt; es muss also „die Gegenwart eines jeden einzelnen solchen Tones in einem Tongewirr auch stets durch die entsprechende Empfindung angezeigt werden".

Im Anschluss an eine genaue Untersuchung der sogenannten „Schwebungen", abwechselnde Steigerungen und Schwächungen des Tones, die man wahrnimmt, wenn zwei Töne von nur annähernd gleicher Schwingungsdauer gleichzeitig erklingen, wird Helmholtz schließlich durch diese Vorstellung auf eine rein physikalische Erklärung der Konsonanz und Dissonanz geführt, jener eigenartigen Färbung unseres musikalischen Empfindens, in der die Pythagoreer und später Kepler das Geheimnis des ganzen Kosmos beschlossen wähnten. Während „jeder einzelne musikalische Ton für sich im Hörnerv eine gleichmäßig anhaltende Empfindung hervorbringt, stören sich zwei ungleich hohe Töne gegenseitig und zerschneiden sich in einzelne Tonstöße, die im Hörnerv eine diskontinuierliche Erregung Hervorbringen, und die dem Ohr ebenso unangenehm sind, wie ähnliche intermittierende und schnell wiederholte Reizungen anderer empfindlichen Organen, z. B. flackerndes, glitzerndes Licht dem Auge, Kratzen mit einer Bürste der Haut. Diese Rauigkeit des Tones ist der wesentliche Charakter der Dissonanz." „Harmonie und Disharmonie scheiden sich dadurch, dass in der Ersteren die Töne nebeneinander so gleichmäßig abfließen, wie jeder Einzelne für sich, während in der Disharmonie Unverträglichkeit stattfindet und sie sich gegenseitig in einzelne Stöße zerteilen." Beide treiben und beruhigen „abwechselnd den Fluss der Töne, in dessen unkörperlicher Bewegung das

Gemüt ein Bild der Strömung seiner Vorstellungen und Stimmungen anschaut. Ähnlich wie vor der wogenden See fesselt es hier die rhythmisch sich wiederholende und doch immer wechselnde Weise der Bewegung und trägt es mit sich fort. Aber während dort nur mechanische Naturkräfte blind walten, und in der Stimmung des Anschauenden deshalb schließlich doch der Eindruck des Wüsten überwiegt, folgt in dem musikalischen Kunstwerk die Bewegung den Strömungen der erregten Seele des Künstlers. Bald sanft dahinfließend, bald anmutig hüpfend, bald heftig aufgeregt, von den Naturlauten der Leidenschaft durchzuckt oder gewaltig arbeitend, überträgt der Fluss der Töne in ursprünglicher Lebendigkeit ungeahnte Stimmungen, die der Künstler seiner Seele abgelauscht hat, in die Seele des Hörers, um ihn endlich in den Frieden ewiger Schönheit emporzutragen, zu dessen Verkündern unter den Menschen die Gottheit nur wenige ihrer erwählten Lieblinge geweiht hat."

Wir hören hier Helmholtz aus seinem vollen künstlerischen Empfinden heraussprechen. In wunderbarer Weise verbindet sich in ihm die Fähigkeit und die Neigung zu höchster Abstraktion, wie sie das Suchen nach einer alles Geschehen umfassenden mathematischen Formel offenbart, mit einer seltenen Schärfe der Auffassung der natürlichen Vorgänge, einer ausdauernden Geduld und großer Geschicklichkeit in der experimentellen Ergründung feinster Größenbeziehungen zwischen den beobachtbaren Erscheinungen und zugleich mit tiefem Verständnis für die Art des Künstlers, seinen Gegenstand zu ergreifen und nie erlöschender Begeisterung für die Kunst. Er selbst spielte in seinen jüngeren Jahren viel Klavier unter Bevorzugung klassischer Musik und seine „Lehre von den Tonempfindungen" ruhte nicht nur auf physikalischen und physiologischen Untersuchungen, sondern auch auf einem weitschichtigen Studium der Geschichte und Theorie der Musik. Seine optischen Untersuchungen verstärkten und vertieften ihm das Interesse für die Darbietungen des Malers, wie er das in einem Vortrag „Optisches über Malerei" zum Ausdruck gebracht hat. Homer, Goethe, Byron waren die Freunde seiner Mußestunden; gern besuchte er das Theater und in gehobener Geselligkeit des Hauses fand er erwünschte Ausspannung von verzehrender Arbeit. Wollten solche Mittel zur Herstellung der geistigen Elastizität und Frische nicht mehr zureichen, dann ergriff ihn die Reiselust; die Brust wurde weit unter den Wundern der Natur, auf denen gleichzeitig das Auge des Forschers sinnend und spürend ruhte. Außerdem brachten seine Reisen Helmholtz in persönliche Berührung mit fast allen bedeutenden Zeitgenossen; er betrachtete „solche Berührung" als „das Interessanteste, was das Leben bieten kann" und sah sehr wohl, wie der geistige Maßstab eines Menschen dadurch verändert wird.

Es wäre merkwürdig, wenn solch universaler Geist die universalste Art der Betrachtung der Dinge, die philosophische, verschmäht hätte, zumal der väterliche Einfluss den jungen und heranreifenden Mann kräftig in diese Richtung drängte. In der Tat gebührt Helmholtz unstreitig das Verdienst, der Philosophie, wenn nicht die Achtung, so doch mindestens die Beachtung der Naturforscher wieder zugelenkt zu haben. Die erkenntnistheoretische Frage: Was ist Wahrheit? Genauer: Welcher Art ist die Übereinstimmung zwischen unseren Vorstellungen und deren Gegenständen?, hat Helmholtz in bewusster Anknüpfung an Kant in die Naturwissenschaft hineingeworfen, und sie ist seitdem hier ständig auf der Tagesordnung geblieben. Schon in seinem Habilitationsvortrag von 1852 hatte er darauf hingewiesen, dass sehr verschiedene Kombinationen farbiger Lichter sowohl wie von Körperfarben auf das Auge genau den gleichen Eindruck machen können; das gleiche Aussehen hängt hier also nur von den physiologischen Gesetzen ihres Zusammenwirkens ab, in den objektiven Verhältnissen ist es nicht begründet. Die Licht- und Farbenempfindungen, so gut wie alle Sinnesempfindungen überhaupt, sind nur Zeichen für etwas Bestehendes oder Geschehendes, keineswegs aber Abbilder, die irgendeine Ähnlichkeit mit diesem Etwas besitzen. Sie stehen zu ihm in keiner wesentlich anderen Beziehung als der Name oder der Schriftzug des Namens eines Menschen zu diesem Menschen selbst. Wohl aber benachrichtigt uns die Gleichheit oder Ungleichheit ihrer Erscheinung davon, ob wir es mit denselben oder mit anderen Gegenständen und Eigenschaften der Gegenstände zu tun haben, und die Empfindungen können uns daher das Gesetz des Geschehens abbilden. Denn jedes Naturgesetz sagt aus, dass auf Vorbedingungen, die in gewisser Beziehung gleich sind, immer Folgen eintreten, die in gewisser anderer Beziehung gleich sind. Nur Erfahrung und Übung vermag uns die Deutung der Zeichen zu lehren und damit weiter die Erkenntnis der Gesetze zu vermitteln. Gesetzlichkeit, Größe und Zahl, „kurz das Mathematische, sind der äußeren und inneren Welt gemeinsam, und in diesem kann in der Tat eine volle Übereinstimmung der Vorstellungen mit den abgebildeten Dingen erstrebt werden." Diese Ideen zeigen keine grundsätzliche Abweichung von den Gedankenentwicklungen Kants in der Kritik der reinen Vernunft. Wohl aber tritt eine solche in der beiderseitigen Auffassung der Raumanschauung hervor. Wenn Kant den Raum für eine reine Anschauung a priori erklärt, so meint er damit nicht nur, dass wir vermöge unserer geistigen Eigenart alle Gegenstände im Raum außer uns sehen, sondern auch, dass wir durch jene spezifische Organisation gerade zur Ausbildung der Euklidischen Geometrie genötigt werden, weil nur ihre Grundsätze für uns anschaulich möglich sind. Demgegenüber will

180

Helmholtz zwar den apriorischen Charakter der dreidimensionalen Raumanschauung überhaupt gelten lassen, nicht aber den der geometrischen Axiome; er sucht vielmehr in den Aufsätzen „Über die tatsächlichen Grundlagen der Geometrie" (1868) und „Über den Ursprung und die Bedeutung der geometrischen Axiome" (1870) den Nachweis zu führen, dass sie nur aus der Erfahrung gewonnen, durch diese also auch wohl widerlegt werden können. Den Ausgangspunkt liefert ihm dabei die Tatsache, dass alle Raummessung ursprünglich auf der Kongruenz beruht, insofern solche Messung die Unveränderlichkeit des Maßes bei Ortsveränderungen, mithin ein bestimmtes physikalisches Verhalten gewisser Naturkörper voraussetzt; er stellt sich die Aufgabe, die allgemeinste analytische Form einer mehrfach ausgedehnten Mannigfaltigkeit zu finden, in der die zur Feststellung der Kongruenz erforderlichen Bewegungen möglich sind. Seine Untersuchungen in dieser Richtung trafen mit denen einer Reihe ausgezeichneter Mathematiker, wie Beltrami, Lobatschewsky, Riemann, zusammen; das Ergebnis der Arbeiten dieser Männer war die Durchführung der sogenannten Nichteuklidischen Geometrie.

Mit beredten Worten hat E. du Bois-Reymond den „wunderbaren Gang" der Entwicklung von Helmholtz in der Adresse der Berliner Akademie zum fünfzigjährigen Doktorjubiläum des Forschers am 2. November 1892 dargestellt. „Sie erscheinen", sagt er, „zunächst als Auszubildender der königlichen militärärztlichen Bildungsanstalten, zu einer praktischen, in vorgeschriebenen Formen aufsteigenden Laufbahn bestimmt. Wie anders sollte es kommen. Schon Ihre Inaugural-Dissertation gab ein Maß ab des von Ihnen zu erwartenden Ungewöhnlichen." Dubois nennt nun zunächst die Arbeiten von Helmholtz, die zur Umgestaltung der Physiologie in Physik und Chemie der Organismen beitrugen. Er erwähnt, mit welchem Erstaunen selbst die Helmholtz am nächsten Stehenden in der „berühmten Schrift über die Erhaltung der Kraft ein mächtiges mathematisch-physikalisches Vermögen, ungeschult und doch in scheinbar vollkommener Schulung", sich entfalten sahen; wie Helmholtz „ganz nebenher ... die erste befriedigende Erklärung der Sonnenwärme" gab. „Inmitten dieser tiefen theoretischen Forschungen" stellten „Versuche von bis dahin in der Physiologie ungeahnter Schärfe" die Fortpflanzungsgeschwindigkeit des Nervenprinzips fest. Die messende Beobachtung der Sansonschen Bildchen löste das Rätsel der Akkommodation des Auges. Der Augenspiegel eröffnete „in Albrecht von Gräfes Händen der Augenheilkunde neue Wege von unermesslicher praktischer Wichtigkeit". In der Farbenlehre wurde „Thomas Youngs fast vergessene glückliche Vermutung zu sicherem neuen Leben" von Helmholtz erweckt. In der physiologischen Akustik bewältigte er die uralten Probleme vom Wesen der Konsonanz und Dissonanz und der Natur der Klangfarbe. Eine „Theorie der Wirbelbewegungen" ermutigte „Lord Kelvin zu dem Wagnis seiner Hypothese, dass die Atome der Materie außerordentlich kleine, in immerwährender Ewigkeit sich drehende mannigfach geknotete Wirbelringe seien". „Durch alle diese, die ganze theoretische Naturwissenschaft umfassenden Arbeiten aber zieht sich endlich noch die eingehendste Beschäftigung mit der überall eingreifenden „Elektrizität". Zur Chemie führte die Thermodynamik der chemischen Vorgänge. Neben dem allen gehen die erkenntnistheoretischen Bemühungen einher.

„Doch ist es unmöglich", schließt Dubois diese Aufzählung, „in den uns gesteckten Grenzen ein wirklich entsprechendes Bild von der Welt von Tatsachen und Einsichten, von Beobachtungen, Versuchen und Gedanken zu geben, die Sie, die höchste Analyse wie die feinsten Instrumente mit gleicher Meisterschaft und Leichtigkeit handhabend, mit unerschöpflicher Arbeitskraft zutage gefördert haben. Das von uns Übergangene würde allein hinreichen, einen hervorragenden akademischen Namen zu begründen."

Von den großen Naturforschern, deren Leistungen wir auf diesen Blättern skizziert haben, ist Helmholtz zweifellos der universalste gewesen. Mit unvergleichlichem Scharfblick wusste er überall Keime fruchtbarer neuer Entdeckungen und Gedankenentwicklungen zu finden; aber er verstand es auch, ihnen die Leben weckenden Kräfte zuzuführen, und staunend sah die Mitwelt aus unbeachteten Sämlingen hochragende und breit gewipfelte Stämme emporwachsen. Die Gestaltungskraft, mit der ein Kopernikus, Kepler, Galilei, Newton, Faraday, R. Mayer, zuweilen durch Verbindung scheinbar weit auseinanderliegender Gedanken, überraschende Neuschöpfungen hervorbrachten, mag größer gewesen sein, als die von Helmholtz; ihre wissenschaftliche Fantasie — das ist wohl der bezeichnende Ausdruck für das, was sie selbst als Inspiration oder Intuition empfanden und kennzeichneten — war seiner überlegen. Aber in der Fähigkeit, den Problemen bis in ihre entferntesten Folgerungen nachzugehen, im wissenschaftlichen Denken wird Helmholtz von keinem unter ihnen übertroffen.

Übrigens wäre der Versuch, eine Rangordnung unter den Männern aufzustellen, die an der Spitze der Wissenschaft ihrer Zeit gestanden haben, ebenso müßig, als es einst die Streitfrage über die überlegene Größe von Goethe oder Schiller war.

Jeder ist hier als Mitarbeiter willkommen, wenn die unbedingte Liebe zur Wahrheit seinem Streben Richtung und Ziel gibt. Die Wissenschaft wird umso unpersönlicher, je höher der Stand ihrer Entwicklung ist. Durch einen gigantischen Aufbau aus irdischem Stoff wollte das einsprachige Urvolk zu den Göttern emporsteigen, aus Ziegeln einen Turm errichten, dessen „Spitze bis an den Himmel reiche". Da wurde seine Sprache verwirrt; keiner verstand mehr den anderen, die Zungen trennten sich, und die Völker verstreuten sich über alle Länder; der Turm von Babel zerfiel in Trümmer. Aber das Streben nach den reinen Höhen des Himmels blieb im Menschen bestehen. Führende Denker der geschiedenen Völker legten den Grund zu einem anderen Bau, zur Wissenschaft. Sie wurde zum neuen Bindemittel der Menschheit. An die Stelle der Einheit der Sprache trat die Einheitlichkeit des geistigen Strebens. In gemeinsamer wissenschaftlicher Arbeit wurde sich die Menschheit ihrer gemeinsamen höheren Bestimmung bewusst. Hier war es ihr vergönnt, Schöpferkraft zu betätigen und Schöpferfreude zu empfinden und sich dem nie völlig vergessenen göttlichen Urquell ihres Daseins wieder zu nähern. Dem Jünger der Wissenschaft tritt, wie Helmholtz einst ausgeführt hat, „die ganze Gedankenwelt der zivilisierten Menschheit als ein fortlebendes und sich weiter entwickelndes Ganzes entgegen, dessen Lebensdauer der kurzen des einzelnen Individuums gegenüber als ewig erscheint. Er sieht sich mit seinen kleinen Beiträgen zum Aufbau der Wissenschaft in den Dienst einer ewigen heiligen Sache gestellt, mit der er durch enge Bande der Liebe verknüpft ist. Dadurch wird ihm seine Arbeit selbst geheiligt."

Albert Einstein

X. Albert Einstein

Aus den Lebensbeschreibungen geistig großer Männer wissen wir, dass sich in ihnen das Ideal dramatischer Spannung nur selten verwirklicht. Sie sind keine Romanhelden mit verwickelten Erlebnissen und abenteuerlichen Daseinsproblemen, welche die Fantasie der Betrachter sonderlich beschäftigen können. Wer ihre Entwicklung verfolgt, der bemerkt bei den meisten das Vorwalten der inneren Linie, deren Verlauf sich nur aus dem Studium ihrer Werke erschließt, nicht im Gewirr äußerlich bewegter Gestaltungen. Der geistig Bedeutende, auf gedankliche Innenarbeit konzentriert, behält nur selten die Zeit übrig, um daneben eine im epischen Sinne interessante Figur zu werden. Der nachschaffende Dichter findet in ihm kein Modell, und nur in Ausnahmefällen ist es geglückt, sein Leben als ein Kunstwerk darzustellen.

Es wäre ein vergebliches Bemühen, Einsteins Leben als einen solchen Ausnahmefall zu behandeln. Man kann die Phasen seiner Entwicklung nachzeichnen, allein weder der Beschreiber, noch der Leser werden es sich verhehlen dürfen, dass diese Aufzeichnungen das Bild des Mannes nur äußerlich, chronologisch vervollständigen können. Immerhin wird eine Schrift, die sich mit ihm beschäftigt, nicht an der Aufgabe vorbeikönnen, sein Curriculum vitae zu liefern. Und wenn es teilweise etwas aphoristisch, ungegliedert ausfällt, so möge man im Auge behalten, dass es auf dem Boden der Konversation zwischen Alexander Moszkowski und Einstein entstanden ist, in Einzelheiten der Gespräche, die je nach Anlass verschiedene Episoden seines Daseins berührten. Hier nun seine Beschreibung:

Einsteins Lebensgeschichte beginnt in Ulm, der Stadt, die das höchste Bauwerk in Deutschland besitzt. Gern würde ich mich auf die Warte des Ulmer Münsters stellen, um von ihm aus eine Rundsicht über Alberts Jugend zu gewinnen; allein der Ausblick versagt, es zeigt sich nichts am Horizont, und alles beschränkt sich auf die dürftige Wahrnehmung, dass er hier im März 1879 zur Welt kam. Zu erwähnen bliebe nur die schon an anderer Stelle genannte Einzelheit, dass es etwas Physikalisches war, das zuerst die Aufmerksamkeit des Kindes in Anspruch nahm. Sein Vater zeigte ihm einmal, als er im Bettchen lag, einen Kompass, lediglich in der Absicht, ihn spielerisch zu beschäftigen. Und in dem fünfjährigen Knaben weckte die schwingende Metallnadel zum ersten Mal das große Erstaunen über unbekannte Zusammenhänge, das den im Unterbewusstsein schlummernden Erkenntnistrieb ankündigte. Für den erwachsenen Einstein besitzt die Rückerinnerung an jenes psychische Erlebnis offenbar eine starke Bedeutung. In ihm scheinen sich alle Eindrücke der frühen Kindheit zu verlebendigen, umso stärker, als die übrigen physikalischen Gegebenheiten, wie etwa der freie Fall eines nicht unterstützten Körpers, gar keinen Eindruck auf ihn hervorbrachten. Der Kompass und immer nur der Kompass! Dies Instrument redete zu ihm in einer stummen Orakelsprache, wies ihn auf ein elektromagnetisches Feld, das sich ihm Jahrzehnte später zu fruchtbaren Studien erschließen sollte.

Sein Vater, ein heiterer, optimistisch gestimmter Mann, zu fröhlicher, nicht zielstrebiger Lebensauffassung geneigt, verlegte ungefähr zur selben Zeit den Aufenthalt der Familie von Ulm nach München. Hier umfing sie ein bescheidenes, in einem großen Garten idyllisch gelegenes Häuschen. Der Knabe geriet in arkadische Empfindungen, die sonst den jungen Bewohnern der städtischen Steinwüsten verschlossen bleiben. Die Natur hauchte ihn an und träufelte, zumal im erwachenden Frühling, Wonnen in sein Herz, denen er sich mit wortloser Beschaulichkeit freudig hingab. Eine religiöse Grundstimmung wuchs in ihm, genährt durch elementare Eindrücke aus Luft und Duft, aus Busch und Blüte, verstärkt durch erzieherische Einflüsse in Haus und Schule. Nicht als ob in der Familie Gepflogenheiten ritueller Art geherrscht hätten. Allein es fügte sich, dass er zugleich eines jüdischen wie eines katholischen Religionsunterrichts teilhaftig wurde, und dass er in beiden Lehren nicht das Trennende, sondern die glaubensstärkenden Gemeinsamkeiten empfand.

Jungenhafte Willensstärke, wie sie sich bei Gleichaltrigen in übermütigen Gefahren und losen Streichen entlädt, kam bei ihm nicht zum Vorschein. Seine Seelenverfassung war auf das Kontemplative eingestellt, und ein angeborener, mit traumhaften Übersinnlichkeiten durchsetzter Fatalismus versagte ihm die lebhafte Beantwortung äußerer Impulse. Er reagierte langsam, zaghaft, verarbeitete in innerlichen, gottesfürchtig gerichteten Deutungen, was die Sinne und die kleinen Erlebnisse der Frühzeit ihm zuführten. Schwer glitt ihm das Wort von der Zunge, und nach üblichem Ausmaß des Lerntempos, wie es in Rede und Gegenrede beurteilt wird, hätte man in ihm kaum einen besonders Veranlagten vermutet. Hatte er doch so spät sprechen gelernt, dass sich seine Eltern wegen einer etwaigen Abnormität des Sprösslings mit Ängsten trugen. Jetzt, im Alter von acht, neun Jahren, bot er das Bild eines schüchternen, zögernden, ungeselligen Knaben, der für sich dahinwandelte, dahinträumte, ohne Anschlussbedürfnis seine Schulwege zurücklegte. Man gab ihm den Spitznamen „Biedermeier", weil man ihn für krankhaft wahrheits- und gerechtigkeitsliebend hielt. Was der Umgebung damals als krankhaft erschien, mag heute als der Ausdruck eines uranfänglichen, unbesiegbaren Naturtriebes betrachtet werden. Wer Einstein als Menschen und Gelehrten kennt, der weiß, dass jene kindliche Krankheit nur als der Vorbote einer eisenfesten Gesundheit in der Denkart des Mannes aufgetreten ist.

Sehr früh regte sich in ihm die Liebe zur Musik. Er dachte sich Liedchen zur Ehre Gottes aus und sang sie für sich in andächtiger Verschlossenheit, die er auch seinen Eltern gegenüber schamhaft zu wahren wusste. Musikalisches, Landschaftliches und Göttliches verschmolzen in ihm zu einem Gefühlskomplex, zu einer sittlichen Einheit, deren Spuren niemals verschwanden, wenn auch späterhin das positiv Religiöse sich zu einer allgemeinen ethischen Weltbetrachtung ausweitete. Vorerst blieb es bei einer zweifelsfreien Gläubigkeit, wie sie ihm aus dem jüdischen Privatunterricht im Hause und dem katholischen in der Schule zufloss. Er las die Bibel ohne das Bedürfnis nach kritischer Erörterung zu verspüren, nahm sie als naiv-moralisches Erlebnis in sich auf und fand umso weniger Veranlassung zu einer prüfenden Verstandesbetätigung, als seine Lektüre über den Bibelkreis nur wenig hinausging.

Schmerzliche innere Bedrängungen blieben freilich nicht aus. Die jüdischen Kinder befanden sich auf der Schule in verschwindender Minderheit, und der kleine Albert erlebte hier die ersten Schaumspritzer der antisemitischen Welle, die von der Flut da draußen herangetragen, Katheder und Schulbank bedrohten. Jetzt zum ersten Mal fühlte er sich von etwas bedrängt, was mit den einfachen Klängen seines Gemütes dissonierend zusammenstieß. Er sah sich mit seiner Schüchternheit dem Unrecht ausgesetzt, und imstande der Notwehr gewann seine ursprünglich so weiche und zaghafte Natur eine gewisse Widerstandsfähigkeit und Verselbstständigung.

Soweit man in einer Vorschule von Leistungen reden kann, blieben sie bei Albert in einem bescheidenen Mittelmaß. Er war als Schüler ordentlich, genügte ungefähr den Anforderungen, verriet aber in keiner Weise eine besondere Veranlagung; umso weniger, als er sich als Inhaber eines höchst unzuverlässigen Wortgedächtnisses erwies. Die Methodik der Elementarschule, die er bis zum zehnten Lebensjahre besuchte, entfernte sich aber nicht von dem landesüblichen, von Drillmeistern entworfenen Schema, sie ersetzte durch drakonische Strenge, was ihr an Einsichten fehlte. Das schöne Wort Jean Pauls: „die Erinnerung ist das einzige Paradies, aus dem wir nicht vertrieben werden können", findet in Einsteins Schulerinnerungen keinen Widerhall. Er hat sie oft genug vor mir ausgebreitet, ohne den mindesten paradiesischen Nachhall. Mit bitterem Sarkasmus sagte er mir: diese Lehrer hatten den Charakter von Unteroffizieren, – die weiteren am Gymnasium waren dann überwiegend dem Leutnantscharakter zugewendet. Beide Bezeichnungen sind im vormärzlichen Sinne zu verstehen und richten sich gegen Ton und Gepflogenheiten der selbstherrlichen Kaserne von Anno Olim.

Die nächste Etappe der Entwicklung ist das Münchener Luitpold-Gymnasium, das ihn als Oberquintaner aufnahm. In der rückblickenden

Beurteilung des Mannes werden einige freundlichere Töne vernehmbar, die indes nur einzelnen Persönlichkeiten gelten, ohne dass für das Ganze eine sonderliche Hymne herauskäme. Aus seiner Darstellung geht im Gegenteil hervor, dass er zwar einzelne Lehrer lieb gewann, sich aber von dem Geist der Anstalt rau angeweht fühlte. Man weiß, dass sich seitdem manches auf diesen Lehranstalten zum Vorteil verändert hat, in Abkehr von dem zuchthausartigen Charakter, der damals, leidvoll genug für den Schüler, das Wesen der Institute bestimmte; mit der Folge, dass sich im Gymnasiasten Einstein eine Geringschätzung menschlicher Einrichtungen entwickelte und eine abschätzige Wertung der Studienstoffe, deren geistlosem und schablonenhaftem Betrieb er ausgesetzt war. In dem grauen Bild treten als hellere Punkte die Figuren einiger Lehrer hervor, zumal ein Präzeptor namens Ruëss, der dem vierzehnjährigen die Schönheit des klassischen Altertums zu erläutern beflissen war. Wir erfahren an anderer Stelle, dass Einstein gegenwärtig das humanistische Bildungsideal für die Zukunftsschule nur mit sehr starker Einschränkung gelten lässt. Gedenkt er aber jenes Magisters und seines Einflusses, so klingt in seinen Worten doch eine lebhafte Verehrung der Klassizität, gelegentlich sogar eine stürmisch hervorbrechende Liebe zu den Schätzen der griechischen Geschichte und Literatur. Es blieb nicht bei der Einstellung des Blickes auf die Antike. Von dem nämlichen Mann geleitet, näherte er sich der heimatlichen Dichterwelt, der Zauber Goethes strahlte ihn an aus „Herman und Dorothea"; die Dichtung wurde ihm, wie er bekennt, in geradezu vorbildlicher Weise zugeführt und erläutert. Es gab also Oasen in der Wüste des Schablonen-Unterrichts, Erquickungsstationen für die Seele des wissensdurstigen Knaben.

Wir müssen ein bis zwei Jahre zurückgreifen, um ein großartiges Erlebnis festzuhalten: Er machte die erste Bekanntschaft mit der elementaren Mathematik, die ihm mit der Gewalt einer Offenbarung entgegentrat. Nicht in der Form des Schulfaches, sondern mit der Magie eines rätselhaften Wesens, das ihn mit Fragen aufrief und ihm für deren scharfsinnige Beantwortung geistige Wonnen verhieß. Von Anfang an bewährte sich Albert als ein sehr guter Problemlöser, obschon ihm keine rechnerische Virtuosität zur Verfügung stand, und ihm die Technik der Gleichungsansätze fremd war. Er half sich mit Kunstgriffen, erprobte auf Umwegen Findigkeiten, freudig erregt, wenn sie zum Ziel führten. Einen in München lebenden Onkel, den Ingenieur Jakob Einstein, befragte er eines Tages nach etwas Besonderem. Er hatte den Ausdruck „Algebra" gehört, und vermutete, dass jener ihm darüber würde Aufschluss geben können. Onkel Jakob erteilte ihm den Bescheid: „Algebra", so erklärte er, „ist die Kunst der *Faulheitsrechnung*. Was man nicht kennt, das nennt man x, behandelt es so, als ob es bekannt wäre, schreibt den Zusammenhang hin und bestimmt dieses x dann hinterher." Das genügte vollkommen. Der Knabe bekam ein Buch mit algebraischen Aufgaben, die er nach jener zwar nicht erschöpfenden, aber doch ganz zweckdienlichen Lehre ganz allein löste. Onkel Jakob verkündete ihm bei anderer Gelegenheit den Wortinhalt des pythagoreischen Lehrsatzes ohne Angabe irgendeines Beweises. Der Neffe begriff den Zusammenhang, empfand die Notwendigkeit der Begründung, und machte sich wiederum ganz selbstständig daran, das Fehlende zu entwickeln. Das war nun freilich nicht das Objekt einer „Faulheitsrechnung" mit einem aufspürbaren x, vielmehr galt es hier, eine geometrische Fähigkeit zu entfalten, die auf so früher Entwicklungsstufe nur bei sehr wenigen angetroffen wird. Der Knabe verbohrte sich drei Wochen lang mit angestrengtem Nachdenken in seinen Pythagoras, geriet auf die Betrachtungen der ähnlichen Dreiecke (indem er vom Scheitelpunkt der rechtwinkligen Figur die Senkrechte auf die Hypotenuse fällte), und stieß dadurch auf die sehnsüchtig erhoffte Bewahrheitung des Satzes! Und wenn es sich auch um uralt Bekanntes handelte, für ihn war es die erste Entdeckerfreude. Der Beweis, den er gefunden hatte, bewies den erwachenden Scharfsinn des jungen Grüblers.

Wiederum ging ihm eine Welt auf, da er mit A. Bernsteins umfangreichen naturwissenschaftlichen Volksbüchern Bekanntschaft machte. Dieses Werk gilt heute als reichlich antiquiert und ist in den Augen manches Fachmannes zur Tiefe scheinwissenschaftlicher Schmöker herabgesunken, hatte ja auch schon damals, als Knabe Einstein darin wühlte, Schimmel und Rost angesetzt, denn es stammt aus den fünfziger Jahren des 19-ten Jahrhunderts und war sachlich längst überholt. Allein man konnte – und kann noch heute – darin lesen wie in einem Roman mit tausend eingestreuten physikalischen, astronomischen, chemischen Wundern, und für den Knaben Einstein wurde es wirklich das Buch der Natur, das seinem erkenntnisgierigen Verstand ebenso viel bot, wie seiner Fantasie.

Andere Horizonte wiederum öffnete ihm Büchners „Kraft und Stoff", ein Werk, dessen kraftstoffliche Minderwertigkeit er noch nicht zu durchschauen vermochte, das er vielmehr kritiklos bewunderte. Daneben beschäftigte ihn zumeist ein Handbuch der elementaren Planimetrie mit einer Fülle geometrischer Aufgaben, die er unverzagt angriff und in kürzester Zeit fast ausnahmslos bewältigte. Sein Entzücken wuchs, als er, ganz unabhängig vom Lehrgang der Schule, sich in die Schwierigkeiten der analytischen Geometrie und der Infinitesimalrechnung hineinwagte. Lübsens Lehrbuch war ihm in die Hand gefallen und diese Anleitung genügte seinem Wagemut. Während manche seiner Gymnasialgenossen noch verzagt an den Tümpeln der Kongruenzsätze und der Dezimalbrüche standen, tummelte er sich schon als Freischwimmer im infinitesimalen Ozean. Seine Übungen blieben nicht verborgen und fanden Anerkennung.

189

Der ihm vorgeordnete Mathematiklehrer erklärte den Fünfzehnjährigen für universitätsreif.

Allein nicht durch ein vorzeitiges Abitur sollte er den Weg ins Freie finden, sondern durch ein Ereignis, das ihn mit unvermuteter Abbiegung in einen neuen Lebenskreis warf. Im Jahr 1894 verlegten seine Eltern den Wohnsitz nach Italien. Von einem Trennungsschmerz Adalberts beim Verlassen des bajuwarischen Bodens weiß die Chronik nichts zu berichten. Er war froh, von der Drillanstalt Luitpold loszukommen und genoss als Insasse Mailands die Veränderung des Daseins, unbeschwert von Anwandlungen des Heimwehs. Alles in allem genommen hatte er sich doch im Münchener Schulzwang recht verunglückt gefühlt; trotz aller selbst geschaffenen mathematischen Sensationen, trotz der Beseligungen, die ihm das Aufgehen musikalischer Offenbarungen schon vom zwölften Lebensjahr an verschafft hatten. Innerer Trotz und Misstrauen gegen Einflüsse von außen waren in ihm rege geblieben als Kräfte, die einen dem Alter angepassten Frohmut nicht aufkommen ließen. Nun waren die Fesseln gefallen, und wie durch aufgezogene Schleusen brach die aufgestaute Lebenslust hervor. Südliche Sonne, südliche Landschaft, italienisches Volkstreiben, Kunst, frei hingestellt auf Markt und Straße, verwirklichten ihm Traumbilder, die ihn vorher in Bedrängnis umgaukelt hatten. Was er sah, fühlte und erlebte, lag außerhalb der Gewohnheit, öffnete ihm den Sinn für natürliche und menschliche Dinge, befreite seine Seele von der Dämpfung. Ein Schulbesuch kam für die Dauer eines halben Jahres gar nicht infrage. Er genoss volle Freiheit, beschäftigte sich mit Literatur, unternahm weite Ausflüge. Von Pavia aus wanderte er ganz allein über den Appenin nach Genua. Während er sich an der Erhabenheit der Berglandschaft berauschte, gewann er Fühlung mit der Unterschicht des Volkes, das ihm tiefste Sympathie einflößte. Die Tour führte ihn noch über eine kurze Strecke der italienischen Riviera, deren Böcklinische Farbenreize ihm indes nicht aufgegangen zu sein schienen. Er muss sich damals in einer Zarathustrastimmung befunden haben, gipfelwärts gerichtet.

Mit allen Freuden und Aufschwüngen blieben die italienischen Erlebnisse eine kurze Episode. Einstein entschloss sich zu einer neuen Wanderung, bei der ihm berufliche Ziele vorschwebten. Er pilgerte nach der Schweiz in der Absicht, am Züricher Polytechnikum Mathematik und Physik zu studieren. Allein im ersten Anlauf wollte der Eintritt in diese Anstalt nicht gelingen. Die Aufnahmebedingungen stellten in den Fächern der beschreibenden Naturwissenschaften und der modernen Sprachen Anforderungen, denen er noch nicht gewachsen war; so wandte er sich nach Aarau, wo er als Schüler der Kantonschule seine Kenntnisse nach vorzüglicher Methodik bereichern durfte. Noch heute spricht Einstein mit Wonne von der Organisation dieser Musterschule, die dem Rang nach etwa unsern Realgymnasien entspricht.

190

Nichts erinnerte ihn an das Sausen der Autoritätsfuchtel auf der Luitpoldinischen Pennälerkaserne, er erreichte glatt die Hochschulreife, und nun öffneten sich ihm die Pforten des Züricher Polytechnikums.

Dass er den Marschallstab im Tornister trug, war ihm selbst wohl nicht recht zu Bewusstsein gekommen. Wir aber geraten im Rückblick an staunenswerte Dinge. Es ist nämlich Tatsache, dass schon in dem Schüler von Aarau Probleme Wurzel geschlagen hatten, die bereits an der Peripherie der damals möglichen Forschung lagen. Noch war er kein Finder, allein was er als Sechzehnjähriger suchte, ragte schon in die Gebiete seiner späteren Entdeckungen hinein. Hier heißt es: Einfach registrieren, mit Verzicht auf die Analyse seines Werdegangs, denn wie sollen wir die Zwischenglieder aufspüren, die Denksprünge, die einen blutjungen Kantonsschüler dahin führen, in eine noch gänzlich verschlossene Physik hineinzutasten? Das Problem, das ihn beschäftigte, betraf die Optik bewegter Körper, genauer: Die Lichtaussendung von Körpern, die sich relativ zum Äther bewegen. Darin liegt die Witterung des großen Ideenkomplexes, der weiterhin zur Umgestaltung des Weltbildes führen sollte. Und wenn ein Biograf hinschriebe, dass die Uranfänge der Relativitätslehre bis in jene Zeiten zurückfallen, so würde er nichts objektiv Falsches behaupten.

Zur Höhe dieser Denkflüge hoben sich des jungen Mannes persönliche Ambitionen keineswegs, denn während in jenen schon kraftvolle Fittiche schlugen, krochen diese noch am Boden. Er wollte Schullehrer werden und glaubte mit diesem Berufsziel seine Hoffnungen schon sehr hoch zu spannen. Dies entsprach der Achtung, die er dem Schulmannsstand an sich entgegenbrachte. In der Züricher Technischen Hochschule ist eine Abteilung als Lehramtsschule eingerichtet, und hier studierte Einstein vom 17. bis zum 21. Lebensjahr, durchaus befriedigt in dem Gedanken, dereinst einmal anstatt auf der Bank, die Hosen auf dem Katheder durchsitzen zu dürfen und als Präzeptor juventutis im kleinen Betätigungskreise segensreich zu wirken.

Noch immer unterlag er dem Gefühl, nicht lebenstüchtig genug zu sein, und den Kampf ums Dasein im großen Strom der Welt nicht wagen zu können. In diesem Kampf mit seinem Verhalten von Mensch zu Mensch, mit seinen wilden Äußerungen der Gewalt und des auf falschen Glanz gerichteten Ehrgeizes erblickte er nur das widrig Schreckhafte, und die Möglichkeit eines persönlichen Erfolges verlockte ihn nicht, Kraft gegen Kraft zu setzen. So blieb es vorerst sein Ideal, ein ganz bescheidenes Dasein zu gewinnen. Von verschiedenen Seiten hatte man ihm Aussicht auf eine Assistentenstelle gemacht, bei irgendeinem Professor der Physik oder Mathematik. Er wurde indes aus für ihn unerkennbaren Gründen überall abgewiesen. Erkennbar aber, sobald man es vom konfessionellen Standpunkt aus betrachtet. Auch die Gymnasialhoffnungen wollten sich nicht erfüllen, da auf dieser Laufbahn Schwierigkeiten des Indigenates lagen. Erstlich war er Nichtschweizer, seit dem Mailänder Aufenthalt sogar „vaterlandslos" im bürokratischen Sinne, dann aber fehlten ihm die „persönlichen Verbindungen", ohne die es, damals wenigstens, in der Schweiz auch für den Tüchtigen keine freie Bahn gab. Aber irgendwo musste der gänzlich Protektionslose mit seinen Sorgen um des Tages Notdurft unterkriechen. Von den Eltern, die selbst in beengten Verhältnissen lebten, hatte er materielle Hilfe nicht zu erwarten, und so finden wir ihn bald darauf in Schaffhausen und Bern, wo er sich als Privatlehrer kümmerlich genug durchschlug.

Ihm verblieb als Trost die Wahrung einer gewissen Selbstständigkeit, wie ihn ja sein Freiheitsinstinkt durchweg dazu anhielt, das Wesentliche in sich selbst zu suchen. So hatte er auch zuvor während seiner Züricher Studien die theoretische Physik fast durchweg nicht im Anschluss an die Vorlesungen im Polytechnikum, sondern in häuslicher Arbeit betrieben, mit Versenkung in die Werke von Kirchhoff, Helmholtz, Hertz, Boltzmann und Drude. Außerhalb der chronologischen Ordnung erwähnen wir, dass er für diese Studien eine in gleicher Linie strebende Partnerin fand, eine südslawische Studentin, die er im Jahr 1903 heiratete. Diese Ehe wurde nach einer Reihe von Jahren getrennt. Er fand später an der Seite seiner ebenso anmutigen wie intelligenten Cousine Else Einstein, mit der er sich in Berlin vermählte, das Ideal häuslichen Glückes.

Im Jahr 1901 erwarb er nach fünfjährigem Aufenthalt in der Schweiz das Bürgerrecht der Stadt Zürich, und damit öffnete sich ihm endlich die Aussicht, aus der materiellen Misere herauszukommen. Sein Universitätsfreund Marcel Grossmann reichte ihm hilfreiche Hand durch Empfehlung an das Schweizer Patentamt, dessen Direktor Haller ihm nahestand. Dort betätigte sich Einstein von 1902 bis 1909 als technischer Experte, das heißt, als Vorprüfer für Patentgesuche, und diese Stellung verschaffte ihm die Möglichkeit, sich im weitesten Maß auf den Gebieten der Technik zu tummeln. Wer sich einseitig auf den Begriff der „Entdeckung" versteift, den wird es vielleicht befremden, Einstein so lange im Bereich der „Erfindungen" anzutreffen. Beide Gebiete aber vereinigen sich in der Gemeinsamkeit der Denkschärfe, und Einstein selbst hielt es für wichtig, darauf mit allem Nachdruck hinzuweisen. Für ihn bestand ein sicherer Zusammenhang zwischen den Kenntnissen, die er sich am Patentamt erwarb, und den theoretischen Ergebnissen, die in nämlicher Zeit als Proben seiner Denkschärfe ans Tageslicht traten.

Mitten in seiner Praxis, 1905, brach es in ihm hervor, in Sturm und Drang, geradezu blitzartig. In dichter Folge entband sich sein Geist von einer in mehrjähriger Vorarbeit aufgespeicherten Gedankenfülle, die uns mehr zu bedeuten hat, als nur ein bestimmtes Stadium in der Entwicklung eines

Einzelnen. In ihm war reif geworden, was sich der physikalischen Welt weiterhin als Vervollkommnung der Erbschaft Galileis und Newtons darstellte. Hier seien nur etliche Titel seiner Abhandlungen genannt, sämtlich von 1905, in den Annalen der Physik veröffentlicht: „Über einen die Erzeugung und Verwandlung des Lichtes betreffenden heuristischen Gesichtspunkt"; „Über die Trägheit der Energie"; „Das Gesetz der Brownschen Bewegung"; und als die bedeutsamste: „Zur Elektrodynamik bewegter Körper", welche als Abhandlung die grundstürzende und grundlegende Theorie der speziellen Relativität in sich trug; dazu trat, immer noch vom nämlichen Jahresdatum, die Doktordissertation: „Eine neue Bestimmung der Moleküldimensionen".

Alles in allem: ein Lebenswerk, das der Geschichte der Wissenschaften angehört. Es währte freilich noch geraume Zeit, ehe es seinen offenkundigen Eroberungszug antrat, und man dürfte hinzufügen, dass sich in jenen Abhandlungen Einzelschätze eingelagert finden, die lange Jahre unverstanden blieben. Allein es fehlte dem jugendlichen Forscher auch nicht an Zeichen freundlicher und verständnisvoller Beachtung: er erhielt von dem berühmten Physiker Max Planck – der ihm persönlich damals noch ganz fernstand – einen außerordentlich herzlichen Brief, als beglückendes Echo seines Aufsatzes „Zur Elektrodynamik bewegter Körper". Dieses Schreiben war das erste Diplom, der Vorläufer aller Ehrungen, die später wie eine Brandung auf ihn einstürmten.

Es lag in seiner Absicht, eine Universitätsdozentur zu erlangen. Der Habilitation in Bern stellten sich zuerst wiederum Schwierigkeiten entgegen, die vielleicht nicht aufgetaucht wären, wenn er seine Sache energischer betrieben hätte. Und als ihm schließlich dennoch in Bern ein Lehrstuhl bereitgestellt wurde, – er hat ihn nur ganz kurze Zeit geziert streckte ihm Zürich bereits verlangende Arme entgegen. Dorthin wurde er 1909 als Professor Extraordinarius berufen für theoretische Physik an der Universität, wo er bald eine dankbare Zuhörerschaft um sich versammelte. Nichtsdestoweniger konnte er sich im Anfang der Professur einer gewissen Sehnsucht nicht entwinden nach der Stille und Aufregungslosigkeit seiner vormaligen Beamtentätigkeit, in der er sich um einige Grade menschlich unabhängiger gefühlt hatte. 1911 folgte er einem neuen Ruf, der ihn mit dem Anreiz besserer materieller Bedingungen als Ordinarius nach Prag führte. Im Herbst 1912 kehrte er nach Zürich zurück zu einer Professur am Polytechnikum, und im Frühjahr von 1914 geriet er in das Kraftfeld des starken nordischen Magneten: Er landete an der Spree; Schweizer von Nationalität, Weltbürger von Gesinnung, dem Amt nach Mitglied der Berliner Akademie mit Lehrfakultas an der Universität. Hier vollendete er seine Relativitätsarbeiten mit dem großartigen Ausbau der Gravitationslehre, deren Anfänge bis 1907 zurückreichen. Acht Jahre schwierigster Denkoperationen hatte er darangesetzt, um sie zu vollenden; und mehr als ein Jahrhundert waren erforderlich, um die Welt alle Konsequenzen dieser Theorie in vollem Ausmaß überschauen zu lassen.

Denn sie hat Denkgewohnheiten zu überwinden, die auch in bevorzugten Köpfen ihre ererbten Rechte geltend machen. Einer der ersten des Faches, Henri Poincaré, hatte noch im Jahr 1910 bekannt, dass es ihm die größte Anstrengung verursache, sich in Einsteins neuer Mechanik zurechtzufinden. Und ein weiteres Jahr sollte verstreichen, ehe er seine letzten Bedenken fallen ließ. Dann freilich ging er mit fliegender Fahne in Einsteins Lager über und er befürwortete Einsteins Berufung zum Züricher Professorat, zugleich mit der Entdeckerin des Radiums, der Frau Curie, in einer Fanfare, deren Klang hier eine Resonanz finden möge:

„Herr Einstein," so schrieb damals der große Poincaré, „ist einer der originalsten Geister, die ich jemals gekannt habe; trotz seiner Jugend nimmt er bereits einen höchst ehrenvollen Rang ein unter den ersten Gelehrten seiner Zeit. Was wir vornehmlich an ihm zu bewundern haben, ist die Leichtigkeit, mit der er sich auf neue Konzeptionen einstellt, um alle Folgerungen aus ihnen zu gewinnen. Er heftet sich nicht an die klassischen Prinzipien, erblickt vielmehr in Gegenwart eines physikalischen Problems alle denkbaren Möglichkeiten. In seinem Geist übersetzt sich das unmittelbar zur Voraussicht neuer Phänomene, die eines Tages durch die experimentelle Erfahrung bewahrheitet werden können. Die Zukunft wird mehr und mehr erweisen, welchen Wert Herr Einstein darstellt, und die Hochschule, die es verstehen wird, ihn an sich zu fesseln, kann sicher sein, dass sie aus der Verbindung mit dem jungen Meister Ehre gewinnen wird."

Man könnte rückblickend die Frage aufwerfen, ob die Normen, die seinerzeit Wilhelm Ostwald zur Beurteilung großer Männer aufgestellt hat, in Einsteins Werdegang Bestätigung finden. Der ersten und allgemeinsten Regel, die das Prinzip der „Frühreife" ausspricht, hat er sich jedenfalls nicht entzogen. Sie trat deutlich genug hervor, als der Trieb nach mathematischem Wissen und Finden in ihm aufbrach und als er mit seinen optischen Problemen weit in die Zukunft griff. Die Geschichte der Wissenschaften und Künste mag in dieser Hinsicht noch verblüffendere Proben aufzeigen, jedenfalls reichen sie bei Einstein aus, um die Gültigkeit des Prinzips zu stützen. Dagegen will die weitere Ansage Ostwalds, auf Einstein bezogen, nur insofern standhalten, als sie die Möglichkeit einer Ausnahme zulässt. Ostwald wendet sich nämlich gegen die Vorstellung der „allmählichen Steigerung" und verkündet als fast durchgängige Regel, dass die außerordentliche Leistung von einem ganz jungen Menschen vollbracht wird; „was er später leistet, ist nur selten so eindrucksvoll, wie jene frühe Glanzleistung". Hier also, bei Einstein, ist die Ausnahme evident; denn fassen wir auch – mit Übergehung vieler anderer Entdeckungswerte – nur

194

die zwei Hauptleistungen ins Auge, so kann es nicht zweifelhaft sein, dass die zweite (Gravitation) die erste (die Spezielle Relativität) in Eindruck und Tragweite übertrifft; ja man wird sich sogar der Vorstellung der „allmählichen Steigerung" nicht verschließen dürfen, denn die zweite konnte nur auf Grund der ersten erwachsen.

Wenn ferner Ostwald das Tempo des geistigen Pulsschlages heranzieht, um hiernach in Anbetracht der großen Männer die Haupttypen Klassiker und Romantiker festzustellen, so werden wir auch mit dieser Einteilung unserer Figur gegenüber nicht zurechtkommen. Einstein ist ganz bestimmt Klassiker, sofern sein Werk berufen erscheint, weiteren Geschlechtern als die klassische Unterlage aller mechanischen Untersuchungen im Makrokosmus des Himmels und im Mikrokosmus der Atome zu dienen. Seine Vielseitigkeit dagegen, die Beweglichkeit und Schlagfertigkeit seines fantasiebeschwingten Geistes stempeln ihn wiederum zum Romantiker. Zu diesem Typus verweist ihn auch seine Lehrfreude, in offenbarem Gegensatz zur Lehrunlust, die als ein unverkennbares Zeichen bei vielen Klassikern nachweisbar war. Wenn man sonach auch von einer Synthese beider Formen sprechen kann, so tut man doch besser, Einstein nicht nach einem bestehenden Schema, sondern als einen Typus von einmaliger Prägung zu betrachten.

* * *

In allen Betrachtungen Albert Einsteins hat sich wohl kein Wort und kein Begriff so nachdrücklich geltend gemacht, wie der des „*Gesetzes*". Das Naturgesetz bedeutet für uns die eherne Schranke, die den Zufall und die Willkür unerbittlich von der Notwendigkeit abtrennt, und es erscheint uns als unausweichlich, dass schließlich auch der Zufall und die Willkür in diese Notwendigkeit einbezogen werden müssen. Immer stärker werden wir auf die Vorstellung einer suprema lex gestoßen, als des Gesamtausdruckes aller Teilgesetze, die uns die Wissenschaft als mehr oder minder gesicherte Ergebnisse einzelner Untersuchungen anbietet.

Von diesen Einzelgesetzen war in der Konversation mit Einstein die Rede, wie zum Beispiel von denen, die in der Gastheorie, in der Optik usw. gelehrt werden und die sich an die Namen Boyle, Gay-Lussac, Dalton, Mariotte, Huyghens, Fresnel, Kirchhoff, Boltzmann usw. knüpfen. Und im Anschluss hieran fragte ich, ob denn die Gesetze an sich etwas Unbedingtes, unter allen Umständen Nachweisbares darstellen; ob es restlos gültige Gesetze gäbe oder überhaupt geben könnte.

Einstein verneinte die Frage im Prinzip: „Endgültig kann ein Gesetz schon deshalb nicht sein, weil die Begriffe, die wir zu ihrer Formulierung benützen, sich jeweils bei Weiterentwicklung der Wissenschaft als ungenügend erweisen. Betrachten wir zum

Beispiel einen Elementarsatz, wie das newtonsche Kraftgesetz, so enthüllt sich der neueren Anschauung der Begriff der unmittelbaren Fernwirkung der Natur gegenüber als ungenau; denn es hat sich gezeigt, dass die Fernwirkung kein Letztes ist, sondern aufgelöst werden muss in eine Vielheit von Wirkungen zwischen unmittelbar benachbarten Orten (Nahewirkungstheorie). Ein anderes Beispiel bietet der Begriff der „Temperatur". Dieser Begriff wird den einzelnen Molekülen gegenüber sinnlos, er versagt, wenn wir ihn auf die kleinsten Teile der Körperlichkeiten übertragen wollen; weil der Zustand, die Geschwindigkeit, die innere Energie der einzelnen Moleküle in den weitesten Grenzen hin- und herschwankt. Der Begriff „Temperatur" ist nur anwendbar auf ein aus *vielen* Molekülen bestehendes Gebilde, und auch da noch nicht durchweg. Stellen wir uns etwa ein äußerst verdünntes Gas vor, das sich in einem geschlossenen Gefäß befindet. Zwei Seitenwände des Gefäßes sollen verschiedene Temperatur besitzen, sodass einer kalten Wand eine heiße gegenüberliegt. In solchem höchst verdünnten Gas stoßen die einzelnen Moleküle so selten zusammen, dass praktisch nur der Zusammenstoß der Moleküle mit den Wänden in Betracht zu ziehen ist. Die von der heißen Wand kommenden Moleküle haben größere Geschwindigkeit als die von der kalten Wand kommenden, sonach wird der Begriff der Temperatur dieses Gases unhaltbar.

„Ließe sich denn gar nichts von einer Temperaturskala ablesen?", fragte Moszkowski. „Der größere oder geringere Wärmegrad eines Körpers, also hier der Gasmasse, hängt doch von der stärkeren oder geringeren Bewegung seiner kleinsten Teile ab; die Bewegungen sind doch immer hin vorhanden, was also würde ein Thermometer ansagen?"

Nur das eine, dass es nichts anzusagen hat. Brächte man, so erklärte Einstein, in das Gasgefäß ein auf einer Seite geschwärztes Thermometer, so würden sich bei der Drehung des Instrumentes *verschiedene* Temperaturen zeigen, was so viel bedeutet, als dass der Temperaturbegriff diesem Gebilde gegenüber sinnlos wird. Und über die genannten Beispiele hinaus möchte ich daran festhalten, dass all unsere Begriffe, mögen sie noch so fein ausgedacht sein, der fortschreitenden Erkenntnis gegenüber sich als zu roh, das heißt, als zu wenig differenziert zeigen.

* * *

Moszkowski und Einstein sprachen auch über „Eigenschaften der Dinge" und über den Grad ihrer Erforschbarkeit. Als ein extrem zu Denkendes trat die Frage auf:

Gesetzt, es wäre erreichbar, alle Eigenschaften eines *Sandkorns* zu ergründen, hätte man damit das *gesamte Universum* erforscht? Bliebe dann für das völlige Begreifen der Welt nichts Ungelöstes zurück? Einstein erklärte, dass diese Frage mit einem unbedingten Ja beantwortet werden müsste. „Denn, würde man wissenschaftlich das Geschehen in dem Sandkörnchen vollständig beherrschen, so wäre dies nur möglich aufgrund der Erkenntnis der exakten Gesetze des zeiträumlichen Geschehens. Diese Gesetze – Differenzialgleichungen – wären überhaupt die allgemeinsten Weltgesetze, aus denen sich der Inbegriff alles anderen Geschehens müsste deduzieren lassen.

Man kann diesen Gedanken auch noch nach anderer Richtung fortspinnen; so dahin: dass jede noch so spezial erscheinende Forschung im aller Geringfügigsten den Zusammenhang mit der Welterforschung bewahrt und für diese wertvoll werden kann. Stellt man sich die Wissenschaft überhaupt als vollendbar vor, so ist jeder neue Erkenntnisbeitrag, auch der minimalste, wesentlich und unentbehrlich für das Ganze.

* * *

Kann sich ein Naturgesetz mit der Zeit ändern? Schärfer gefasst: Kann die Zeit als solche, explicit, in die Gesetze eingehen, sodass z. B. ein Experiment, zu verschiedenen Zeiten ausgeführt, verschiedene Resultate ergäbe? Diese Frage ist bereits mehrfach behandelt worden, so von Poincaré, der sie schroff negativ erledigt, aber auch von anderen, denen die Unabänderlichkeit der Naturgesetze in aller Ewigkeit nicht festzustehen scheint. So hat Helmholtz einmal die Konstanz der Gesetze mit leisem Zweifel berührt.

Einstein beantwortete jene Frage radikal verneinend: „Denn das Naturgesetz ist nach der Definition eine Regel, nach der das Geschehen immer und überall stattfindet. Würde man also durch die Erfahrung gezwungen werden, ein Gesetz von der Zeit abhängen zu lassen, so würde dies gebieterisch verlangen: Nach einem *zeit-unabhängigen* Gesetz zu suchen, welches das zeitabhängige in sich als *Spezialfall* aufnimmt; dieses letztere würde dadurch als Naturgesetz ausgeschaltet und spielte fortan nur noch die Rolle einer Folge aus dem zeitunabhängigen Gesetz".

* * *

Wie hat man sich zu verhalten, wenn man im Verfolg einer wissenschaftlichen Lehre, bei Innehaltung korrekter Schlüsse, auf etwas *Paradoxes* stößt? Also auf eine Folgerung, gegen deren Annahme sich unser Denken sträubt, obschon es in der Beweiskette keinen Fehler zu entdecken vermag?

Bevor wir besondere, sehr interessante Fälle erörtern, wollen wir hören, wie sich Einstein im Allgemeinen dazu äußert: „Sobald eine Paradoxie

197

auftritt, wird man in der Regel folgern dürfen, dass in dem betreffenden wissenschaftlichen System irgendwo eine gedankliche Unsauberkeit steckt; man müsste indes im Einzelfall untersuchen, ob die Paradoxie auf einen logischen Widerspruch zurückzuführen ist, oder ob sie nur eine Brüskierung unserer augenblicklichen Denkgewohnheit bedeutet."

Nehmen wir zunächst Beispiele aus einer ganz modernen Wissenschaft, aus der von dem Hallenser Georg Cantor begründeten „Mengen-Theorie", und folgen wir dem Sinn auf dem einzigen hier möglichen Wege, nämlich in losen Andeutungen, die für unseren Zweck genügen, ohne auf sachliche und wörtliche Genauigkeit Anspruch zu machen.

Nehmen wir eine Menge von 3 Gegenständen, z. B. einen Apfel, eine Birne und eine Pflaume. Hieraus lassen sich nach Definition 6 Teilmengen bilden, nämlich:

> der Apfel
> die Birne
> die Pflaume
> der Apfel und die Birne
> der Apfel und die Pflaume
> die Birne und die Pflaume

Die Menge der Teilmengen, – welche 6 Elemente enthält, – ist also größer, doppelt so groß als die ursprüngliche Menge, in der nur 3 Elemente vorkommen.

Enthält die ursprüngliche Menge noch ein Element mehr, etwa eine Nuss, so lassen sich die Teilmengen bilden:

> der Apfel
> die Birne
> die Pflaume
> die Nuss
> der Apfel und die Birne
> der Apfel und die Pflaume
> der Apfel und die Nuss
> die Birne und die Pflaume
> die Birne und die Nuss
> die Pflaume und die Nuss
> der Apfel, die Birne und die Pflaume
> der Apfel, die Birne und die Nuss
> der Apfel, die Pflaume und die Nuss
> die Birne, die Pflaume und die Nuss.

Hier also ist die Menge der Teilmengen schon recht erheblich größer als die ursprüngliche Menge; diese zahlenmäßige Überlegenheit wächst rapide

198

mit jeder Vergrößerung der Ursprungsmenge und dehnt man diese Betrachtungen auf eine unendliche Menge aus, so erreicht man bei der Menge der Teilmengen eine Unendlichkeit *höheren Grades*. Man drückt dies so aus: die unendliche Menge der Teilmengen besitzt eine größere *„Mächtigkeit"*, als die Unendlichkeit der Elemente der ursprünglichen Menge.

Die eine Unendlichkeit ist also, populär gesprochen, sehr viel umfangreicher, gewaltiger, als die andere. Darin liegt noch keine Denkunmöglichkeit. Allein in einem bestimmten Gedankenexperiment stellt es sich heraus, dass jener Satz mit seiner Progression nicht nur versagt, sondern zu einem offenen Widersinn führt.

Denn wenn man von der Urmenge „aller denkbaren Dinge" ausgeht, so kann deren Unendlichkeit zweifellos von keiner anderen übertroffen werden. Nach dem erwähnten Satz besäße aber „die Menge aller Teilmengen" eine größere Mächtigkeit, obschon sie selbst doch nicht weiter reichen kann, als bis zu dem Maximalbegriff aller denkbaren Dinge. Wir landen somit bei einer unauflöslichen Paradoxie, als dem typischen Beispiel dafür, dass in dem angewandten Begriffssystem irgendetwas nicht ausreicht oder der äußersten Denkreinlichkeit zuwiderläuft. Und diese skeptische Ansicht wird Stützen finden in mancherlei Äußerungen von Descartes, Locke, Leibniz und besonders von Gauß, der lange vor der Mengenlehre gegen unscharfe Definitionen des Unendlichen protestiert hat.

In einem anderen Fall hingegen scheint dieselbe Lehre absolut beweisscharf vorzugehen, wiewohl sie auch hier in einer Aussage mündet, die dem „gesunden Menschenverstand" nicht einleuchtet. Sie zeigt nämlich in einem höchst geistreichen und scharfsinnigen Verfahren, dass sich sämtliche Flächenpunkte einer allseits unbegrenzten Ebene in umkehrbar eindeutiger Weise den Linearpunkten einer noch so kurzen Strecke zuordnen lassen; sodass also *jedem* Punkt der unbegrenzten Ebene *ein* bestimmter Punkt der Strecke entspricht, und umgekehrt. Derselbe Satz lässt sich für den unbegrenzten dreidimensionalen Raum erweitern, wonach man sich, wiederum ganz populär gesprochen, mit der ungeheuerlichen Tatsache anzufreunden hätte: Eine gradlinige Strecke von beliebiger Kleinheit bietet in der Anzahl ihrer Punkte die nämliche Mächtigkeit, wie sämtliche Raumpunkte des Universums.

Einsteins Gesprächspartner Moszkowski muss gestehen, dass ihm jedes Mittel fehlt, um sich in diese Paradoxie hineinzufinden. Aber das *sacrificium intellectus* rückt ihm in bedrohliche Nähe. Einstein, der die Mengenlehre als Wissenschaft, vielleicht noch mehr als wissenschaftliches Kunstwerk, hochschätzt und bewundert, tritt hier durchaus als Anwalt des Beweises auf, er lehnt den Begriff der Paradoxie ab, das heißt, er statuiert nicht den Widerspruch gegen das Denken, sondern nur gegen eine korrigierbare Denkgewohnheit.

* * *

Ein weiteres Beispiel ergibt sich aus der speziellen Relativitätstheorie, als ein gedankliches Abenteuer, das bei genügender Einsicht in die Zusammenhänge seinen paradoxen Charakter verliert.[24]

Nach dieser Theorie ändert sich die Ablaufgeschwindigkeit der Naturvorgänge mit der Bewegung. Wir stellen uns nun zwei Individuen vor, etwa die Zwillinge A und B, die im Moment der Geburt zwar an demselben Ort weilen, allein sofort getrennt werden. B beharrt räumlich, während A im Weltraum von der Erde aus beurteilt einen ungeheuren Kreis mit immenser Geschwindigkeit beschreibt. Dadurch wird für A der Ablauf aller Vorgänge erheblich und in berechenbarer Weise herabgesetzt. Trifft A wieder bei B ein, so kann es sich ereignen, dass der beharrende Zwilling inzwischen 60 Erdjahre alt geworden ist, während der zurückkehrende nur 15 Jahre zählt, oder sich gar noch im Säuglingsstadium befindet.

Wer mit diesem Gedankenflug zum allerersten Mal Bekanntschaft macht, der kann sich natürlich einer starren Verblüffung nicht erwehren. Nichtsdestoweniger befinden wir uns hier nicht in einer Welt der Mirakel, sondern im Rahmen der Begreiflichkeit.

Bei diesen Zwillingen, erklärte Einstein, haben wir zunächst eine *Gefühls*-Paradoxie vor uns. Eine *Denk*-Paradoxie würde indes nur dann vorliegen, wenn sich für das Verhalten der beiden Geschöpfe kein zureichender Grund anführen ließe. Dieser Grund für das Jüngerbleiben des A ergibt sich vom Gesichtspunkt der speziellen Relativitätstheorie aus der Tatsache, dass das betreffende Geschöpf – und nur dieses – Beschleunigungen erlitten hat. Eine tiefere Erfassung des Grundes ist indes nur auf dem Boden der „Allgemeinen Relativitätstheorie" zu erlangen, die uns erkennen lässt, dass von A aus beurteilt ein Zentrifugalfeld existiert, von B aus betrachtet aber nicht; und dieses Feld hat einen Einfluss auf den relativen Ablauf und die Raschheit der Lebensvorgänge.

Es muss freilich ein ziemlich umfangreicher Apparat aufgeboten werden, um den bewegten Zwilling auch nur eine *Zeit-Sekunde* gewinnen zu lassen. Wenn er ein Jahr Karussell fährt auf einem Kreisumfang von rund 30 Milliarden Kilometer Länge, so müsste er in der Drehmaschine pro Sekunde 1000 Kilometer zurücklegen, um sich mit diesem Altersunterschiede gegenüber dem ruhenden Geschöpf zu verjüngen.

---

24 Eine leicht verständliche Einführung in die Relativitätstheorie findet man im Buch: Kirchberger, Dr. Paul u. Sedlacek (Hrsg.), Klaus-Dieter, *Einsteins Relativitätstheorie ganz ohne Mathematik*; Norderstedt (2016).

Dieses unausbleibliche und dem wissenschaftlich geschulten Denken verständliche Resultat beleuchtet zugleich die Natur des „gesunden Menschenverstandes", den schon Kant als die letzte Instanz verworfen hat, insofern dieser „gemeine Verstand" unvermögend ist, über die Beispiele seiner eigenen Erfahrung hinauszugehen. Er bewegt sich, wie Einstein sagt, „gefühlsmäßig und ausschließlich in Analogien". Für einen Vorgang wie den zuvor geschilderten fehlt ihm die Analogie, und da er nur mit den Regeln *in concreto* umzugehen weiß, so erscheint ihm manches als paradox, was eine gesteigerte Abstraktion als begründet und notwendig erkennt.

* * *

Eine spekulative Betrachtung: Wenn alle Dinge der Welt in ihren Dimensionen ungeheuerlich wüchsen oder abnähmen, wenn sich zugleich, uns verborgen, gewisse physikalische Bedingungen veränderten, so würde uns jedes Mittel fehlen, um den Unterschied zwischen jetzt und früher irgendwie festzustellen. Denn da sich auch alle Maßstäbe einschließlich der in unseren Sinnen eingelagerten in gleicher Proportion verändert hätten, so wären der vorige Zustand und der spätere einfach ununterscheidbar. Das Nämliche müsste, wie leicht zu zeigen, eintreten, wenn ein außerweltlicher Eingriff alle Dinge des Universums ungleichmäßig verschieben, verbiegen, verkneten, deformieren würde, sobald nur unsere Instrumente und Organe an solcher Transformation teilnähmen. Mithin dürften wir auch die uns bekannte Welt als eine möglicherweise deformierte beargwöhnen, hervorgegangen aus einer anderen, von deren ursprünglicher Gestaltung wir niemals etwas zu erfahren vermöchten.

Existiert zwischen diesen grotesken Betrachtungen und der *Relativitätslehre* irgendwelcher *Zusammenhang*?

Nur ein negativer, *e contrario* festzustellender. Diese Deformationen, so entwickelt Einstein, sind an sich physikalisch sinnlose Abstraktionen. Physikalisch sinnvoll sind nur die Beziehungen zwischen Körpern, z. B. die Beziehung zwischen Maßstäben und gemessenen Gegenständen. Von Deformationen kann daher sinnvoll nur die Rede sein, wenn die Deformationen zweier oder mehrerer Körper gegeneinander ins Auge gefasst werden, während der Begriff der Deformation ohne Angabe eines realen Gegenstandes, auf den sie zu beziehen wäre, gar keinen Sinn besitzt. Der erkenntnistheoretische Wert der allgemeinen Relativitätstheorie gegenüber der früheren Physik liegt nun eben darin, dass sie jene sinnlosen Abstraktionen in Bezug auf das Zeitliche und Räumliche vollständig vermeidet.

Sonach wäre das Eingehen auf jene grotesken Gedankengänge, wenn diese auch physikalisch unhaltbar sind, doch nicht ganz zwecklos. Denn da die neue Physik solche Irrgänge vermeiden lehrt, so erscheint es doch ersprießlich, sich mit dem zu vermeidenden bekannt zu machen. Sowie man ja auch die Scholastik studieren muss, um die von scholastischen Fesseln befreite Philosophie voll zu verstehen. Zudem entbehren die Betrachtungen über die verbogenen Welten nicht eines gewissen spekulativen Reizes; gauklerisch könnte man ihn nennen, wenn er auf etwas anderes hinausliefe als auf eine Vergräulichung der Welten. Freilich bergen sie auch Verlockungen, die manchen antreiben könnten, sich auf ein gefährliches Terrain zu begeben, um etwa Gleichnisse außerhalb der Geometrie und Physik zu wagen. Wäre es vielleicht möglich, plötzlich in eine Welt zu geraten, die ethisch, kulturell, logisch verbogen, verzerrt wäre, ohne dass wir es merkten? Stecken wir am Ende gar in einer solchen Verunstaltung, die wir nicht wahrnehmen, weil sich die empfangenden Organe in gleichem Maße mitdeformierten? Moszkowski gesteht offen, dass er ein Fortspinnen des Deformationsfadens nach dieser Richtung nicht für ganz undenkbar hält; muss indes hinzufügen, dass Einstein derartige Weiterungen rundweg ablehnt, da sie, wie er betont, in Gebiete führen, die lediglich einen Tummelplatz für „Wortakrobatik" darstellen.

* * *

Die Frage, ob die Natur Sprünge macht oder nicht, ist uralt. Sie begründet in der Abstammungslehre den Gegensatz zwischen Revolutionisten und Evolutionisten, welche den Grundsatz *„natura non facit saltus"* bis in alle Folgerungen vertreten. Neuerdings versuchen sich besonders in der Psychologie Ansichten durchzusetzen, die ein Naturprinzip der Unstetigkeit verkünden. Es wird da behauptet, dass wir selbst in unseren Wahrnehmungen und Empfindungen diskontinuierlich eingestellt sind, dass jede Perzeption wie ein Filmprojektor in lauter äußerst raschen Unterbrechungen arbeitet. Wäre dies tatsächlich der Fall, dann besäßen wir wohl schwerlich ein Mittel, um endgültig darüber ins Reine zu kommen, ob in der Natur die Stetigkeit regiert oder nicht.

Für Einstein besteht eine solche Alternative nicht im Geringsten. Hätte jemals sich ein Zweifel hervorwagen können, so wären schon die Forschungen Maxwells genügend, um ihn aus der Welt zu schaffen. Eine durch Differenzialgleichungen zu beschreibende Welt ist lückenlos stetig.[25]

Aber, so warf Moszkowski ein, bietet denn nicht auch die moderne Physik gewisse Stützpunkte für die Annahme einer Diskontinuität? Deutet denn nicht die Quanten-Theorie auf eine atomistische Struktur in den Energien,

---

25 Die von Max Planck begründete Quantenphysik zeigt jedoch, dass die Welt in den kleinsten Dimensionen nicht stetig ist. Deshalb kann die Welt im Kleinsten nicht durch Differenzialgleichungen beschrieben werden.

also auch in den Vorgängen, die man sich ruckweise, nach ganzzahligen Verhältnissen ablaufend, vorstellen soll?

Einstein antwortete mit einem Wort von epigrammatischer Kürze und Würze: Aus dieser Ganzzahligkeit darf man einen Widerspruch gegen den stetigen Verlauf nicht herauskonstruieren; stellen Sie sich vor, das *Bier* wäre nur in *ganzen* Litern verkäuflich; wollten Sie dann folgern, dass das Bier als solches *diskontinuierlich* wäre?

* * *

Welche Leistungen sind in absehbarer Zeit von der *beruflichen Astronomie* zu erwarten?

Diese Frage erhält ihren besonderen Sinn durch die Annahme, dass der auf der Sternwarte arbeitende Astronom im Wesentlichen vor gelösten Aufgaben stünde und Problemlösungen von der universalen Bedeutung der Kopernikanischen oder Keplerschen nicht mehr zu erhoffen hätte. Diese Annahme würde indes der wirklichen Sachlage nicht entsprechen.

Einstein bezeichnete Moszkowski eine Reihe von fundamentalen Problemen, die sich aktuell der beruflichen Astronomie darbieten und deren Bewältigung er von der Folgezeit erhofft.

Vor allem wird die geometrische und physikalische Konstruktion der Fixstern-Systeme in ihren hauptsächlichen Zügen offenbar werden.

Bis jetzt wissen wir noch nicht, ob das newtonsche Gesetz für Gebilde von der Art der Milchstraße und der kugelförmigen Sternhaufen wenigstens approximativ gilt; also in Raumgrößen, in denen der Einfluss der Raumkrümmung merklich werden könnte.

In losem Zusammenhang damit wurde das Thema von der Bewohnbarkeit anderer Welten gestreift. Dieses Fontenelle-Thema „la pluralité des mondes habités" ist vornehmlich durch die Marserforschung wieder in den Vordergrund getreten und hat leidenschaftliche Polemiken entzündet. Laut schallt der Ruf geozentrischer Wissenschaftler, die der Erde ihre astronomisch erschütterte Suprematie zurückerobern möchten, und die unserem Planeten allein das Recht und die Möglichkeit organischer Gestaltung zusprechen. Es versteht sich von selbst, dass Einstein die Motive, mit denen diese Menschlichen-Allzumenschlichen arbeiten, als kleinlich und kurzsichtig verwirft. Die Kreaturen in fernen Welten entstammen und unterliegen natürlich Organisationsbedingungen, auf die ein Rückschluss aus den uns bekannten vorläufig unmöglich ist. Aber ihre Existenz auf zahllosen Gestirnen bestreiten, oder den augenscheinlichen Beweis hierfür einfordern, steht auf der Höhe der Betrachtungsart eines

Infusors, dem kein anderes Leben einleuchtet, als das in einem fauligen Wassertropfen.

* * *

Die Vorstellung des Atoms, als des letzten Bausteins der Körperlichkeit, umschließt einen sprachlichen und begrifflichen Widerspruch. Denn „atomos" heißt unteilbar, nicht weiter teilbar, während die Vorstellung einer noch so kleinen Körperlichkeit, eines von Null verschiedenen Bausteins, zum Mindesten geometrisch die weitere Teilbarkeit fordert. Schon die ursprünglichen Begründer der Atomtheorie, Leukippos, Epikur, Demokrit legten den letzten Bestandteilen bestimmte Formen bei, und in dem prächtigen Werk des Lukrez können wir lesen, dass aus der Natur der Substanz auf glatte, rundliche, raue, haken- und ösenförmige kleinste Teilchen geschlossen wurde. Je weiter die forschende Analyse vordrang, desto mehr verflüchtigte sich die Einfachheit der ursprünglichen Vorstellung, man blickte in Mikrokosmen wie in Abbilder der Makrokosmen, und das Atom der heutigen Wissenschaft beansprucht tatsächlich, als eine Welt für sich betrachtet zu werden.

Einstein willfahrte Moszkowskis Bitte, ihm die letzten Errungenschaften insoweit anzudeuten, dass sich daraus ein ungefähres Bild des *Atom-Modells* ergäbe: Man hat es sich nach den Forschungen von *Rutherford* und *Niels Bohr* wie ein *Planetensystem* vorzustellen.

Als Zentralkörper dieses Systems tritt ein positiv-elektrisch geladener Kern auf, der fast die ganze Masse des Atoms ausmacht, umgeben von einer gewissen Zahl negativ geladener Elektronen, die sich in regelmäßigen, kreisförmigen (oder elliptischen) Bahnen[26] um den Kern bewegen. Es liegt also eine gewisse Analogie vor, die uns gestattet, den Kern als die Sonne, die Elektronen als die Planeten dieses Systems anzusehen.

Deren Anzahl schwankt in den Grenzen von 1 bis 92, je nach der chemischen Beschaffenheit des Elementes[27]. Die geringste Zahl findet sich beim Helium (2) und beim Wasserstoff-Atom, bei dem nur ein einziger Elektron-Planet seine Bahn um den Kern beschreibt. In anderen Atomen treten kompliziertere, wenn auch mehr oder minder kreisähnliche Bahnen auf. Die Anordnung der Elektronen ist nach dieser durch ein außerordentlich starkes Tatsachenmaterial gestützten Theorie in konzentrischen Schalen[28] (Zwiebelschalen) vorzustellen; wobei der äußersten Schale insofern eine bevorzugte Rolle zufällt, als die Zahl der in

---

26 Statt „Bahnen" haben wir nach heutiger Erkenntnis „Aufenthaltsräume", in denen das Elektron mit einer gewissen Wahrscheinlichkeit aufgefunden werden kann.

27 Zur Zeit des Gesprächs waren erst 92 Elemente bekannt, zwischenzeitlich sind es 118.

28 Die heutigen Modellvorstellungen sprechen von „Energieniveaus" statt von Schalen.

ihr angeordneten Elektronen für den chemischen Charakter maßgebend ist. Es kommt vor, dass Elektronen durch äußere Einwirkung von einer Bahn auf eine andere überspringen, dann erfolgt beim Zurückspringen Lichtemission. Als eine wesentliche Tatsache ist festzustellen: Während in einem der Sternwelt angehörenden Planetensystem beliebig viele Bahnen mit beliebigen Radien liegen können, unterliegt die Mannigfaltigkeit innerhalb des Atoms einer Beschränkung: Es sind nur gewisse Bahnen (Aufenthaltsräume) möglich, welche durch die sogenannte Quantenbedingung rechnerisch bestimmt werden.

„Ließe sich wohl," unterbrach Moszkowski, „die ganze Analogie umkehren? Wenn das Atom sich im Modell zu einem Planetensystem erweitert, so müsste es eigentlich auch erlaubt sein, unser wirkliches Planetensystem als ein kosmisches Atom aufzufassen; und nachdem man sich längst damit abgefunden hat, unsere Erde die Rolle eines Staubkorns spielen zu lassen, wäre es dann auch mit der Sonnenherrlichkeit vorbei. Die ganze Majestät bis zur Neptunbahn schrumpfte dann zu einem Gebilde zusammen, gegen welches ein Staubkorn immer noch als ein Koloss erschiene."

Bis zu einem gewissen Grad mag diese gedankenspielerische Umkehrung gestattet werden, sagte Einstein. Nur wird man sich dabei vorhalten müssen, dass da immer noch ein Kardinalunterschied existiert. Sieht man selbst von den unvergleichlichen Größenverhältnissen ab, so wird doch die Analogie dadurch sehr eingeengt, dass das Atom nur ein Baustein ist, das wirkliche Planetensystem aber ein ungeheuer komplizierter Bau. Der Unterschied zwischen einfach und höchst mannigfaltig bleibt demnach bestehen.

„Aber, Herr Professor," erwiderte Moszkowski, „eine solche Kompliziertheit könnte doch weiterhin auch noch im Atom herausgefunden werden? Von der Urvorstellung bis zu den planetenartig kreisenden Elektronen ist vielleicht nur ein Erkenntnisschritt. Dürfte man da nicht vermuten, dass sich Schritt auf Schritt ein wahrer *Regressus in infinitum* entwickeln kann?"

Das erscheint durchaus unwahrscheinlich, erwiderte er, wenngleich die Strukturerforschung natürlich nicht haltmacht. Sie erblickt vorerst das weitere Ziel: herauszufinden, woran es liegt, dass gewisse Atome radioaktiv sind, das heißt, eine Zerfallstendenz aufweisen. Schon heute ist festgestellt, dass diese Tendenz eine Eigenschaft des Kernes darstellt. Das will sagen, der Kern ist nicht einfach, ohne darum die Aussicht auf einen nie zu erschöpfenden Regressus zu bieten. Es gilt Klarheit zu gewinnen über die Konstituierung des Kernes aus positiven und negativen Ladungen, und es ist meine Überzeugung, so schloss er, dass es darüber hinaus eine weitere Unterteilung der Materie nicht gibt. –

Wenn der Dichter von dem ruhenden Pol in der Erscheinungen Flucht redet, so schwingt unter dem schönen Wort der elegische Verzicht auf die Erreichbarkeit eines Allereinfachsten, Allerletzten. Einsteins Eröffnung verwandelt diesen Verzicht in eine stolze Hoffnung. Hat die Unterteilung der Materie irgendwo ein Ende, so stehen wir hart an der S c h w e l l e zu d e n l e t z t e n D i n g e n , zu dem ruhenden Pol, der gefunden werden kann.

* * *

„Jede neue wissenschaftliche Wahrheit muss so beschaffen sein, dass sie sich in gewöhnlicher Schrift auf dem Raum eines Quartblattes vollständig mitteilen lässt." Kirchhoff hat das gesagt und die Probe dafür, wenn auch nicht buchstäblich, so doch ausreichend geliefert. Als er und Bunsen die erste Veröffentlichung über die Spektralanalyse hinaussandten, gaben sie der Publikation die knappe Form auf drei Druckseiten.

Wie nun aber, wenn die neue Wahrheit sich auf einem sehr weitschichtigen Material aufbaut? Wenn sie sehr viele Kettenglieder der Einsicht bedingt, von denen keines zum Verständnis entbehrt werden kann? Müsste auch dann die kirchhoffsche Quartseite genügen?

Allerdings meinte Einstein; vorausgesetzt natürlich, dass sie sich an einen Leser wendet, der bereits das Vorhergehende beherrscht; dem die älteren Tatsachen soweit vertraut sind, dass er nur noch das wirklich Neue der neuen Wahrheit zu erfahren hat.

Das klingt sehr erfreulich, versetzte Moszkowski; denn danach müsste es ja auch möglich sein, die Relativitätstheorie in aller Kürze darzustellen.

– Sagen wir: Deren Grundzüge, den Wesenskern der Sache. Präparieren Sie also ihr kirchhoffsches Quartblatt. Wir wollen sehen, ob wir darauf mit der speziellen Relativitätstheorie fertig werden:

Die Gesamtheit der Erfahrungen zwingt zur Annahme der Konstanz der Lichtgeschwindigkeit im leeren Raum. Die Gesamtheit der Erfahrungen auf optischem Gebiet zwingt aber auch zur Feststellung der Gleichwertigkeit aller Inertialsysteme, das heißt, aller Bezugsysteme, die aus einem berechtigten durch gleichförmige Translation hervorgehen. Berechtigt ist ein System, für welches der galileische Trägheitssatz gilt. Der Satz besagt, dass ein sich selbst überlassener bewegter Körper seine Richtung und Geschwindigkeit dauernd beibehält.

Nun scheint das Lichtausbreitungsgesetz im Widerspruch zu stehen zu dem Relativitätsprinzip, wonach die Geschwindigkeit eines Strahles im bewegten System je nach der Richtung des Strahls verschiedene Werte annimmt.

206

Diese – scheinbare – Unvereinbarkeit beruht auf folgenden unbewiesenen Prämissen:

a) Wenn zwei Ereignisse gleichzeitig sind in Bezug auf ein Inertialsystem, so sind sie auch gleichzeitig in Bezug auf jedes andere Inertialsystem.

b) Die Ausdehnung eines Maßstabes, die Gestalt und Größe eines starren Körpers und die Ganggeschwindigkeit einer Uhr sind unabhängig von ihrer (gradlinigen, drehungsfreien) Bewegung gegenüber dem benützten Bezugsystem.

Diese Prämissen müssen fallen, damit jene Unstimmigkeit verschwindet. Ersetzt man die unbewiesenen Prämissen durch die Voraussetzung der Gleichwertigkeit aller Inertialsysteme in Verbindung mit der Voraussetzung, dass die Geschwindigkeit eines Vakuum-Lichtstrahls konstant ist, so ergibt sich:

Erstens: Das Verhalten der Maßstäbe und Uhren ist funktionell abhängig von der Bewegung;

Zweitens: Die Bewegungsgleichungen von Newton bedürfen einer Modifikation und sie liefern dann Resultate, die für rasche Bewegungen von den Newtonschen wesentlich abweichen.

Dies ist in gedrängtester Darstellung der Sinn der speziellen Relativitätstheorie.

Da das Quartblatt noch Raum gewährt, möge eine Betrachtung angefügt werden, welche die oben erwähnte scheinbare Unstimmigkeit ein klein wenig ausführlicher erörtern soll.

Wir wählen als Bezugsystem einen Schnellzug von 10 Kilometer Länge. Ganz vorn im Zuge sitzt der Reisende Herr Vordermann, ganz am Schluss der Reisende Herr Hintermann, beide haben also zwischen sich eine feste Distanz von 10 Kilometern. Die Waggons sind durchsichtig, sodass die Personen untereinander Signale austauschen können. Sie sind zudem mit ideal gleichlaufenden Uhren ausgerüstet.

Zuerst soll der Zug stillstehen. Hintermann hat den Kilometerstein Nr. 100 zur Seite, Vordermann mithin den Kilometerstein Nr. 110. Hintermann signalisiert durch ein Blitzlicht seine Uhrstellung, Punkt 12 Uhr. Das Licht braucht für die Strecke von 10 Kilometern genau $^1/_{30\,000}$ Sekunde, trifft also bei Vordermann um 12 Uhr $^1/_{30\,000}$ Sekunde ein; ganz ebenso würde es sich verhalten haben, wenn Vordermann dem Hintermann seine Zeit signalisiert hätte. Das Licht macht in seinem Weg für hin und zurück keinen Unterschied. Befindet sich der Bahnzug in rascher Fahrt, so können die beiden Reisenden das nämliche Experiment machen, als wenn der Zug stillstünde. Sie werden dann die Zeit, die der Lichtstahl von Hintermann zu Vordermann braucht, der Zeit für den umgekehrten Weg gleichsetzen, oder anders ausgedrückt, für die sich in Fahrt befinden Reisenden ist der Zeitbedarf für Hin- und Rückweg des Lichtstrahls der gleiche. Aber vom Gleis aus gesehen würde sich die Beurteilung desselben Vorgangs anders gestalten. Der Beobachter am Bahndamm müsste nämlich erklären, dass Hinweg und Rückweg des Lichtstrahls verschiedene Zeiten beanspruchen.

Denn der nach vorn eilende Strahl hat ja nicht nur die Entfernung zwischen Hintermann und Vordermann zurückzulegen, sondern dazu auch die ganz kurze Strecke, die Vordermann während der Fortpflanzung dieses Lichtstrahls gefahren ist; während umgekehrt der zurückgesandte Strahl einen kürzeren Weg als die Distanz beider Reisenden zurückzulegen hat, weil Hintermann dem Signal entgegenfliegt. Die Zeitdauern der beiden Lichtausbreitungsvorgänge sind also gleich, beziehungsweise ungleich, je nachdem sie vom Zug oder vom Bahndamm aus beurteilt werden. Anders ausgedrückt: die Beurteilung der Zeit hängt vom *Bewegungszustand* des Beobachters ab.

Alle weiteren Elemente der speziellen Relativitätstheorie gründen sich auf die vorstehenden Betrachtungen der Zeitrelativierung. –

* * *

Wäre der Aufbau einer Wissenschaft möglich, wenn die Menschen einen Sinn weniger besäßen?, wenn sie gar augenlos wären? Auf einen bestimmten Fall bezogen: In der neuen Physik spielt die Lichtgeschwindigkeit als Weltkonstante eine entscheidende Rolle. Es erscheint daher zunächst unfassbar, dass sie ermittelt und in ihrer Bedeutung festgestellt werden könnte, wenn der Mensch über kein Organ zur Erfassung optischer Erscheinungen verfügte.

Aber auch unter so erschwerenden Umständen wäre, wie Einstein erklärte, der Aufbau der Wissenschaft möglich. Weil nämlich die Erscheinungen hinsichtlich ihrer Wahrnehmbarkeit so transformiert werden können, dass sie sich beim Fehlen eines Sinnes einem andern offenbaren. So zum Beispiel wird das Element Selen in seinem elektrischen Leitungsvermögen durch Belichtung stark beeinflusst. Das Licht bewirkt also bei Anwendung einer Selenzelle Stromänderungen, die wiederum durch das Gefühl und die Zunge wahrgenommen werden können. Im letzten Grund kommt es nur auf Unterscheidbarkeiten an, die es uns ermöglichen, gleiche Erlebnisse auf gleiches Geschehen zurückzuführen. Gewiss würden ungeheure Schwierigkeiten in der physikalischen Beurteilung der uns umgebenden Welt auftreten, wenn die

208

Anzahl der Sinne beschränkt wäre gegenüber den Organen, mit denen wir operieren. Allein prinzipiell müssten sich alle Schwierigkeiten überwinden lassen, auf unübersehbar verlängerten und komplizierten Forschungswegen, selbst wenn dem Menschen *nur ein einziger Sinn* verbliebe oder von Urbeginn verliehen wäre. Der Aufbau der Wissenschaften wäre daher möglich und würde sich – bei aller Verzögerung vielleicht um Jahrmillionen – in den Ergebnissen nicht ändern.

Voraussetzung bliebe freilich die Aufrechterhaltung des Intellekts, als der Bedingung für wissenschaftliche Forschungen überhaupt. Da die Verstandesstärke von den Sinnen abhängt – *nihil est intellectu, quod non prius fuerit in sensu* – so dürfte man vermuten, dass der einorganige Mensch mit einem Minimalgrad des Verstandes arbeitet, der zur Gewinnung irgendwelcher Erkenntnisse überhaupt nicht ausreicht. Diese transzendente, an der Grenze der Diskutierbarkeit liegende Frage wurde nicht erörtert, da das Thema genau abgesteckt war und sich nicht in metaphysische Spekulationen verlieren sollte.

Nicht unerwähnt bleiben soll, dass die Wissenschaftsgeschichte eine derartige Spekulation als Berühmtheit verzeichnet: *Condillac* untersuchte in einer geistreichen Studie (1754) das Verhalten einer „Statue", die er als lebenden Menschen hinstellt, unter der Voraussetzung, dass in der Seele dieses Menschen noch gar keine Vorstellung existiert. Er schließt dieses Lebewesen mit einer Marmorhülle ab und öffnet die Hülle zunächst so weit, dass nur ein *einziges* Organ, der *Geruchssinn*, tätig sein kann. Und er zeigt dann, dass sich aufgrund dieses einzigen Sinnes Empfindungen und Willensäußerungen aller Art in seiner „Statue" entwickeln werden. Indes unternimmt Condillac keinerlei überzeugenden Beweis darüber, dass diese auf den Geruchsinn beschränkte Kreatur befähigt wäre, die naturgesetzlichen Zusammenhänge physikalisch zu erschließen und dadurch ein wissenschaftliches System aufzubauen. Einstein geht also in dieser Hinsicht wesentlich über die Möglichkeiten hinaus, die dem Autor jener „Statue" vorschwebten.

* * *

Hat die *„Ewige Wiederkunft"*, so wie sie von Nietzsche entworfen wurde, einen Sinn?

Der Weise von Sils-Maria sagt uns, dass ihm diese Offenbarung zwischen Weinen und Jauchzen gekommen wäre, als eine Fantasie von realer Bedeutung. Seiner Idee liegt eine endliche Welt mit einer endlichen Zahl von Atomen zugrunde. Und aus der Tatsache, dass der gegenwärtige Zustand aus dem unmittelbar vorangehenden geboren wurde, dieser wiederum aus dessen Vorzustand, schließt er, dass er sich vor- und rückwärts wiederholt; alles Werden kehrt wieder, bewegt sich in einem vielfachen Zyklus vollkommen gleicher Zustände.

Lassen wir die philosophischen Einwände außer Betracht, vor allem den: Dass die Wiederkehr der gleichen Atomlagerung durchaus noch nicht die Wiederkehr der gleichen psychischen Zustände verbürgt; unterdrücken wir ferner das Bedenken, dass die Welt auf dem Weg zur Wiederkehr des Gleichen zum Jauchzen nur auf Sekunden, zum Heulen auf Aeonen Grund hätte; – so bleibt die vergleichsweise einfache Frage zurück: Ist diese Wiederkehr, rein körperlich genommen, ausdenkbar und möglich?

Nietzsches Idee wäre ohne Weiteres einzusargen, wenn die Antwort eines großen Wirklichkeitsforschers schlechthin verneinend ausfiele. Allein Einstein lässt ihr noch einen kargen Rest der Lebensmöglichkeit. Die Ewige Wiederkunft, so äußerte er, kann wissenschaftlich *nicht* mit völliger Sicherheit abgeleugnet werden. Mit diesem Minimum von Zugeständnis werden sich die Nietzscheaner bescheiden müssen. Denn was für Nietzsche eine Denknotwendigkeit bedeutete, verwandelt sich in Einsteins Nachsatz in eine wesentlich der Fantasie entsprungene vage Annahme: Die Wiederkehr des Gleichen ist vom physikalischen Standpunkt aus als „ungeheuer unwahrscheinlich" aufzufassen. Diese Ansage stützt sich vornehmlich auf den berühmten zweiten Hauptsatz der Wärmetheorie, nach welchem die Prozesse des Naturgeschehens sich überwiegend als irreversibel (nicht umkehrbar) darstellen, wodurch eine einseitige Tendenz der Weltvorgänge zum Ausdruck kommt. Die Tatsache der zeitlichen Einsinnigkeit des uns umgebenden Geschehens spricht dafür, dass wir das Weltgeschehen als ein *einmaliges* aufzufassen haben.

Wenn sich also Nietzsche im Gegensatz dazu für die Wiederholung begeisterte, so widersprach er zum Mindesten einem anerkannten Satz der Physik. Dass er sich des Widerspruchs nicht bewusst wurde, vielmehr seine Idee als die bedeutsamste seines Denkerlebens feierte, mag als Probe einer *docta ignorantia* gelten. Aber auch philosophische Fantasien, die das dichterische Weltbild vervollständigen, mögen einmal ausgesprochen werden; und Nietzsche wäre vermutlich um eine Denkerfreude ärmer gewesen, wenn er von jenem Satz der Thermodynamik eine Ahnung gehabt hätte.

„Die Wahrheit ist der zweckmäßigste Irrtum", lautet ein Satz, der auf eine Gedankenreihe Nietzsches zurückgeht. Aber gerade an diesem Satz zerbricht die Ewige Wiederkunft, die nach ihrer Wirkung gemessen sich als ein höchst unzweckmäßiger Irrtum herausstellt.

* * *

Gesetzt, wir gelangten zum Gedankenverkehr mit den Bewohnern entfernter Welten und erführen hierdurch die Elemente einer zeitlich vorgeschrittenen, *uns überlegenen Kultur* – würde uns diese Kenntnis zum *Segen* oder *Unsegen* gereichen?

Das Wort „überlegen" ist natürlich mit Vorsicht aufzunehmen. Es soll nur relativ bezeichnen, dass jene Fern-Kultur sich zu der unsrigen von heute etwa verhielte, wie unser Kulturbesitz zu dem eines australischen Ureinwohners oder eines anthropoiden Affen. Es gibt Fortschrittsfanatiker, deren Wünsche hemmungslos in die Zukunft fliegen, und denen nichts erwünschter wäre, als das Aufblitzen einer Kultur, die uns, wie sie meinen, mit einem Schlag um viele Jahrtausende „vorwärts" bringen könnte.

Aber die Auffassung dieser Siebenmeilenstiefler ist unhaltbar. Hier nur ein Ansatz aus der Fülle der Gegenargumente in wenigen Worten Einsteins: Jede plötzliche Änderung der Existenzbedingungen, träte sie auch in den Formen höherer Entwicklung auf, würde uns wie ein Verhängnis überfallen, und uns wahrscheinlich vernichten, so wie die Indianer der sie überflügelnden Kultur erliegen. Schon die Tragik unserer kultivierten Zeit liegt darin, dass wir nicht vermochten, die sozialen Organisationen zu schaffen, welche durch die technischen Fortschritte des letzten Jahrhunderts notwendig wurden. Daher die Krisen, Stockungen, sinnlosen Konkurrenzkämpfe zwischen den Nationen, daher auch die Ausbeutung schutzloser Individuen; Missstände, die sich ins Unübersehbare steigern würden, wenn noch gar eine außerirdische Technik höherer Ordnung über uns käme.

$$* \; * \; *$$

Immerhin bliebe die Möglichkeit, dass die „überlegene Kultur" auch die Anweisung für die uns fehlenden, zweckdienlichen Organisationen enthielte. Anstatt dieser Utopie nachzuspüren, beschränkten wir uns auf den Vergleich des irdischen Einst und Jetzt. Waren nicht schon die schönsten Anläufe zu einer reibungslosen, die Konkurrenzkämpfe unter den Nationen vermindernden Organisation vorhanden in den zahlreichen internationalen Einrichtungen, die doch einen großen Teil der Geisteswelt zu gemeinsamer Arbeit vereinigten? Und besteht eine Aussicht für die Wiederaufnahme dieser internationalen Zusammenfassung?

Hier schlug Einstein optimistische Töne an, nicht zur Bejubelung einer auf Verabredung gegründeten Organisation, sondern zur Feier der weltumspannenden Geistigkeit an sich. Selbst beim Ausscheiden aller internationalen Kongresse, sagte er, wäre das internationale Zusammenwirken nicht aus der Welt zu schaffen, da es sich automatisch vollzieht. Wenn gewisse Entwicklungen durch politische Zustände beeinträchtigt werden, so ist es nur die dadurch erzeugte Not der Individuen, die als Hemmung auftritt, der Mangel an geistiger Bewegungsfreiheit, also die Folge der wirtschaftlichen Drangsale. Die wirklich begeisterten Freunde der Wahrheit standen und stehen tatsächlich einander immer nahe, viele von ihnen fühlen sich einander näher als ihrem eigenen Lande gegenüber. Und allen Hemmungen und Trennungen zum Trotz werden sie sich stets zu finden wissen!

BUCHTIPPS

Abrupte Klimaschwankungen seit 2000 Jahren

Lokale und kosmische Ursachen eines Klimawandels. Herausgeber: Sedlacek, Klaus-Dieter (Hrsg.). Innerhalb der letzten zwei Jahrtausende sind verschiedene abrupte Klimaschwankungen nachweisbar. Der fortwährende Wandel des Klimas verzeichnete allein fünf große Klimaepochen und zahlreiche ...

Allgemeine moderne Psychologie

Allgemeine moderne Psychologie Systematische Einführung in die Wissenschaft psychischer Prozesse Autor: Messer, August Man hat mit Recht drei Hauptwurzeln der Psychologie unterschieden: die praktische Menschenkenntnis, den religiösen Seelenglauben und die biologische Lebenserklärung. Psychologie als ...

Anleitung zum Roman-Schreiben

Wie man anfängt, einen Plot entwickelt und eine gute Geschichte erzählt. Autor: Wilde, Oliver J. Sie wollen einen Roman schreiben? Das ist toll! Aber begnügen Sie sich nicht damit, nur einen Roman ...

Äquivalenz von Information und Energie

Die Grundbausteine der Welt – Neuausgabe – Autor: Sedlacek, Klaus-Dieter. „Es stellt sich letztendlich heraus, dass Information ein wesentlicher Grundbaustein der Welt ist", versicherte der durch sein Quantenteleportationsexperiment bekannte Prof. Zeilinger in ...

Besseres Gedächtnis

Wie man es stärkt, trainiert und einsetzt. Autor: Atkinson, Wilhelm Walker. Viele Menschen scheinen zu glauben, dass Erinnerungen einfach kommen und nicht gefördert werden können. Aber der Trugschluss einer solchen Vorstellung wird ...

Der erdgeschichtliche Klimawandel

Den wahren Ursachen von Klimaschwankungen auf der Spur. Autor: Wilhelm Bölsche , Klaus-Dieter Sedlacek (Hrsg.). Der Klimazustand während der letzten Jahrhunderttausende ist im Wesentlichen auf den Einfluss von Sonneneinstrahlung zurückzuführen, die ...

Der verborgene Mechanismus des Weltgeschehens

Der verborgene Mechanismus des Weltgeschehens Neue Erkenntnisse über die Gestalten biotechnischer Systeme der Welt Autoren: Sedlacek, Klaus-Dieter; Francé, Raoul H. Seit Jahrtausenden ist die Menschheit bestrebt, die Welt, in der sie lebt, erkennen ...

Die geheimnisvolle Kultur der alten Kelten

Von Druiden, Fürstensitzen und der Lebensart unserer frühgeschichtlichen Vorfahren. Autor: Grupp, Georg Die Kelten zeichneten sich aus durch hohes handwerkliches Können, Handelsbeziehungen bis in den Süden Europas und tollkühnem Mut, der den ...

Die Kultur der Azteken

Mit einem Anhang Große Landesausstellung Baden-Württemberg „Azteken" im Lindenmuseum. Autor: Prescott, William. „Von dem ganzen ausgedehnten Reich, das einst die Herrschaft Spaniens in der Neuen Welt anerkannte, ist kein Teil an Wichtigkeit ...

Die Lebenskraft

Wie Enzyme, Bewusstsein und quantenbiologische Effekte das Leben regulieren Autoren: Sedlacek, Klaus-Dieter; Wrobel, Norbert Der Begründer der Quantenmechanik und Nobelpreisträger Erwin Schrödinger beschäftigte sich unter anderem mit der Frage: „Was ist Leben?" ...

Die letzten Ursachen

Das Buch der Naturerkenntnis. Hrsg.: Sedlacek, Klaus-Dieter. Die klassischen physikalischen Theorien, zum Beispiel die klassische Mechanik oder die Elektrodynamik, haben eine klare Interpretation. Den Symbolen der Theorie wie Ort, Geschwindigkeit, Kraft beziehungsweise ...

Die verborgene Ordnung des Weltsystems

Neue Erkenntnisse über die schöpferischen Kräfte der Natur. Autor: Francé, Raoul Heinrich. Wie zeigt sich die verborgene Ordnung des Weltsystems? Woher kommt die Erfindungskraft, die den Wohlstand bei uns sichert? Ist sie ...

Durchblick Chemie

Praktische Grundlagen und Einführung in die anorganische, organische und Biochemie Klaus-Dieter Sedlacek, Lassar Cohn, Walther Löb Wollen Sie in unserer modernen Welt mitreden? Dann brauchen Sie den Durchblick! Dazu gehören auch Grundkenntnisse ...

Einfach logisch denken!

Oder die Gesetze des Denkens. Autor: Atkinson, Wilhelm Walker In diesem Buch werden die Methoden und Prinzipien der korrekten Anwendung des Denkvermögens aufgezeigt, und zwar auf eine einfache und klare Weise, ohne ...

Einsteins Relativitätstheorie ganz ohne Mathematik

Spezielle und allgemeine Relativitätstheorie Paul Kirchberger , Klaus-Dieter Sedlacek (Hrsg.) Man wird nicht selten gefragt, ob man eine Schrift wisse, die in die Einsteinsche Theorie für Laien so einführen könne, dass ...

Epigenetik-Experimente

Neuvererbung oder Beweise für die Vererbung erworbener Eigenschaften? Autor: Kammerer, Paul Der Biologe Paul Kammerer wurde durch seine Aufsehen erregenden Experimente zur Epigenetik berühmt. In einer seiner Versuchsserien verwendete er zwei Arten ...

Es begann mit Feuerskraft

Das Werden des Menschen und seiner Kultur. Autor: Neumann, Carl Wilhelm . Seit Anbeginn seiner Tage war der Mensch keineswegs der stolze Beherrscher der Natur, als den er sich heute mit Recht ...

Exotische Reise durch Persien

Abenteuerlicher Bericht aus einer fremdartigen Welt des 19ten Jahrhunderts. Autor: Loti, Pierre. „Wer mit mir kommen und die Zeit der Rosenblüte in Ispahan sehen will, der mache sich gefasst auf die Gefahren ...

Freizeitvergnügen Sternenhimmel mit bloßem Auge

Wie man Sternbilder auffindet ohne Instrumente. Autor: Kirchberger, Paul. Der Anblick des gestirnten Himmels ist das Größte, das uns die Natur zu bieten vermag, und kein empfängliches Gemüt kann sich seinem Eindruck ...

Geld vernünftig ausgeben

Über die richtige Art von Sparsamkeit Autor: Marden, Orison Swett Im Inhalt behandelte Punkte: – Wirtschaft ist keine Schikane, sondern das planvolle Handeln zur Befriedigung von Bedürfnissen. – Kapital ist der kleine Unterschied zwischen ...

Gestalt-Psychologie

Einführung in die neue Psychologie vom Begründer der Gestaltpsychologie Kurt Koffka , Klaus-Dieter Sedlacek (Hrsg.) Kurt Koffka hat als forschender Psychologe für dieses Buch zur Einführung in die Psychologie einen besonderen ...

Homöopathie und Praxis

Naturheilkundliche alternative Medizin für den mündigen Patienten. Autor: Voorhoeve, Jacob. Der Zweck des Buches ist es, den Leser mit der homöopathischen Heilweise näher bekannt zu machen. Unter Wahrung des wissenschaftlichen Charakters gibt ...

Im dunkelsten Afrika

Die legendäre Emin-Pascha Expedition. Autor: Stanley, Henry M. Im Sudan, der ab 1821 unter die Herrschaft der osmanischen Vizekönige von Ägypten gekommen war, brach 1881 der Mahdiaufstand aus. Nach dem Abzug der ...

Jenseits der Erscheinungen

Erkennbarkeit und Realität der Quantennatur. Autor: Schlick, Moritz. Es ist kein Zweifel, dass echte Erkenntnis der transzendenten Welt sehr wohl möglich ist. Die Wendung, zu der die Physik der letzten Jahre bzw. Jahrzehnte ...

Kleines Wörterbuch der Natur-Philosophie

1200 Begriffe, die man kennen sollte, kurz und prägnant. Herausgeber: Sedlacek, Klaus-Dieter. „Ein neues Wörterbuch der Natur-Philosophie? Wozu soll das gut sein? Schließlich gibt es doch ein riesiges, umfangreiches Internetlexikon in aller ...

Klimaänderungen und Klimaschwankungen

Ursachen, historische Fakten und kosmische Einflüsse, sowie ein Anhang „Mittelalterliche Warmzeit" Eduard Brückner, Julius Hann , Klaus-Dieter Sedlacek (Hrsg.) Größere Klimaänderung und Klimaschwankungen können nicht ohne einen tiefgehenden Einfluss auf das ...

Kultur erleben mit dem Wohnmobil in Frankreich

Vierzig kulturelle Highlights, Park- und Übernachtungsplätze sowie Navigations-Koordinaten Klaus-Dieter Sedlacek (Hrsg.) Dieser Wohnmobilführer ist anders. Er hilft uns, Kulturerlebnisse zu einem Genuss werden zu lassen. Er enthält die Beschreibung von vierzig kulturellen ...

Leben aus Quantenstaub

Leben aus Quantenstaub Elementare Information und reiner Zufall im Nichts als Bausteine einer 4-dimensionalen Quanten-Welt Autoren: Wrobel, Norbert; Sedlacek, Klaus-Dieter Obwohl bereits vor mehr als hundert Jahren die Quantenphysik Gestalt annahm, setzte sich ...

Leben in der Warmzeit der Erde

Aus den Urtagen vor dem heutigen Klimawandel Wilhelm Bölsche , Klaus-Dieter Sedlacek (Hrsg.) Der Weltklimarat schlägt Alarm. Die Lage spitzt sich zu: Die Erde erwärmt sich immer mehr. In diesem Buch geht ...

Leben nach dem Leben

Die Befreiung des Bewusstseins von den Fesseln der Zeit Klaus-Dieter Sedlacek Für uns Menschen hat die Frage nach dem zeitlichen Ende unserer Existenz eine hohe Bedeutung. Die Antwort, die der Glaube sucht, ...

Leonardo da Vinci

Seine naturwissenschaftlichen Studien und genialen Erfindungen Hermann Grothe , Klaus-Dieter Sedlacek (Hrsg.) Leonardo da Vinci versuchte, ein Phänomen zu verstehen, indem er es genau beobachtete und bis ins kleinste Detail beschrieb ...

Liebesbeziehungen und deren Störungen

Lebensführung nach den Grundsätzen der Individualpsychologie. Autor: Alfred Adler , Klaus-Dieter Sedlacek (Hrsg.). Um einen Menschen ganz kennenzulernen, ist es notwendig, ihn auch in seinen Liebesbeziehungen zu verstehen ... Wir müssen ...

Massenpsychologie am Beispiel Jan Bockelsons

Geschichte eines Massenwahns mit einer Einführung von Sigmund Freud Friedrich Reck-Malleczewen , Klaus-Dieter Sedlacek (Hrsg.) Der Begriff Massenhysterie oder auch Massenwahn bezeichnet eine starke emotionale Erregung in großen Menschenmengen. Auch massenhaft ...

Meine erste Weltumseglung

Tagebuch einer epochalen Expedition James Cook , Klaus-Dieter Sedlacek (Hrsg.) James Cook unternahm seine erste Weltumseglung im Rahmen einer wissenschaftlichen Expedition, um den Durchgang des Planeten Venus vor der Sonnenscheibe – ...

Mit der Beagle um die Welt

Bericht meiner Forschungsreise zum Galapagos-Archipel Charles Darwin , Klaus-Dieter Sedlacek (Hrsg.) Auszug aus Darwins Reisebericht: Ich habe die Reise mit zu tief empfundenem Entzücken gemacht, als dass ich nicht jedem Naturforscher empfehlen ...

Naturphilosophie

Das Wesen von Naturgesetzen und die Erklärung des Lebens. Neubearbeitung. Autor: Schlick, Moritz. Die Naturphilosophie verhält sich zur Naturwissenschaft wie die Philosophie im Allgemeinen zur Wissenschaft überhaupt. So ist es die Aufgabe ...

Optische Täuschungen

... und Illusionen, sowie ihre Ursachen. Autor: Reuss, August von . Optische Täuschungen bzw. Illusionen können nahezu alle Aspekte des Sehens betreffen. Es gibt Illusionen aller Art, Lichtblitze, Farbreize, Tiefenillusionen, geometrische Illusionen, ...

Peking – Paris im Automobil

Die legendäre 16.000 km – Rallye 1907. Autor: Barzini, Luigi. „Gibt es jemanden, der diesen Sommer eine Fahrt per Automobil von Peking nach Paris unternehmen wird?", fragte die Pariser Zeitung Le Matin ...

Phänomen Naturgesetze

Phänomen Naturgesetze Das Geheimnis hinter den Erscheinungen der Welt Autor: Sedlacek, Klaus-Dieter Was uns an den beinahe mythischen Denkern der antiken Welt so fasziniert, ist die wundervolle, abgeschlossene Einheit ihres Weltbildes. Mit welcher ...

Psychologische Verkaufskunst

Denk- und Handlungsweisen, Vorgangsweise und Abschluss. Autor: Atkinson, Wilhelm Walker. In der Psychologie der Verkaufskunst gibt es zwei wichtige Elemente, nämlich (1) Die Psyche des Verkäufers; und (2) die Psyche des Käufers. Das zu verkaufende ...

Quantenbewusstsein

Quantenbewusstsein Natürliche Grundlagen einer Theorie des evolutiven Quantenbewusstseins Autoren: Wrobel, Norbert; Sedlacek, Klaus-Dieter Seltsam sind die physikalischen Gesetze, die unsere Welt wirklich beherrschen: Es sind die Gesetze einer makroskopischen Quantenwelt, in der alles ...

Supervereinigung

Wie aus nichts alles entsteht. Ansatz einer großen einheitlichen Feldtheorie. – Neuausgabe -. Autor: Sedlacek, Klaus Dieter. Unter Physikern herrscht allgemein Übereinstimmung darin, dass die fundamentale Wirklichkeit unserer Welt aus Feldern besteht. Bei ...

The great god Pan / Der große Gott Pan – zweisprachig

Horror story English – German / Horror Geschichte Englisch – Deutsch. Autor: Machen, Arthur. The Great God Pan is a horror and fantasy novel by the Welsh writer Arthur Machen. Machen was ...

The nature of the physical world

The Gifford Lectures 1927 Sir Arthur Eddington , Klaus-Dieter Sedlacek (Hrsg.) In these lectures the author Eddington discusses some of the results of modern study of the physical world which give ...

The Philosophy of Physical Science

TARNER LECTURES 1938 – CAMBRIDGE Sir Arthur Eddington , Klaus-Dieter Sedlacek (Hrsg.) It is often said that there is no „philosophy of science", but only the philosophies of certain scientists. But ...

Treibhauseffekt und Klimawandel

Energiewende, ja bitte, aber nicht wegen CO2. Von Sedlacek, Klaus-Dieter (Hrsg.) Dieses Buch dokumentiert zum Thema Klimawandel und CO2 teils unbequeme wissenschaftliche Fakten bzw. Meldungen und die dazugehörigen Quellen. Sie sind eingeladen, ...

Unsterbliches Bewusstsein

Raumzeit-Phänomene, Beweise und Visionen – Taschenbuchausgabe Klaus-Dieter Sedlacek In diesem Buch geht es weder um Glauben noch um Esoterik, sondern um Beweise. Glaubwürdige, wissenschaftliche Beweise, die in eine Form gepackt sind, dass ...

Wege zur Physikalischen Erkenntnis

Meine wissenschaftliche Selbstbiographie, Reden und Vorträge Max Planck , Klaus-Dieter Sedlacek (Hrsg.) Diese erweiterte Neuauflage des Buchs „Wege zur physikalischen Erkenntnis" enthält neben der wissenschaftlichen Selbstbiographie folgende Vorträge: Die Einheit des physikalischen ...

Wie intelligent sind Pflanzen?

Sensationelle Einblicke in die geheime Seite des pflanzlichen Wesens Autoren: Wagner, Adolf; Sedlacek, Klaus-Dieter In diesem Buch behandeln die Autoren Fragen zum Thema Intelligenz und Bewusstsein bei Pflanzen und geben Antworten. Der ...

Wie man seinen Verstand benutzt

Und seine Willenskraft stärkt. Ein praktisches Handbuch der Psychologie. Autor: Atkinson, Wilhelm Walker. Der Mechanismus der psychischen Zustände – die geistige Maschinerie, mit deren Hilfe wir fühlen, denken und wollen – ...

Zeichnen für Einsteiger

Achtzehn Lektionen in naturalistischem Zeichnen. Autor: Furniss, Dorothy. Magst du die Malerei? Ist Zeichnen für dich interessant? Hast du einen Bleistift, eine Schachtel Kreide oder einen Malkasten? Denn wenn du auch nur ...